绿色经济与绿色发展丛书

编 委 会

主　编：刘思华

副主编：李欣广　纪玉山　方时姣

编　委（按姓氏笔画排序）：

王新程　方时姣　叶祥松　向书坚　刘仁胜

刘江宜　刘思华　刘静暖　许崇正　纪玉山

严立冬　李立民　李欣广　李济广　杨　卫

杨文进　杨鲜兰　吴　宁　邹进文　沈　建

张俊飚　张新平　陆善勇　林　卿　郇庆治

胡　芬　高红贵　阎世平　解保军　戴星翼

[美]罗伊·莫里森

[奥]乌尔里希·布兰德

[日]大西広

秘 书 长：高红贵

副秘书长：刘江宜

广西大学马克思主义生态经济发展研究院、商学院特别委托项目

国家出版基金项目
NATIONAL PUBLICATION FOUNDATION

"十二五"国家重点图书出版规划项目

绿色经济与绿色发展丛书 / 刘思华·主编

绿色低碳生活

GREEN LOW-CARBON LIFE

朱　翔　贺清云　等著

中国环境出版社·北京

图书在版编目（CIP）数据

绿色低碳生活/朱翔等著. —北京：中国环境出版社，
2015.12
（绿色经济与绿色发展丛书/刘思华主编）
ISBN 978-7-5111-2676-4

Ⅰ．①绿… Ⅱ．①朱… Ⅲ．①节能—研究
Ⅳ．①TK01

中国版本图书馆 CIP 数据核字（2015）第 311872 号

出 版 人　王新程
策　　划　沈　建　陈金华
责任编辑　沈　建　张维娣
助理编辑　宾银平
责任校对　尹　芳
封面设计　耀午设计　彭　杉

出版发行　中国环境出版社
　　　　　（100062　北京市东城区广渠门内大街 16 号）
　　　　　网　　址：http://www.cesp.com.cn
　　　　　电子邮箱：bjgl@cesp.com.cn
　　　　　联系电话：010-67112765（编辑管理部）
　　　　　　　　　　010-67113412（教材图书出版中心）
　　　　　发行热线：010-67125803，010-67113405（传真）
印　　刷　北京中科印刷有限公司
经　　销　各地新华书店
版　　次　2015 年 12 月第 1 版
印　　次　2015 年 12 月第 1 次印刷
开　　本　787×960　1/16
印　　张　22
字　　数　354 千字
定　　价　65.00 元

总　序

迈向生态文明绿色经济发展新时代

在党的十七大提出的"建设生态文明"的基础上，党的十八大进一步确立了社会主义生态文明的创新理论，构建了建设社会主义生态文明的宏伟蓝图，制定了社会主义生态文明建设的基本任务、战略目标、总体要求、着力点和行动方案；并向全党全国人民发出了"努力走向社会主义生态文明新时代"的伟大号召。按照生态马克思主义经济学观点，走向社会主义生态文明新时代，就是迈向生态文明与绿色经济发展新时代。这既是中华文明演进和中国特色社会主义经济社会发展规律与演化逻辑的必然走向和内在要求，又是人类文明演进和世界经济社会发展规律与演化逻辑的必然走向和内在要求。因此，绿色经济与绿色发展是 21 世纪人类文明演进与世界经济社会发展的大趋势、大方向，集中表达了当今人类努力超越工业文明黑色经济发展的旧时代而迈进生态文明绿色经济发展新时代的意愿和价值期盼，已成为人类文明演进和世界经济社会发展的必然选择和时代潮流。据此，建设绿色文明、发展绿色经济、实现绿色发展，是全人类的共同道路、共同战略、共同目标，是生态文明绿色经济及新时代赋予我们的神圣使命与历史任务。毫无疑问，当今世界和当代中国一个生态文明绿色经济发展时代正在到来。为了响应党的十八大提出的"努力走向社会主义生态文明新时代"的伟大号召，迎接生态文明绿色经济发展新时代的来临，中国环境出版社特意推出"十二五"国家重点图书出版规划项目"绿色经济与绿色发展丛书"（以下简称"丛书"）。笔者作为"丛书"主编，并鉴于目前"半绿色经济论""伪绿色经济发展论"日渐盛行，故就"中国智慧"创立的绿色经济理论与绿色发展学说的几个重大问题添列数语，是为序。

一、关于绿色经济的理论本质问题

绿色经济的本质属性即理论本质：不是环境经济学的范畴，而是生态经济学与可持续发展经济学的范畴。西方绿色思想史表明，"绿色经济"这个词汇最早见于英国环境经济学家大卫·皮尔斯 1989 年出版的第一本小册子《绿色经济的蓝图》（后称"蓝图 1"）的书名中。其后"蓝图 2"的第二章的第一节两次使用了"绿色经济"这个名词，直到 1995 年出版"蓝图 4"，也没有对绿色经济做出界定，这就是说 4 本小册子都没有明确定义绿色经济及诠释其本质内涵。对此，方时姣教授从世界绿色经济思想发展史的视角进行了全面评述：[①]"蓝图 1"主要介绍英国的环境问题和环境政策制定，正如作者指出的"我们的整个讨论都是环境政策的问题，尤其是英国的环境政策"。"蓝图 2"1991 年出版，是把"蓝图 1"的环境政策思想拓展到世界及全球性环境问题和环境政策。"蓝图 3"1993 年出版，又回到"蓝图 1"的主题，即英国的环境经济与可持续发展问题的综合。"蓝图 4"则又回到"蓝图 2"讨论的主题，正如作者在前言中所指出的"绿色经济的蓝图从环境的角度，阐述了环境保护及改善问题"。因此，从"蓝图 1"到"蓝图 4"，对绿色经济的新概念、新思想、新理论，没有作任何诠释的论述，仅仅只是借用了绿色经济这个名词，来表达过去的 25 年环境经济学流派发展的新综合，确实是"有关环境问题的严肃书籍"。

皮尔斯等人在当今世界率先使用"绿色经济"这一词汇并得到了广泛传播，但基本上只是提及了这个概念，没有深入研究，尤其是理论研究。因此，在西方世界的整个 20 世纪 90 年代至 2008 年爆发国际金融危机的这一时期，仍然主要是环境经济学界的学者使用绿色经济概念，从环境经济学的视角阐述环境保护、治理与改善等绿色议题，其核心问题是讨论经济与环境相互作用、相互影响的环境经济政策问题，而关注点集中于环境污染治理的经济手段。在我国首先使用皮尔斯等人的绿色经济概念的是环境污染与保护工作者，并对其进行界定。例如，原国家环境保护局首任局长曲格平先生在 1992 年出版的《中国的环境与发展》一书中指出："绿色经济是指以环境保护为基础的经济，主要表现在：一是以治理污染和改善生态为特征的环保产业的兴起；二是因环境保护而引起的工业和农业生产方式的变

---

① 方时姣：《绿色经济思想的历史与现实纵深论》，载《马克思主义研究》2010 年第 6 期，第 55～62 页。

革,从而带动了绿色产业的勃发。"①在这里,十分清楚地表明了曲格平先生同皮尔斯等人一样,是借用绿色经济的概念来诠释环境保护、治理和改善的问题。其后,我国学界有一些学者把绿色经济当做环境经济的代名词,借用绿色经济之名,表达环境经济之实。总之,长期以来,国内外不少学者按照皮尔斯等人的学术路径,对绿色经济作了狭隘的理解而被看作是环境经济学的新概括,把它纳入环境经济学的理论框架之中,成为环境经济学的理论范畴。这就必然遮盖了绿色经济的本来面目,极大地扭曲了它的本质内容与基本特征,不仅产生了一些不良的学术影响,而且会误导人们的生态与经济实践。正如方时姣教授指出的:"把绿色经济纳入环境经济学的理论框架来指导实践,最多只能缓解生态环境危机,是不可能从根本上解决生态环境问题的,也不可能克服生态环境危机,也就谈不上实现生态经济可持续发展。"②

20世纪90年代,我国生态经济学界就有学者用绿色经济这一术语概括生态环境建设绿色议题和生态经济协调发展研究的新进展,论述重点是"一切都将围绕改善生态环境而发展,核心问题是要实现人和自然的和谐、经济与生态环境的协调发展。"③为此,笔者针对皮尔斯等国内外学者以环境经济学理论范式来回应绿色经济议题,在1994年出版了《当代中国的绿色道路》一书,以生态经济学新范式来回应绿色经济议题,以生态经济协调发展理论平台在深层次上阐述"发展经济必须与发展生态同时并举,经济建设必须与生态建设同步进行,国民经济现代化必须与国民经济生态化协调发展"的绿色发展道路。这就在国内外首次拉开了从学科属性上把绿色经济从环境经济学理论框架中解放出来的序幕。在此基础上,笔者于2000年1月出版的《绿色经济论——经济发展理论变革与中国经济再造》一书,深刻地论述了一系列重大的绿色经济理论前沿和现实前沿问题,科学地揭示了生态经济与知识经济同可持续发展经济之间的本质联系及其发展规律,破解了三者之间相互渗透于融合发展的绿色经济与绿色发展的内在奥秘,成为中国绿色经济理论与绿色发展学说形成的重要标志。尤其是本书把绿色经济看作是生态经济与可持续经济的新概括与代名词,并从这个新高度的最高层次对绿色经济提出了新命题:"绿色经济

---

① 转引自刘学谦、杨多贵、周志强等:《可持续发展前沿问题研究》,北京:科学出版社,2010年版,第126页。
② 方时姣:《绿色经济思想的历史与现实纵深论》,载《马克思主义研究》2010年第6期,第55～62页。
③ 郑明焕:《把握机遇,在大转变中求发展》,1992年3月28日《中国环境报》。

是可持续经济的实现形态和形象概况。它的本质是以生态经济协调发展为核心的可持续发展经济。"①这个界定肯定了绿色经济的生态经济属性，揭示了它的可持续经济的本质特征，从学科属性上把它从环境经济学理论框架中彻底解放出来，真正纳入生态经济学与可持续发展经济学的理论体系，成为生态经济学与可持续发展经济学的理论范畴，恢复了绿色经济的本来面目。虽然这个绿色经济的定义十分抽象，却反映了它的本质属性与科学内涵，得到了多数绿色经济研究者的认同和广泛使用。然而时至今日，在我国学者中仍有少数学者尤其在实际工作中也有不少人还在用环境经济学范畴中的绿色经济理念来指导经济实践，这种现象不能继续下去了。

二、关于绿色经济的文明属性问题

绿色经济的文明属性不是工业文明的经济范畴，而是生态文明的经济范畴。世界绿色经济思想史告诉我们，在学科属性上把绿色经济当作环境经济学的新观念与代名词，纳入环境经济学的理论框架，就必然在文明属性上把它纳入工业文明的基本框架，成为工业文明的经济范畴，即发展工业文明的经济模式。这是因为，环境经济学是调整、修补、缓解人与自然的尖锐对立、环境与经济的互损关系的工业文明时代的产物，是工业文明"先污染后治理"经济发展道路的理论概括与学理表现。自皮尔斯等人指出环境经济学范畴的绿色经济概念以来，国内外一个主流绿色经济观点就是对绿色经济的狭隘的认识与把握，只是把它看成是解决工业文明经济发展过程中出现的生态环境问题的新经济观念，是能够克服工业文明的褐色经济或黑色经济弊端的经济模式。在我国这种观点比较流行。例如，有的学者认为："绿色经济是以市场为导向、以传统产业经济为基础、以经济与环境的和谐为目标而发展起来的一种新型的经济形式即发展模式"，"是现代工业化过程中针对经济发展对环境造成负面影响而产生的新经济概念"。时至今日，这种工业文明经济范畴的绿色经济概念仍被人引用来论证自己的绿色经济观念。因此，在此我要再次强调：工业文明经济范畴的绿色经济观念，在本质上仍是人与自然对立的文明观，并没有从根本上消除工业文明及黑色经济反生态和反人性的黑色基因，丢弃了绿色经济是生态经济协调发展的核心内容和超越工业文明黑色经济、铸造生态文明生态经济的本质属性，从而否定了绿色经济是生态文明生态经济形态的理论内涵与实践价值。因此，

---

① 刘思华：《绿色经济论》，北京：中国财政经济出版社，2001年版，第3页。

以工业文明经济范式或理论平台来回应绿色经济议题，是不可能从根本上触动工业文明黑色经济形态的，是难以走出工业文明黑色经济发展道路的，最多是缓解局部自然环境恶化，是不可能解决当今人类面对的生态经济社会全面危机的。因此，决定了我们必须也应当以生态文明新范式或理论平台在深层次回应绿色经济与发展绿色经济议题，才能顺应 21 世纪生态文明与绿色经济时代的历史潮流。

生态马克思主义经济学哲学告诉我们：彻底的生态唯物主义者，不仅要在学科属性上把绿色经济从环境经济学的理论框架中解放出来，成为生态经济与可持续发展经济的理论范畴，而且在文明属性上，要把它从工业文明的基本框架中解放出来，作为生态文明的经济范畴。前面提到的笔者所著的《当代中国的绿色道路》《绿色经济论》这两部著作，是实现绿色经济这两个生态解放的成功探索。早在 1998 年笔者在《发展绿色经济，推进三重转变》一文中就明确提出了发展绿色经济的新的经济文明观，明确指出："人类正在进入生态时代，人类文明形态正在由工业文明向生态文明转变，这是人类发展绿色经济、建设生态文明的一个伟大实践。"①邹进泰、熊维明的《绿色经济》一书中指出：绿色经济发展"是从单一的物质文明目标向物质文明、精神文明和生态文明多元目标的转变。发展绿色经济，尤其要避免'石油工业''石油农业'造成的高消耗、高消费、高生态影响的物质文明，而要造就高效率、低消耗、高活力的生态文明。"②可见"中国智慧"在世界上最早实现绿色经济的两个生态解放、纳入生态文明的基本框架，是人与自然和谐统一、生态与经济协调发展的建设生态文明的必然产物。下面还要作几点说明：

（1）按照人类文明形态演进和经济社会形态演进一致性的历史唯物主义社会历史观的理论思路，生态文明是继原始文明、农业文明、工业文明（包括后工业文明）之后的全新的人类社会文明形态，它不仅延续了它们的历史血脉，而且创新发展了它们尤其是工业文明的经济社会形态，使工业文明从人与自然相互对立、生态与经济相分裂的工业经济社会形态，朝着生态文明以人与自然和谐统一、生态与经济协调发展的生态经济社会形态演进。这是人类文明经济社会的全方位、最深刻的生态变革与绿色经济转型，可以说是人类文明历史发展以来最伟大的生态经济社会变革运动。

---

① 刘思华：《刘思华文集》，武汉：湖北人民出版社，2003 年版，第 403 页。
② 邹进泰、熊维明等：《绿色经济》，太原：山西经济出版社，2003 年版，第 12 页。

（2）我们要深刻认识和正确把握绿色经济的概念属性与本质内涵，正是这个属性和内涵决定了它是生态文明生态经济形态的实现形式与形象概括。世界工业文明发展的历史表明，无论是资本主义工业化，还是社会主义工业化；无论是发达国家工业化，还是发展中国家工业化，都走了一条工业经济黑色化的黑色发展道路，形成了工业文明黑色经济形态。据此，工业文明主导经济形态的工业经济形态的实现形态与形象概括就是黑色经济形态。而生态文明开辟了经济社会发展绿色化即生态化的绿色发展道路，最终形成生态文明绿色经济形态。它是对工业文明及其黑色经济形态的批判、否定和扬弃，是在此基础上的生态变革和绿色创新。这就是说，绿色经济的根本属性与本质内涵是生态经济与可持续发展经济，使它必然在本质上取代工业经济并融合知识经济的一种全新的经济形态，是生态文明新时代的主导经济形态的现实形态。所以，笔者反复指出：“绿色经济作为生态文明时代的经济形态，是生态经济形态的现实象征与生动概括。”①这不仅肯定了绿色经济是生态经济学与可持续发展经济学的理论范畴，而且界定了绿色经济是生态文明的经济范畴，恢复了绿色经济的本来面目。

（3）绿色经济实现“两个生态解放”之后，就应当对它重新定位。现在我们可以将绿色经济的科学内涵和外延表述为：以生态文明为价值取向，以自然生态健康和人体生态健康为终极目的，以提高经济社会福祉和自然生态福祉为本质特征，以绿色创新为主要驱动力，促进人与自然和谐发展和生态与经济协调发展为根本宗旨，实现生态经济社会发展相统一并取得生态经济社会效益相统一的可持续经济。因此，发展绿色经济是广义的，不仅是指广义的生态产业即绿色产业，而且包括低碳经济、循环经济、清洁能源和可再生能源、碳汇经济以及其他节约能源资源与保护环境、建设生态的经济等。②这个新界定正确地揭示了绿色经济的本质属性、科学内涵、概念特征与实践主旨，准确地体现了绿色经济历史趋势与时代潮流，绿色经济观念、理论是人与自然和谐统一、生态与经济协调发展的生态文明新时代的理论概括与学理表现。只有这样认识和把握绿色经济，才能真正符合生态文明与绿色经济发展的客观进程与内在逻辑。

（4）生态文明经济范畴的绿色经济包含两层经济含义：一是它作为理论形态是

① 中国社会科学院马克思主义学部：《36 位著名学者纵论中国共产党建党 90 周年》，北京：中国社会科学出版社，2011 年版，第 409 页。
② 刘思华：《生态文明与绿色低碳经济发展总论》，北京：中国财政经济出版社，2000 年版，第 1 页。

生态文明的经济社会形态范畴，是生态文明时代崭新的主导经济，我们称之为绿色经济形态。二是它作为实践形态是生态文明的经济发展模式，是生态文明崭新时代的经济发展模式，我们称之为绿色经济发展模式。这就决定了建设生态文明、发展绿色经济的双重战略任务，既要形成生态和谐、经济和谐、社会和谐一体化的绿色经济形态，又要形成生态效益、经济效益、社会效益最佳统一的绿色经济发展模式。据此，建设生态文明、发展绿色经济应当是经济社会形态和经济社会发展模式的双重绿色创新转型发展过程，这是革工业文明的黑色经济形态和经济发展模式之故、鼎生态文明的绿色经济形态和经济发展模式之新的过程。因此，每个战略任务都是双重绿色使命：一方面背负着克服、消除工业文明的黑色经济形态与发展模式的黑色弊端，对它们进行生态变革、绿色重构与转型，改造成为绿色经济形态与绿色经济发展模式；另一方面担负着创造人类文明发展的新形态，即超越资本主义工业文明（包括高度发达的后工业文明）的社会主义生态文明，构建与生态文明相适应的绿色经济形态和绿色经济发展模式。这是生态文明建设的中心环节，是绿色经济发展的实践指向，因此双重绿色经济就是我们迈向生态文明与绿色经济发展新时代，也是推动人类文明形态和经济社会形态与发展模式同步演进的双重时代使命与实践目标。实现双重时代使命所推动的变革不仅仅是工业文明形态及其他的黑色经济形态与发展模式本身的变革，而且是超越工业文明的生态文明及其他的经济形态与发展模式的生态变迁与绿色构建。这才符合生态文明与绿色经济的本质属性与实践主旨。

三、关于绿色发展理论与道路的探索问题

自 2002 年以来的 10 多年间，一直流传着联合国开发计划署在《2002 年中国人类发展报告：让绿色发展成为一种选择》中首先提出绿色发展，中国应当选择绿色发展之路。这个"首先"之说不知是何人的说法，是根本不符合绿色发展思想理论发展的历史事实的，是一种学术误传。

1. 我们很有必要对中国绿色发展思想理论发展的历史作简要回顾

如前所述，1994 年笔者在《当代中国的绿色道路》一书中，以生态经济学新范式及生态经济协调发展的新理论平台来回应绿色发展道路议题，阐述了绿色发展的一系列主要理论与实践问题，明确提出中国绿色发展道路的核心问题是"经济发展生态化之路"，"一切都应当围绕着改善生态环境而发展，使市场经济发展建立在

生态环境资源的承载力所允许的牢固基础之上,达到有益于生态环境的经济社会发展。"①1995 年著名学者戴星翼在《走向绿色的发展》一书中首次从"经济学理解绿色发展"的角度,明确使用"绿色发展"这一词汇,诠释可持续发展的一系列主要理论与实践问题,并认为"通往绿色发展之路"的根本途径在于"可持续性的不断增加"。②在这里,绿色发展成为可持续发展的新概括。2012 年著名学者胡鞍钢出版的《中国:创新绿色发展》一书,创新性地提出了绿色发展理念,开创性地系统阐述了绿色发展理论体系,总结了中国绿色发展实践,设计了中国绿色现代化蓝图。所以,笔者认为本书虽有不足之处,但从总体上说,丰富、创新、发展了中国绿色发展学说的理论内涵和实际价值,提出了一条符合生态文明时代特征的新发展道路——绿色发展之路。总之,中国学者探索绿色发展的理念、理论与道路的历史轨迹表明,在此领域"中国智慧"要比"西方智慧"高明,这就在于绿色发展在发展理念、理论、道路上突破了可持续发展的局限性,"将成为可持续发展之后人类发展理论的又一次创新,并将成为 21 世纪促进人类社会发生翻天覆地变革的又一次大创造。"③

2．21 世纪的绿色经济与绿色发展观

进入 21 世纪以后,绿色经济与绿色发展观念逐步从学界视野走进政界视野,尤其是面对 2008 年国际金融危机催化下世界绿色浪潮的新形势,以胡锦涛为总书记的中央领导集体正确把握当今世界发展绿色低碳转型的新态势、未来世界绿色发展的大趋势,站在与世界各国共建和谐世界与绿色世界的发展前沿上,直面中国特色社会主义的基本国情,提出了绿色经济与绿色发展的一系列新思想、新观点、新理论,揭示了发展绿色经济、推进绿色发展是当今世界发展的时代潮流。正如习近平同志所指出的:"绿色发展和可持续发展是当今世界的时代潮流",其"根本目的是改善人民生活环境和生活水平,推动人的全面发展。"④李克强还指出:"培育壮大绿色经济,着力推动绿色发展","要加快形成有利于绿色发展的体制机制,通过政策激励和制度约束,增强推动绿色发展的自觉性、主动性,抑制不顾资源环境承

---

① 刘思华:《当代中国的绿色道路》,武汉:湖北人民出版社,1994 年版,第 86 页、第 101 页。
② 戴星翼:《走向绿色的发展》,上海:复旦大学出版社,1998 年版,第 1～23 页。
③ 胡鞍钢:《中国:创新绿色发展》,北京:中国人民大学出版社,2012 年版,第 20 页。
④ 习近平:《携手推进亚洲绿色发展和可持续发展》,2010 年 4 月 11 日《光明日报》。

载能力盲目追求增长的短期行为。"①笔者曾发文把以胡锦涛为总书记的中央领导集体的绿色发展理念概括为"四论"，即绿色和谐发展论、国策战略绿色论、绿色文明发展道路论、国际绿色合作发展论。②在此我们还要重视的是胡锦涛同志在2003年中央经济工作会议上明确指出："经济增长不能以浪费资源、破坏环境和牺牲子孙后代利益为代价。"其后，他进一步指出："我国是社会主义国家，我们的发展不能以牺牲精神文明为代价，不能以牺牲生态环境为代价，更不能以牺牲人的生命为代价。""我们一定要痛定思痛，深刻吸取血的教训。"③胡锦涛提出的不能以"四个牺牲为代价"换取经济发展的绿色原则，反映了改革开放以来，我国经济发展的基本经验和严重教训，这实质上是实现科学发展的四项重要原则，是推进绿色发展的四项重要原则。凡是以"四个牺牲为代价"换取的经济发展就是不和谐的、不可持续的非科学发展，这种发展可以称为黑色发展；凡是没有以"四个牺牲为代价"的经济发展就是和谐的、可持续的科学发展，这种发展可以称为绿色发展。正是在这个意义上说，不能以"四个牺牲为代价"是区分黑色发展和绿色发展的四项绿色原则。

3. 依法治国新政理念：发展绿色经济、推进绿色发展

当下中国执政者对绿色经济与绿色发展的认识与把握，已不只是学界那样把发展绿色经济、推进绿色发展视为全新的思想理论，而是一种崭新的全面依法治国的执政理念、发展道路与发展战略。党的十八大首次把绿色发展（包括循环发展、低碳发展）写入党代会报告，是绿色发展成为具有普遍合法性的中国特色社会主义生态文明发展道路的绿色政治表达，标志着实现中华民族伟大复兴的中国梦所开辟的中国特色社会主义生态文明建设道路，是绿色发展与绿色崛起的科学发展道路。这条道路的理论体系就是"中国智慧"创立的绿色经济理论与绿色发展学说。它既是适应世界文明发展进步，更是适应中国特色社会主义文明发展进步需要而产生的科学发展学说，甚至可以说，是一种划时代的全新科学发展学说。对此，近几年来，我多次强调指出：绿色经济理论与绿色发展学说不是引进的西方经济发展思想，而是中国学界和政界马克思主义学人自主创立的科学发展新学说。它是立足中国、面向世界、通向未来的马克思主义发展学说，必将指引着中国特色社会主义沿着绿色发展与绿色崛起的科学发展道路不断前进。

---

① 李克强：《推动绿色发展　促进世界经济健康复苏和可持续发展》，2010年5月9日《光明日报》。
② 刘思华：《科学发展观视域中的绿色发展》，载《当代经济研究》2011年第5期，第65~70页。
③ 中共中央文献研究室：《科学发展观重要论述摘编》，北京：中央文献出版社，2008年版，第34页、第29页。

"中国智慧"不仅从绿色经济的根本属性与本质内涵论证了绿色经济是生态文明的经济范畴，而且从绿色发展的根本属性与本质内涵界定了绿色发展是生态文明的发展范畴。故笔者把绿色发展表述为："以生态和谐为价值取向，以生态承载力为基础，以有益于自然生态健康和人体生态健康为终极目的，以追求人与自然、人与人、人与社会、人与自身和谐发展为根本宗旨，以绿色创新为主要驱动力，以经济社会各个领域和全过程的全面生态化为实践路径，实现代价最小、成就最大的生态经济社会有机整体全面和谐协调可持续发展，因此，绿色发展必将使人类文明进步和经济社会发展更加符合自然生态规律、社会经济规律和人自身的规律，即支配人本身的肉体存在和精神存在的规律（恩格斯语）"①或者说"更加符合三大规律内在统一的"自然、人、社会有机整体和谐协调发展的客观规律。现在我要进一步指出的是，从学理层面上说，绿色发展的理论本质是"生态经济社会有机整体全面和谐协调可持续发展"；从实践层面上看，绿色发展的实践主旨是实现"生态经济社会有机整体全面和谐协调可持续发展"。现在我们完全可以作出一个理论结论：绿色发展是生态经济社会有机整体全面和谐协调可持续发展的形象概括与现实形态。正是在这个意义上说，绿色发展是永恒的经济社会发展。这是客观真理。

4. 绿色发展学说中若干基本理论观点和现实问题

（1）绿色发展的经济学诠释，就是绿色经济与绿色发展内在统一的绿色经济发展。笔者在 2002 年《发展绿色经济的理论与实践探索》的学术报告中，首次提出了绿色经济发展新观念和构建了绿色经济发展理论的基本框架，明确指出："发展绿色经济是建设生态文明的客观基础和根本问题"，"绿色经济发展是人类文明时代的工业文明时代进入生态文明时代的必然进程"，"是推进现代经济的'绿色转变'走出一条中国特色的绿色经济建设之路"，"必将引起 21 世纪中国现代经济发展的全方位的深刻变革，是中国经济再造的伟大革命"，还强调指出："只有建立生态市场经济制度才能真正走出一条中国特色的绿色经济发展道路。"②因此，21 世纪中国绿色发展道路在经济领域内，就是绿色经济发展道路，这是中国特色社会主义经济发展道路走向未来的必由之路。

（2）20 世纪人类文明发展事实表明工业文明发展黑色化是常态，故工业文明确实是黑色文明，其发展是黑色发展，它的一切光辉成就的取得，说到底是以牺牲

---

① 刘思华：《生态马克思主义经济学原理》（修订版），北京：人民出版社，2014 年版，第 578～579 页。
② 刘思华：《刘思华文集》，武汉：湖北人民出版社，2003 年版，第 607～612 页。

自然生态、社会生态和人体生态为代价，创造着黑色的文明史。因此，生态马克思主义经济学哲学得出一个人类文明时代发展特征的结论："工业文明是黑色发展时代，生态文明是绿色发展时代……'中国智慧'对从工业文明黑色发展向生态文明绿色发展巨大变革的认识，是 21 世纪中华文明发展头等重要的发现，是科学的最大贡献。"[①]从工业文明黑色发展走向生态文明绿色发展是生态经济社会有机整体的全方位生态变革与全面绿色创新转变，是人类文明发展史上最伟大的最深刻的生态经济社会革命。它的中心环节是要实现工业文明黑色发展道路向生态文明绿色发展道路的彻底转轨，其关键所在是要实现工业文明黑色发展模式向生态文明绿色发展模式的全面转型。[②]只有实现这两个"根本转变"，人类文明形态演进和经济社会形态演进才能真正迈向生态文明与绿色经济发展新时代。

（3）和谐发展和绿色发展是生态文明的根本属性与本质特征的两种体现，是生态文明时代生态经济社会有机整体全面和谐协调可持续发展的两个方面。这是因为：① 生态马克思主义经济学哲学告诉我们，人类文明进步和经济社会发展的实质就是自然、人、社会有机整体价值的协调与和谐统一，是实现人与自然、人与人、人与社会、人与自身的全面和谐协调，成为人类文明进步与经济社会发展的历史趋势和终极价值追求。因此，笔者在《生态马克思主义经济学原理》一书中就指出了狭义与广义生态和谐论，指出"狭义生态和谐"就是人与自然的和谐发展即自然生态和谐，这是狭义生态文明的核心理念。而和谐发展不仅是人与自然的和谐发展，还包括人与人、人与社会及个人的身心和谐发展，于是我把这"四大生态和谐"称之为"广义的生态和谐"的全面和谐发展。这是广义生态文明的根本属性与本质特征，就必然成为生态文明的绿色经济形态与绿色发展模式的根本属性与本质特征。② 生态马克思主义经济学哲学还认为，从自然、人、社会有机整体的四大生态和谐协调发展意义上说，生态和谐协调发展已成为当今中国和谐协调发展的根基。这是绿色发展的核心与灵魂。因此，建设生态文明、发展绿色经济、推进绿色发展，必须贯穿于中国生态经济社会有机整体发展的全过程和各个领域，不断追求和递进实现"四大生态关系"的全面和谐发展，这是绿色发展的真谛。

---

① 刘思华：《生态马克思主义经济学原理》（修订版），北京：人民出版社，2014 年版，第 579 页。

② 胡鞍钢教授在《中国：创新绿色发展》一书中认为："以高消耗、高污染、高排放为基本特征的发展，即黑色发展模式。"我认为应当以高投入、高消耗、高排放、高污染、高代价为基本特征的发展就是工业文明黑色发展模式，而以"五高"黑色发展模式为基本内容与发展思路就是工业文明黑色发展道路。

（4）全面生态化或绿色化是绿色发展的主要内容与基本路径。2011 年夏，中国绿色发展战略研究组课题组撰写的《关于全面实施绿色发展战略向十八大报告的几点建议》一书指出：按照马克思主义生态文明世界观和方法论，生态化应当写入党代会报告，使中国特色社会主义旗帜上彰显着社会主义现代文明的生态化发展理念，这是建设社会主义生态文明的必然逻辑，是发展绿色经济、实现绿色发展的客观要求，是构建社会主义和谐社会的必然选择。这里所说的生态化发展理念，就是绿色发展理念。后者是前者的现实形态与形象概括，在此我们很有必要作进一步论述：

☞ 生态化是一个综合科学的概念，是前苏联学者首创的现代生态学的新观念：早在 1973 年前苏联哲学家 B. A. 罗西在《哲学问题》杂志上发表的《论现代科学的"生态学化"》一文中，就将生态化称为"生态学化"，其本质含义是"人类实践活动及经济社会运行与发展反映现代生态学真理。"以此观之，生态化主要是指运用现代生态学的世界观和方法论，尤其依据"自然、人、社会"复合生态系统整体性观点考察和理解现实世界，用人与自然和谐协调发展的观点去思考和认识人类社会的全部实践活动，最优地处理人与自然的自然生态关系、人与人的经济生态关系、人与社会的社会生态关系和人与自身的人体生态关系，最终实现生态经济社会有机整体全面和谐协调可持续的绿色发展"。[①]生态化这个术语是国内外学者，尤其在中国新兴、交叉学科的学者广泛使用的新概念，其论著中使用的频率最高，当代中国已经出现新兴、交叉经济学生态化趋势。因此，这个界定从学理上说，我们可以作出一个合乎逻辑的结论：生态化应当是生态文明与绿色发展的重要范畴，甚至是基本范畴。

☞ 当今人类生存与发展需要进行一场深刻的生态经济社会革命，走绿色发展新道路，推进人类生存与发展的生产方式和生活方式的生态化转型，实现人类生存方式的全面生态化。它就内在要求人类社会的经济、科技、文教、政治、社会活动等经济社会运行与发展的全面生态化。在当代中国就是使中国特色社会主义生态经济社会体系运行朝着生态

---

① 刘思华：《论新型工业化、城镇化道路的生态化转型发展》，载《毛泽东邓小平理论研究》2013 年第 7 期，第 8~13 页。

化转型的方向发展。这种生态化转型发展就成为生态经济社会运行与发展的内在机制、主要内容、基本路径与绿色结果。这样的当代中国走生态化转型发展之路，是走绿色发展的必由之路与基本走向。可以说，"顺应生态化转型者昌，违背生态化转型者亡。"①这不仅是当今人类文明进步和世界经济社会发展，而且是中国特色社会主义文明进步和当代中国经济社会发展的势不可当的生态化即绿色化发展大趋势。

☞ 生态马克思主义经济学哲学强调生态文明是广义和狭义生态文明的内在统一，②并把广义生态文明称为绿色文明，既然生态化是生态文明的一个重要范畴，那么它就同生态文明，也是广义与狭义生态化的内在统一；这样说，可以把广义生态化称之为绿色化。两者的本质内涵是完全一致的。2015 年 3 月 24 日，中共中央政治局审议通过的《关于加快推进生态文明建设的意见》首次使用了绿色化这一术语，要求在当前和今后一个时期内，协同推进新型工业化、城镇化、信息化、农业现代化和绿色化。如果说绿色发展（包括循环发展和低碳发展）是生态文明建设的基本途径，那么可以说生态化发展是生态文明建设的内在机制和基本内容与途径。这是因为生态文明建设的理论本质是以生态为本，即主要是以增强提高自然生态系统适应现代经济社会发展的生态供给能力（包括资源环境供给能力）为出发点和落脚点，既要构建优化自然生态系统，又要推进社会经济运行与发展的全面生态化，建立起具有生态合理性的绿色创新经济社会发展模式。所以"生态文明建设的实践指向，是谋求生态建设、经济建设、政治建设、文化建设与社会建设相互关联、相互促进、相得益彰、不可分割的统一整体文明建设，用生态理性绿化整个社会文明建设结构，实现物质文明建设、政治文明建设、精神文明建设、和谐社会建设的生态化发展。这是中国特色社会主义生态文明建设的真谛。"③

☞ 笔者借写"丛书"总序之机，代表中国绿色发展战略研究组课题组和"丛书"的作者们向党中央建议：两年后把"绿色化"或"生态化"

---

① 刘本炬：《论实践生态主义》，北京：中国社会科学出版社，2007 年版，第 136 页。

② 刘思华：《生态马克思主义经济学原理》（修订版），北京：人民出版社，2014 年版，第 540～542 页。

③ 刘思华：《生态马克思主义经济学原理》（修订版），北京：人民出版社，2014 年版，第 549 页。

写入党的十九大党代会报告，使它成为中国特色社会主义道路从工业文明黑色发展道路向生态文明绿色发展道路全面转轨的一个象征，成为当今中国社会主义经济社会发展模式从工业文明黑色发展模式向生态文明绿色发展模式全面转型的一个标志，成为中国特色社会主义文明迈向社会主义生态文明与绿色经济发展新时代的一个时代标识。

四、关于迈向生态文明绿色发展的使命与任务问题

自2008年国际金融危机以来，绿色经济与绿色发展迅速兴起，是有着深刻的生态、经济和社会历史背景的。应当说，首先是发源于回应工业文明黑色发展道路与模式的负外部效应所积累的全球范围"黑色危机"越来越严重，已经走到历史的巅峰。"物极必反"，工业文明黑色发展道路与模式的历史命运也逃避不了这个历史的辩证法。它在其黑色发展过程中自我否定因素不断生成，形成向绿色经济与绿色发展转型的因素日渐清晰彰显，使我们看到了绿色经济与绿色发展的时代晨光，人类正在迎来生态文明绿色发展的绿色黎明。这是人类实现生态经济社会全面和谐协调可持续发展的历史起点。

1. 我们必须深刻认识和正确把握生态文明的绿色发展道路与模式的时代特征

迈向生态文明绿色经济发展新时代的时代特色应是反正两层含义：一是当今世界仍然处于黑色文明达到了全面异化的巨大危机之中，使当今人类面临着前所未有的工业文明黑色危机的巨大挑战；二是巨大危机是巨大变革的历史起点，开启了绿色文明绿色发展的新格局、新征途，使人类面临着前所未有的绿色发展历史机遇，并给予全面生态变革与绿色转型的强大动力。因此，当今人类正处于工业文明黑色发展衰落向生态文明绿色发展兴起的更替时期。这是危机创新时代，黑色发展危机逼进绿色创新发展，绿色创新发展走出黑色发展危机。毫无疑问，当今世界和当代中国的一个生态文明绿色创新发展时代正在到来。对此，我们必须从工业文明黑色发展危机来认识与把握生态文明绿色发展道路与模式的历史必然性和现实必要性与可能性。

(1) 历史和现实已经表明，自18世纪资本主义工业革命以来，在工业文明（包括其最高阶段的后工业文明）时代资本主义文明及工业文明成功地按照自身发展的工业文明发展模式塑造全世界，将世界各国都引入工业文明黑色经济与黑色发展道路与模式，形成了全球黑色经济与黑色发展体系。当今中外多学科学者在对工业文

明黑色发展的反思与批判中，有一个共识：黑色文明发展一方面使物质世界日益发展，物质财富不断增加；另一方面使精神世界正在坍塌，自然世界濒临崩溃，人的世界正在衰败。它不仅是自然异化，而且是人的物化、异化和社会的物化、异化。当今世界的南北两极分化加剧，以美国为首的国际垄断资本主义势力为掠夺自然资源不断发动地区战争，没有硝烟的经济战和经济意识形态战频发；恐怖主义嚣张，物质主义、拜金主义、消费主义盛行，道德堕落和精神与理智崩溃，无论是发达国家还是发展中国家内部的贫富悬殊、两极分化正在加剧，各种社会不公正与不平等的社会生态关系恶化加深，已成为当今世界的社会生态黑色发展现实。因此，当今工业文明黑色发展的黑色效应已经全面地、极大地显露出来了，使工业文明黑色发展成为当今世界以及大多数国家和民族发展的现状特征。正是在这个意义上，我们完全可以说，当今人类已经陷入工业文明发展全面异化危机及黑色深渊，使今日之工业文明黑色发展达到了可以自我毁灭的地步，同时也包含着克服、超越工业文明黑色发展险境的绿色发展机遇和种种因素条件，也就预示着黑色发展道路与模式的生态变革与绿色转型是历史的必然。这就是说，如果人类不想自我毁灭的话，就必须自觉地走超越工业文明的生态文明绿色发展的新道路，及构建绿色发展的新模式。这是历史发展的必然道路，是化解当今工业文明黑色发展危机的人类自觉的选择，也是唯一正确的选择。

(2) 深刻认识和真正承认开创生态文明绿色发展道路与模式的现实必要性和紧迫性。这首先在于当今世界系统运行是依靠"环境透支""生态赤字"来维持，使自然生态系统的生态赤字仍在扩大，将世界各国都绑在工业文明黑色发展之舟上航行。工业文明发展的一切辉煌成就的取得，都是以自然、人、社会的巨大损害为代价，尤其是以毁灭自然生态环境为代价的，这是西方各学科的进步学者的共识，也是中国有社会良知的学者的共识。在1961年人类一年只消耗大约 2/3 的地球年度可再生资源，世界大多数国家还有生态盈余。大约从 1970 年起，人类经济社会活动对自然生态的需求就逐步接近自然生态供给能力的极限值，自 1980 年首次突破极限形成"过冲"以来，人类生活中的大自然的生态赤字不断扩大，到 2012 年已经需要 1.5 个地球才能满足人类正常的生存与发展需要。因此，《增长的极限》一书的第 2 版即 1992 年版译者序就明确指出："人类在许多方面已经超出了地球的承载能力之外，已经超越了极限，世界经济的发展已经处于不可持续的状况。"足见工业文明黑色发展确实是一种征服自然、掠夺自然、不惜以牺牲自然生态来换取经济发展的黑色发展道路，使"今天世界上的每一个自然系统都在走向衰落。"[①]进入21世纪的15年间，生态赤字继续扩大、自然生态危机及黑色发展危机日益加深，对此，《自然》杂志发文说："地球生态系统将很快进入不可逆转的崩溃状态。"[②]联合国环境规划署2012年6月6日在北京发布全球环境展望报告中指出，当今世界仍沿着一条不可持续之路加速前行，用中国学者的话说，就是人类仍在继续沿着工业文明黑色发展道路加速前行。因此，从全球范围来看，"目前还没有一个国家真正迈入了'绿色国家的门槛'"[③]，这是不可否认的客观事实。据报道，今年春季欧洲大面积雾霾污染重返欧洲蓝天，使巴黎咳嗽、伦敦窒息、布鲁塞尔得眼疾……这是今春西欧地区空气污染现状大致勾勒出的一幅形象的画面。这就意味着这些欧洲各城市又重新回到大气危机的黑色轨道上来了，因此，人们发出了西欧"霾害根除"还只是个传说之声。这的确是事实，欧洲遭遇空气污染已经不是新鲜事，2011年9月7日英国《卫报》网站曾报道，欧洲空气质量研究报告称空气污染导致欧洲每年有50万人提前死亡，全欧用于处理空气污染的费用高达每年7 900亿欧元。2014年11月19日西班牙《阿贝赛报》报道，欧洲环境署公布的空气质量年度报告显示空气污染问题造成欧洲每年大约45万人过早死亡，其中约有43万人的死因是生活在充满$PM_{2.5}$的环境中。2014年4月初，英国环境部门监测到伦敦空气污染达10级，是1952年以来最严重的污染，引发全国逾162万人哮喘病发[④]。近年来欧洲大面积雾霾污染事件，击碎了英国、法国、比利时等发达国家是"深绿发展水平国家"的神话。

（3）一个国家和民族或地区经济社会运行，从生态盈余走向生态赤字并不断扩大的发展道路，就是工业文明的黑色发展道路，其自然生态环境必然是不断恶化的，没有绿色发展可言。与此相反，从生态赤字逐步减少走向生态盈余的发展道路，就是迈向生态文明的绿色发展道路，其自然生态环境不断朝着和谐协调绿色发展的方向前行。因此，逐步实现生态赤字到生态盈余的根本转变，构成判断是不是绿色发展及一个国家和民族及地区是不是"绿色国家"的一个基础根据与根本标准。据此，抛弃工业文明黑色发展模式，坚定不移走绿色发展道路，其根本的、最终的目标与

① 保罗·替肯：《商业生态学》（中译本），上海：上海译文出版社，2001年版，第26页。
② 详见2012年7月28日《参考消息》，第7版。
③ 杨多贵、高飞鹏：《绿色发展道路的理论解析》，载《科学管理研究》第24卷第5期，第20～23页。
④ 戴军：《英国："霾害根除"还只是个传说》，2015年3月22日《光明日报》。

首要任务就是尽快扭转自然生态环境恶化趋势,实现生态赤字到生态盈余的根本转变,达到生态资本存量保持非减性并有所增殖,这是人类生态生存之基、绿色发展之源。

2. 开创绿色经济发展新时代的绿色使命与历史任务

当今人类发展已经奏响绿色经济与绿色发展的新乐章。发展绿色经济、推进绿色发展是开创绿色经济发展新时代的绿色使命与历史任务,必将成为人类文明演进与经济社会发展的时代潮流。从全球范围来看,迄今为止,世界上还没有一个国家或地区真正是生态文明的绿色国家或绿色地区,中国也不例外。但是当今世界主要发达国家和发展中国家,已经奏响经济社会发展绿色低碳转型的主旋律,开始朝着建设绿色国家或地区,推进绿色发展的方向前行。在此我们要指出的是,发展绿色经济、推进绿色发展是世界各国的共同目标和绿色使命。2010 年美国学者范·琼斯出版的《绿领经济》一书谈到美国兴起的绿色浪潮时说:"不管是蓝色旗帜下的民主党人还是红色旗帜下的共和党人,一夜之间都摇起了绿色的旗帜。"[①]奥巴马政府实行绿色新政,主打绿色大牌,实施绿色经济发展战略,其战略目标是要促进经济社会发展的绿色低碳转型,再造以美国为中心的国际政治经济秩序。以北欧为代表的部分国家如瑞典、丹麦等在实施绿色能源计划方面走在世界前列。日本推进以向低碳经济转型为核心的绿色发展战略总体规划,力图把日本打造成全球第一个绿色低碳国家。韩国制定和实施低碳绿色增进的经济振兴国家战略,使韩国跻身全球"绿色大国"之列。尤其是在绿色新政席卷全球时,不仅美国而且英、德、法等主要发达国家,都企图引领世界绿色潮流。这些事实充分表明发展绿色经济、推进绿色低碳转型、实现绿色发展,是世界发展的新未来、新道路,已成为 21 世纪人类文明进步和经济社会发展的主旋律即绿色发展主旋律,标志着当今人类发展已经开启了迈向绿色经济发展新时代的新航程。

然而,历史发展不是一条直线,而是螺旋式上升的曲线。当今人类历史仍处在资本主义文明及工业文明占主导地位的时代,主要资本主义国家仍有很强的调整生产关系、分配关系和社会关系的能力和活力。因此,主要资本主义国家尤其是西方发达资本主义国家,在工业文明基本框架内对生态环境与绿色经济的认识,制定和实行生态环境保护、治理与生态建设政策、措施和行动,并发展绿色经济,来调节、

---

① 范·琼斯:《绿领经济》(胡晓姣、罗俏鹃、贾西贝译),北京:中信出版社,2010 年版,第 55 页。

缓解资本主义生态经济社会矛盾，力图走出工业文明发展全面异化危机即黑色发展困境。但是，正如一些学者所指出的，"事实的真相"则是到目前为止，西方发达资本主义国家所实施的绿色经济发展战略和自然生态环境治理与修复的思路与方案，主要是在工业文明基本框架内进行[①]，仍然没有根本触动工业文明也无法超越现存资本主义文明的黑色经济社会体系。这主要表现在两个方面：一是西方发达资本主义国家对内实行绿色资本主义的发展路线。目前西方发达国家主要是在不根本触动资本主义文明及工业文明黑色经济体系与发展模式的前提下，通过单纯的技术路线来治理、修复、改善自然生态环境，寻求自然生态环境和资本主义协调发展，缓解人与自然的尖锐矛盾，并在对高度现代化的工业文明重新塑造的基础上走有限的"生态化或绿色化转型发展道路"，即绿色发展道路，实践已经论证，这是不可能走出工业文明黑色危机的。今春欧洲大面积雾霾污染重返欧洲蓝天就是有力佐证。二是目前西方发达资本主义国家对外实行生态帝国主义政策，主要有3种形式：资源掠夺、污染输出和生态战争，使发达资本主义大多数路上了生态帝国主义黑色之路，使西方发达国家的黑色发展道路与模式所付出的高昂生态环境成本即发生巨大黑色成本由发展中国家为他们"买单"。因此，我们从现实中可以看到，绿色资本主义和生态帝国主义的路线与实践不仅可以成功地改善资本主义国家国内的自然生态环境，缓解甚至能够度过"生存危机"，而且可以"在承担着创造后工业文明时代资本主义的'绿色经济增长'和'绿色政治合法性'新机遇的使命。"[②]

当今人类虽然正在迎来生态文明即绿色文明的黎明，但人类文明发展却是在迂回曲折中前进的。自2008年国际金融危机之后，先是美国实行"再工业化战略"，推进"制造业回归"。随后欧洲发达国家纷纷宣称要"再工业化"，不仅把包括绿色能源战略在内的绿色经济发展战略纳入经济复苏的轨道，而且还针对经济虚拟化、产业空心化，试图通过实施"再工业化战略"和"回归实体经济"，重塑日益衰落的工业文明生态缺位的黑色经济，重新走上工业文明增长的经济发展道路。这是向高度现代化的工业文明发展的回归，阻碍着人类文明发展迈向生态文明绿色经济发展新时代。

按照生态马克思主义经济学哲学观点，在资本主义文明及工业文明框架的范围

---

① 张孝德：《生态文明模式：中国的使命与抉择》，载《人民论坛》2010年第1期，第24～27页。

② 郇庆治：《"包容互鉴"：全球视野下的"社会主义生态文明"》，载《当代世界与社会主义》2013年第2期，第14～22页。

内，是不可能从根本上走出工业文明发展全面异化危机即黑色危机的深渊。对此，连西方学者也认为：在资本主义文明及工业文明的"基本框架内对经济运行方式、政治体制、技术发展和价值观念所作的任何修补和完善，都只能暂时缓解人类的生存压力，而不可能从根本上解决困扰工业文明的生态危机。"①这就是说，绿色资本主义和生态帝国主义的推行会使全球自然生态、社会生态和人类生态的黑色危机越来越严重。这与 20 世纪 90 年代以来世界各国在工业文明框架内实施可持续发展一样，其结果是"20 多年来的可持续发展，并没有有效遏制全球范围的环境与生态危机，危机反而越来越严重，越来越危及人类安全。"②因此，世界人民有理由把更多的目光集聚到社会主义中国，将开创工业文明黑色发展道路与模式转向生态文明绿色发展道路与模式，这一人类共同的绿色使命与历史任务寄托于中国建设社会主义生态文明。2011 年在美国召开的生态文明国际论坛上有位美国学者说道："所有迹象表明，美国政府依然将在错误的道路上越走越远。""所有目光都聚到了中国。放眼全球，只有中国不仅可以，而且愿意在打破旧的发展模式、建立新的发展模式上有所作为。中国政府将生态文明纳入其发展指导原则中，这是实现生态经济所必需的，并使得其实现变为可能，是一个高瞻远瞩的规划。"③

3. 中国在当今世界已经率先拉开超越工业文明的社会主义生态文明绿色经济发展新时代的序幕，引领全人类朝着生态文明绿色经济形态与绿色发展模式的方向发展

我国改革开放以来，始终坚持保护环境和节约资源的基本国策，实施可持续发展战略，一些省市和地区实行"生态立省（市）、环境优先、发展与环境、生态与经济双赢"的战略方针。从发展生态农业、生态工业到建设生态省、生态城市、生态乡村，从坚持走生产发展、生活富裕、生态良好的文明发展道路，建设资源节约型、环境友好型经济社会，到发展绿色经济、循环经济、低碳经济；从大力推进生态文明建设到着力推进绿色发展、循环发展、低碳发展等，都取得了明显进展和积极成效。特别是党的十八大确立了社会主义生态文明科学理论，提出和规定了建设

---

① 转引自杨通进：《现代文明的生态转向》，重庆：重庆出版社，2007 年版，总序第 4 页。
② 胡鞍钢：《中国：创新绿色发展》，北京：中国人民大学出版社，2012 年版，第 9 页。
③ 第五届生态文明国际论坛会议论文集（中英文）. April 28-29, 2011，Claremont，CA, USA. Fifth International Forum on Ecological Civilization： toward an Ecological Economics。

中国特色社会主义的两个"五位一体"①：建设中国特色社会主义"五位一体"总体目标，使中国特色社会主义道路的基本内涵更加丰富，建设中国特色社会主义"五位一体"总体布局，使中国特色社会主义的基本纲领更加完善。这不仅是奏响我们党"领导人民建设社会主义生态文明（新党章语）的新乐章，而且标志着全国人民踏上社会主义生态文明绿色发展道路的新征途。因此，党的十八大明确提出"努力建设美丽中国"是社会主义生态文明建设的战略目标，即建设美丽中国首先是建设绿色中国，其中心环节就是走出一条生态文明绿色经济发展道路，构建绿色经济形态与发展模式。据此而言，党的十八大向全党全国人民发出的"努力走向社会主义生态文明新时代"的伟大号召，意味着中国特色社会主义文明发展要努力迈向生态文明绿色经济与绿色发展新时代。为此，《中共中央　国务院关于加快推进生态文明建设的意见》中又提出把经济社会绿色化作为生态文明建设与绿色发展的核心内容与基本途径，从而在当今世界率先开拓了从工业文明黑色发展道路与模式转向生态文明绿色发展道路与模式，使当下中国朝着生态文明绿色经济形态与发展模式的方向发展，努力成为成功走出工业文明的新型工业化道路、真正进入生态文明的绿色化发展道路的榜样国家。

当然，当今中国的客观现实还是一个加速实现工业化的发展中国家，刚走过发达国家100多年所走过的工业文明发展历程，成为以工业文明为主导形态的工业大国。在这几十年间，中国工业化、现代化道路的探索，尽管在一定程度上符合中国国情和实际情况，但仍然走的是工业文明黑色发展与黑色崛起道路，它在本质上是沿袭了西方发达资本主义文明所走过的高碳高熵高代价的工业文明——"先污染后治理、边污染边治理"的黑色发展道路。因此，我们"不得不承认，我们原先走在黑色发展和崛起的征途上，所以尽管我们即使按西方工业文明的标准未达到发展与崛起的程度，但是黑色发展和崛起的一切代价和后果我们都已尝到了。"②历史经验教训值得重视，党的十八大之前的20多年里，我们在没有根本触动刚刚形成的工业文明经济社会形态前提下，换言之在工业文明基本框架内实施可持续发展战略、生态环境治理与修复，建设生态省市，走文明发展道路以及发展绿色经济等，是不可能有效遏制、克服工业文明黑色发展道路与模式的黑色效应，工业文明发展异化

---

① 刘思华：《生态马克思主义经济学原理》（修订版），北京：人民出版社，2014年版，第561~566页。

② 陈学明：《生态文明论》，重庆：重庆出版社，2008年版，第22页。

危机即黑色危机反而日益严重。它突出体现在 3 个方面①：一是当下中国自然生态恶化状况从总体上看，范围在扩大、程度在加深、危害在加重；二是城乡地区差距不断扩大、分配不公与物质财富占有的贫富悬殊已成常态；三是平民百姓生活质量相对变差等社会生态恶化，公众健康相对变差的国民人体生态恶化等，使得生态经济社会矛盾不断积累与日益突出甚至不同程度的激化，已成为建设美丽中国、全面建成小康社会的重大瓶颈，是实现绿色中国梦的最大桎梏。因此，我们必须正视当下中国"自然、人、社会"复合生态系统的客观现实，深刻认识与正确把握当今中国从工业文明黑色发展道路向生态文明绿色发展道路的全面转轨，从工业文明黑色发展模式向生态文明绿色发展模式的全面转型的必要性、迫切性、重要性与艰巨性。事实上，近年来，我国学术界有人为了所谓填补研究空白、标新立异，制造一些伪绿色发展论，不仅把西方主要发达国家说成是"深绿色发展国家"，掩盖当今资本主义国家工业文明发展全面恶化危机即黑色危机的客观现实；而且把处于"十面霾伏"的雾霾污染重灾区的京津冀、长三角、珠三角的一些城市界定为"高绿色城镇化"，这完全不符合客观事实的假命题，否定不了当下中国及城市自然生态危机仍在加深的严峻事实，动摇不了我国以壮士断腕的决心和信心，打好大气、水体、土壤污染的攻坚战和持久战。

所谓攻坚战和持久战，就在于当前国内外事实表明，大气、水体、土壤污染治理与修复已成为世界性的难题。而当今中国大气、水体、土壤污染日益严重，应当说是长期中国工业化、城市化黑色发展积累的必然恶果，是中国工业文明黑色发展道路与模式对自然生态损害的直观展示，是对中国过去 GDP 至上主义发展的严厉惩罚及严重警示。改革开放 30 多年，中国经济发展规模迅速扩大，快速成长为工业文明经济大国，这是世所罕见的。然而，它所付出的自然生态环境代价也是世所罕见的。当今世界上很少有国家像中国这样，以如此之高的激情加速折旧自己的生态环境未来，已经是世界头号污染排放大国，正如国内外学者所指出的，中国已经成为世界上最大的"黑猫"，"全球最大的生态'负债国'"②。目前中国生态足迹是生物承载力的两倍，生态系统整体生态服务功能不断退化，生态赤字还在扩大。中

---

① 刘思华：《论新型工业化、城镇化道路的生态化转型发展》，载《毛泽东邓小平理论研究》2013 年第 7 期，第 8～13 页。
② 卢映西：《出口导向型发展战略已不可持续——全球经济危机背景下的理论反思》，载《海派经济学》2009 年第 26 辑，第 81 页。

国生态系统的生态负荷已达到临界状态，一些资源与环境容量已达支撑极限，经济社会发展是依靠"环境透支"与"生态赤字"来维持。因而，生态赤字不断扩大，生态（包括资源环境）承载力日益下降，在大中城市尤其是大城市十分突出，如上海市人均生态足迹是人均生态承载力的 46 倍，广州市为 31 倍，北京市为 26 倍。在存在生态赤字的国家中，日本是 8 倍，其他国家均在 2~3 倍，中国大城市特大城市普遍存在巨大的生态赤字，都面临比其他国家更为严峻的自然生态危机[①]。由此要进一步指出，目前全国 600 多个大中城市，特别是大城市，其高速发展不仅正在遭遇各种环境污染，如水、土、气三大污染之困，而且正在遭遇"垃圾围城"之痛，有 2/3 的城市陷入垃圾的包围之中，有 1/4 的城市已没有适合场所堆放垃圾，从而加剧了城市生态系统的黑色危机。近日有学者发文认为，"中国城镇化离绿色发展要求的内涵、绿色发展的模式相距甚远"，"中国的绿色发展目标尚未实现"[②]。这就是说，迄今为止，我国还没有一个大中城市真正走入按照社会主义生态文明的本质属性与实践指向所要求的生态文明绿色城市的门槛，这是不容争辩的客观事实。

综上所述，无论当今世界还是今日中国，生态足迹不断增加，生态赤字日益扩大，这是自然生态危机的核心问题与根本表现。而当下中国各类环境污染呈现高发态势，已成民生之患、民心之痛、发展之殇；生态赤字与生态资本短缺仍在加重，使我国进入生态"还债"高发期，良好的自然生态环境已经成为最为短缺的生活要素、生产要素及生存发展要素。这就决定了生态环境问题是严重制约中国生态经济社会有机整体、全面和谐协调可持续发展的最短板，是建设美丽中国、实现绿色中国梦的最大阻碍，是中国绿色发展与绿色崛起面临的最大挑战与绿色压力。因此，我们要直面这一严峻现实，必须也应当摆脱与摒弃过去所走过的工业文明高碳高熵高代价的黑色发展道路，与工业文明黑色发展模式彻底决裂，积极探索生态文明低碳低熵低代价的绿色发展道路及发展模式，使中国特色社会主义文明发展尽早实现从工业文明黑色发展道路与模式向生态文明绿色发展道路与模式的根本转变，成功地建成生态文明绿色强国。

[①] 齐明珠、李月：《北京市城市发展与生态赤字的国内外比较研究》，载《北京社会科学》2013 年第 3 期，第 128~134 页。

[②] 庄贵阳、谢海生：《破解资源环境约束的城镇化转型路径研究》，载《中国地质大学学报（社科版）》2015 年第 2 期，第 1~10 页。

五、关于"绿色经济与绿色发展丛书"的几点说明

"绿色经济与绿色发展丛书"是目前世界和中国规模最大的绿色社会科学研究与出版工程，覆盖数 10 个社会科学和自然科学，是现代经济理论与发展思想学科群绿色化的开篇，故不得不说明几点：

（1）"丛书"站在中国特色社会主义文明从工业文明走向生态文明的文明形态创新、经济社会形态创新、经济发展模式及发展方式创新的新高度，不仅探讨了中国社会主义经济的发展道路、发展战略、发展模式和发展体制机制等生态变革与绿色创新转型即生态化、绿色化发展，而且提出了从国民经济各部门、各行业到经济社会发展各领域等方面，都要朝着生态化、绿色化方向发展。为建设社会主义生态文明和美丽中国，实现把我国建成绿色经济富国、绿色发展强国的绿色中国梦，提供新的科学依据、理论基础和实践框架及路径。

（2）"丛书"力争出版 45 部，涉及学科很多、内容广泛，理论与实践问题研究较多，大致可以归纳为 4 个方面：一是深化生态文明和绿色经济与绿色发展的马克思主义基础理论研究；二是若干重大宏观绿色化问题研究；三是主要领域、重要产业与行业发展绿色化问题研究；四是微观绿色化问题研究。因此，整部"丛书"是以建设生态文明为价值取向，以发展绿色经济为主题，以推进绿色发展为主线，比较全面、系统地探讨生态经济社会及各领域、国民经济各部门、各行业与其微观基础的绿色经济与绿色发展理论和实践问题；向世界发出"中国声音"，展示中国的绿色经济发展理论与实践的双重探索与双重创新。

（3）"丛书"是新兴、交叉学科群绿色化多卷本著作，必然涉及整个经济理论与发展学说和马克思主义的基本原理与重要的基本理论问题，并涉及众多的非常重要的现实的前沿话题，难度很大，有些认识还只能是理论的假设与推理，而作者和主编的多学科知识和理论水平又很有限，因而"丛书"作为学科群绿色化的开篇，很难说是一个十分让人满意的开头，只能是给读者和研究者提供一个学术平台继续深入探讨，共同迎接绿色经济理论与绿色发展学说的繁荣与发展。

（4）本丛书把西方世界最早研究生态文明的专家——美国的罗伊·莫里森所著的《生态民主》译成中文出版。《生态民主》一书于 1995 年出版英文版，至今已有 20 年了，中国学界和出版界却无人做这项引进工作，出版中译本。近几年来，在我国研究生态文明的热潮中，很多论文和著作都提到《生态民主》一书，尤其我国

权威媒体记者多次采访莫里森，使这本书在中国有较大影响。然而，众多研究者介绍本书时都没有具体内容，既没有看英文版原版，又无中译本可读，只是相互转抄、添油加醋，就产生了一些学术误传，不利于正确认识世界生态文明思想发展史，更不能正确认识中国马克思主义生态文明理论发展史。因此，笔者下决心请刘仁胜博士译成中文，由中国环境出版社出版，与中国学者见面。在此，我要强调指出的是，我作为"丛书"主编，对莫里森先生所写中译本序言和本书一些基本观点，并不代表笔者的观点，我们出版中译本是表明学术思想的开放性、包容性，为中国学者深入研究生态文明提供思想资料与学术空间，推动社会主义生态文明理论与实践研究不断创新发展。

（5）"丛书"的作者们在梳理前人和他人一些与本领域有关的思想材料、引用观点时，都尽可能将原文在脚注和参考文献中一一列出，也有可能被遗漏，在此深表歉意，请原著者见谅。在此，我们还要指出的是，"丛书"是"十二五"国家重点图书出版规划项目，多数书稿经历了四五年时间才完稿，有的书稿所引用的观点和材料是符合当时实际的。党的十八大后，党和政府对市场经济发展进程中出现的某些经济社会问题，认真地进行治理并有所好转，但在出版时把它作为历史记录保留在书中，特此说明。总之，"丛书"值得商榷之处一定不少，缺点甚至错误在所难免，故热切盼望得到专家指教和广大读者指正。

刘思华

2015 年 7 月

目　录

Contents

第 1 章

低碳生活的理论与实践

低碳是指较低的温室气体排放，涵盖经济、社会、生态环境、人们生活的诸多方面，以应对气候变化为主要目标。国外关于低碳生活的研究，侧重于社会学、心理学、经济学等学科，重点关注日常生活。我国关于低碳生活的研究，侧重于低碳生活方式、低碳社会建设、低碳企业建设等，我国积极参与国际相关会议，出台低碳和低碳生活的政策法规，建设电子低碳交流平台，搭建低碳节能交流平台，相继取得了一系列显著业绩。

1.1 低碳的基本理念

随着世界人口和经济的不断增长，大量使用能源所带来的环境问题及其诱因为人们所深刻认识，大气中二氧化碳浓度升高所带来的全球气候变化影响也已被确认为不争的事实。为科学应对全球气候变化，以低能耗、低污染、低排放为基础的"低碳"理念应运而生，成为世界经济社会发展的重要趋向。

低碳（Low Carbon），意指较低（更低）的温室气体（以二氧化碳为主，其他气体还包括甲烷、氧化亚氮、氢氟碳化物、全氟碳化物、六氟化硫等）排放，其概念首先由英国提出，涵盖低碳经济、低碳社会、低碳生产、低碳文化、低碳生活、低碳消费、低碳城市、低碳社区、低碳家庭、低碳旅游、低碳哲学、低碳艺术、低碳音乐、低碳人生、低碳生存主义、低碳生活方式等诸多方面，与人类生产、生活等息息相关，其中低碳经济和低碳生活是其核心内容，见图 1-1。

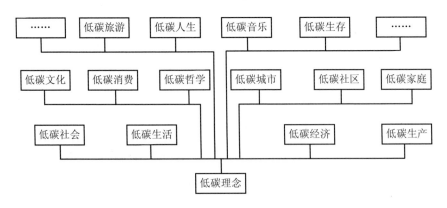

图 1-1　低碳理念的基本内容

　　低碳强调节约资源和能源，通过碳化石能源使用效率的提高以及非碳化石能源的大量替代利用来减少二氧化碳等碳的排放，实现环保和可持续发展的"双赢"。低碳的实质是资源、能源的使用效率和能源使用的结构问题，要求提高能源利用效率，创新清洁能源结构，追求绿色 GDP；核心是能源技术创新、消耗制度创新和人类生存发展观念的根本性转变；目标则是减缓气候变化和促进人类的可持续发展。

　　从内涵看，低碳是人类社会应对气候变化，实现经济社会可持续发展的一种模式。它意味着经济社会发展必须最大限度地减少或停止对碳基燃料的依赖，实现能源利用转型和经济转型，这种理念不能排斥发展和产出最大化，也不排斥长期经济增长。

　　从广义上看，考虑到人类文明在 21 世纪需要面对的资源环境挑战，低碳可定位为"降低对自然资源依赖的新型发展模式"，要求在发展中注重生态环境保护，促进人类文明由工业文明向生态文明转变，实现科学发展。

　　从狭义上看，低碳仍然是以应对气候变化为主要目标，通过提高能效、发展替代能源、降低能源需求、降低对化石燃料的依赖，同时应用终端减排技术，以实现社会经济发展与碳排放相分离（去碳化），降低温室气体排放量，应对和避免气候变化的不良后果。

　　实际上，低碳是在可持续发展理念的指导下，通过技术创新、制度创新、产业转型、观念转变、行为改变等多种手段和方法，在生产、生活的方方面面尽可能减少煤炭、石油等高碳能源的消耗，增强资源、能源的循环利用率，减少温室气体排放，达到经济、社会发展与生态环境保护共赢的一种至高境界。它是以低碳消费为前提，以低能耗、低污染、低排放为基础的生产生活模式，是落实科学发展观、建设节约型社会的综合创新与实践，是实现中国可持续发展的必由之路，是不可逆转的划时代潮流，是一场涉及生产方式、生活方式和价值观念的全球性革命，已经成为全社会共同的认识和必须的选择。

低碳的基本概念

碳汇 是指从空气中清除二氧化碳的过程、活动或机制，碳源是向大气中释放二氧化碳的过程、活动或机制。以森林为核心的碳汇项目是清洁发展机制（CDM）的重要组成部分，主要形式是造林和再造林项目。森林碳汇是指森林植物通过光合作用将大气中的二氧化碳吸收并固定在植被与土壤当中，从而减少大气中二氧化碳浓度的过程。森林面积虽然只占陆地总面积的1/3，但森林植被区的碳储量几乎占到了陆地碳库总量的1/2。树木通过光合作用吸收了大气中大量的二氧化碳，减缓了温室效应，这就是通常所说的森林的碳汇作用。

碳汇交易 是根据《联合国气候变化框架公约》及其《京都议定书》的规定，由法律创设出来的一种拟制交易。它通过技术拟制和法律拟制，将一般意义上不能构成物权客体的气体环境容量资源导入拟制交易的环节，从而创设了一个无形物的交易市场。

碳捕捉 是指捕捉释放到大气中的二氧化碳，经压缩后，压回到枯竭的油田和天然气领域或者其他安全的地下场所，即碳封存（CCS）。被捕获的碳可用于石油开采和冶炼业，将石油的采收率提高至40%～45%。

碳循环 自然界碳循环的基本过程如下：大气中的二氧化碳被陆地和海洋中的植物吸收，然后通过生物或地质过程以及人类活动，又以二氧化碳的形式返回大气中。绿色植物从空气中获得二氧化碳，经过光合作用转化为葡萄糖，再综合成为植物体的碳化合物，经过食物链的传递，成为动物体的碳化合物。植物和动物的呼吸作用把摄入体内的一部分碳元素转化为二氧化碳释放入大气，另一部分则构成生物的机体或在机体内贮存。动、植物死后，残体中的碳通过微生物的分解作用也成为二氧化碳而最终排入大气。一部分动、植物残体在被分解之前即被沉积物所掩埋而成为有机沉积物。这些沉积物经过悠长的年代，在热能和压力作用下转变成矿物燃料——煤、石油和天然气等。当它们在风化过程中或作为燃料燃烧时，其中的碳氧化成为二氧化碳排入大气。人类消耗大量矿物燃料对碳循环产生重大影响。

1.2 哥本哈根气候变化峰会

哥本哈根世界气候峰会（大会）全称是《联合国气候变化框架公约》缔约方第 15 次会议，于 2009 年 12 月 7 日至 18 日在丹麦首都哥本哈根 Bella 中心召开。12 月 7 日起，192 个国家的环境部长和其他官员们参加了此会，旨在共同商讨《京都议定书》一期承诺到期后的后续方案，就未来应对气候变化的全球行动签署新的协议。

1.2.1 会议背景

气候变化是人类目前面临的最严峻、最深远的挑战之一。过去 100 多年来的工业文明，使得人类拥有影响气候、人为加速地球升温的破坏力。科学家预测，随着温室效应的不断加剧，到 21 世纪末全球将升温 1.1～6.4℃。更加令人震惊的是，从最新的温室气体排放增加速度来看，地球气候已经开始朝着 6～7℃ 的严酷升温速度发展，大大超出 2℃ 的地球生态警戒线，几乎宣告了生态系统的死刑，世界处在毁灭性的气候混乱状态边缘。要阻止最可怕的暖化灾难在不久的将来成为现实，唯一的途径是全人类携手采取最坚决的行动——实现低碳化发展。

人类的底线是要把全球升温控制在 2℃ 甚至更低，一旦超过 2℃，全球变暖就会无法控制地继续，那时候即使人类想采取补救措施也没有机会了。为了达到这个目标，全世界温室气体排放总量上升的趋势必须在 2015 年前得到扭转，这意味着从现在起留给我们拯救地球的时间已经所剩不多了。与此同时，最可能受到风暴、热浪、洪水和作物歉收等灾害的贫困国家和地区应当尽快得到支援。别的地区则需要在气候灾难到来前未雨绸缪。要实现这些事关全人类生存与发展的紧迫任务，需要有一个所有国家认可和参与的国际协议来划分责任，促进合作，这是人类携手对抗变暖的至关重要的平台。

达成一个公平、及时、有效、科学、着眼长远的保护地球气候的法律协议，这就是联合国气候谈判的使命，也是哥本哈根气候变化峰会召开的背景。

1.2.2　会议宗旨及研讨内容

会议宗旨是达成一个新的应对气候变化的协议，并以此作为 2012 年《京都议定书》第一阶段结束后的后续方案。围绕会议目标，本次大会主要讨论如下几方面的议题：①发达国家的中期废气减排目标。②发展中国家根据自身能力"排碳缓和"的承诺。③发达国家对发展中国家的资金支持，以鼓励各发展中国家减少废气排放、适应气候变化的冲击。④发达国家向发展中国家转移技术，成立有治理能力的有效体制架构，以处理发展中国家对气候变化的需要。⑤减碳架构的签约方式问题。

根据《联合国气候变化框架公约》秘书长德波尔的表述，在此次会议上，国际社会需就以下 4 点达成协议：①工业化国家的温室气体减排额是多少？②像中国、印度这样的主要发展中国家应如何控制温室气体的排放？③如何资助发展中国家减少温室气体排放、适应气候变化带来的影响？④如何管理这笔资金？

1.2.3　会议意义

哥本哈根世界气候变化峰会是继《京都议定书》后又一具有划时代意义的全球气候协议书，对全球今后的气候变化走向产生决定性的影响，被喻为"拯救人类的最后一次机会"的会议。会议达成了不具法律约束力的《哥本哈根协议》。《哥本哈根协议》维护了《联合国气候变化框架公约》及其《京都议定书》确立的"共同但有区别的责任"原则，就发达国家实行强制减排和发展中国家采取自主减缓行动做出了安排，并就全球长期目标、资金和技术支持、透明度等焦点问题达成了广泛共识。

国际低碳文件

《联合国气候变化框架公约》下的《京都议定书》2005 年生效，是历史上第一个给成员国分配了强制性减排指标的国际法律文件。在这份文件中，发达国家承诺到 2012 年平均在 1990 年水平上减少 5%。2012 年后《京都议定书》的第一承诺期结束，但对抗变暖的努力需要继续贯彻并大大加强，因此关于 2012 年后的减排指标

谈判要求尽快得出结果。在 2007 年年底的印尼巴厘岛气候大会上，各国同意启动一个为期 2 年的谈判计划，旨在到 2009 年年底的丹麦哥本哈根大会上达成这个新的气候协议。

根据 2007 年在印尼巴厘岛举行的第 13 次缔约方会议通过的"巴厘路线图"的规定，2009 年年末在哥本哈根召开的第 15 次会议将努力通过一份新的《哥本哈根议定书》，以代替 2012 年即将到期的《京都议定书》。考虑到协议的实施操作环节所耗费的时间，如果《哥本哈根议定书》不能在 2009 年的缔约方会议上达成共识并获得通过，那么在 2012 年《京都议定书》第一承诺期到期之后，全球将没有一个共同文件来约束温室气体的排放，这将导致人类遏制全球变暖的行动遭到重大挫折。也由于这个原因，本次会议被广泛视为"人类遏制全球变暖行动的最后一次机会"。

"低碳"发展历程

2003 年，英国能源白皮书《我们能源的未来：创建低碳经济》最早在政府文件中提出"低碳经济"。2006 年，以前世界银行首席经济学家尼古拉斯·斯特恩为首撰写的《斯特恩报告》指出，全球以每年 GDP 1%的投入，可避免未来每年 GDP 5%～20%的损失，呼吁全球向低碳经济全面转型。2007 年 7 月，美国参议院提出了《低碳经济法案》，呼吁把低碳经济作为美国未来的重要战略选择。2007 年 12 月 3 日，联合国气候变化大会在印尼巴厘岛举行，出台了应对气候变化的"巴厘岛路线图"。该"路线图"要求发达国家在 2020 年之前将温室气体减排 25%～40%。2008 年 6 月，联合国环境规划署确定 2008 年"世界环境日"（6 月 5 日）的主题为"转变传统观念，推行低碳经济"。2008 年 7 月，在 G8 峰会上，八国表示与《联合国气候变化框架公约》的其他签约方一道，争取到 2050 年把全球温室气体排放减少 50%。2009 年 12 月，哥本哈根世界气候峰会（大会）在丹麦召开，旨在共同商讨《京都议定书》一期承诺到期后的后续方案，就未来应对气候变化的全球行动签署新的协议。2010 年 11—12 月，联合国气候变化大会在墨西哥坎昆举行《联合国气候变化纲要公约》缔约方第 16 次会议，会议在认可《京都议定书》第二承诺期的存在、适应、技术转让、资金和能力建设方面取得了一些进展。2011 年 11—12 月，《联合国气候变化框架公约》第 17 次缔约方会议暨《京都议定书》第 7 次缔约方大会（CMP7）在南非德班召开，大会通过的 4 份决议，体现了发展中国家的 2 个根本诉求：发达国家在

《京都议定书》第二承诺期进一步减排；启动绿色气候基金。2012 年 11—12 月，《联合国气候变化框架公约》第 18 次缔约方大会暨《京都议定书》第 8 次缔约方会议在卡塔尔多哈举行，对《京都议定书》第二承诺期作出决定，要求发达国家在 2020 年前大幅减排并对应对气候变化增加出资。

1.2.4　会议的焦点问题

会议的焦点问题主要集中在"责任共担"。全球必须停止增加温室气体排放，并且在 2015—2020 年开始减少排放。预计要防止全球平均气温再上升 2℃，到 2050 年，全球的温室气体减排量需达到 1990 年水平的 80%。但是哪些国家应该减少排放？该减排多少呢？比如，经济高速增长的中国最近已经超过美国成为最大的二氧化碳排放国。但在历史上，美国排放的温室气体最多，远超过中国。而且中国的人均排放量仅为美国的 1/4 左右。从道义上讲，中国有权力发展经济、继续增长，增加碳排放将不可避免。而且工业化国家将碳排放"外包"给了发展中国家——中国替西方购买者进行着大量碳密集型的生产制造。作为消费者的国家应该对制造产品过程中产生的碳排放负责，而不是出口这些产品的国家。诸如此类的问题都将影响到哥本哈根世界气候大会能否成功。同时，还有人怀疑现在采取的任何应对气候变化的措施可能都显得微不足道、为时已晚。

1.2.5　会议的困境与挑战

1.2.5.1　减排目标

发展中国家要求发达国家率先大幅度减排，认为这是发达国家有责任也有能力做到的。然而，算上日本新公布的 25% 的减排目标，发达国家的中期减排目标还是远远达不到联合国委员会到 2020 年在 1990 年基础上减排 25%～40% 的要求。这其中，还有些发达国家的目标是有前提条件的。也就是说，最后实际的承诺可能更低。同时，美国参议院要是通不过其国内立法，再低的目标美国可能也落实不了。

1.2.5.2　资金

鉴于发达国家对气候问题所应负的历史责任，发展中国家要求发达国家提供资金,来帮助其适应气候变化并减缓气候变化。对于发达国家来说,出钱给最贫穷的国家来适应气候变化的灾难性后果似乎还好商量,但出钱给发展中大国来发展清洁技术和低碳经济就困难了。截至目前,大多数发达国家只愿意泛泛地谈一下气候资金的规模,但却不愿意商量资金的来源。关于资金到底是由发达国家政府来出,还是由国际碳市场来筹集,发达国家和发展中国家之间,甚至连发达国家之间也达不成共识。

1.2.5.3 协议的法律性质

《京都议定书》作为应对气候变化全球行动的第一步,是一个自上而下的多边协议,具有法律效力。美国于2001年撤出了《京都议定书》,现在正努力说服大家也放弃《京都议定书》。美国希望在哥本哈根达成一个自下而上的松散协议,各国只就政治意愿达成共识,然后各自决定如何出台其国内减排计划。欧洲看着美国的消极态度,还有一个接一个的国家没法完成其《京都议定书》规定的第一阶段减排目标,也开始在这个问题上动摇。发展中国家认为,如果不能达成一个类似《京都议定书》这样有法律约束力的国际协议,发达国家2020年的中期目标不可能兑现,资金和技术支持更没有指望。

1.2.5.4 测量机制

发达国家要求所有国家都能定期提供详细的减排成果清单,并要求减排行动符合统一的可汇报、可测量、可核实的标准。美国认为,像中国、印度这样的发展中国家已经是排放大户,如果没有统一的测量机制,没有办法相信这些国家自己的测量标准。而发展中国家坚持认为,发达国家的减排应该以更高的标准来要求;对于发展中国家来说,只有收到发达国家资金、技术支持的那部分减排才有义务被核实。

1.3 国外低碳生活的理论动态

国外有关低碳生活的研究成果较丰富,研究视角偏向于家庭单元层面的微观研究,重点侧重于社会学、心理学、经济学视角的研究以及低碳生活的影响因素等的分析。

1.3.1 低碳生活的社会学分析

社会学视角的低碳生活研究主要探讨家庭特征、个人特征、生活方式等因素对居民选择低碳生活的影响。Ek K（2005）的研究显示，大部分瑞典被访者表示对绿色电力的支持，但支持人数随着年龄和收入的下降而下降。Darby（2006）对英国一个"节能山村"居民的调查表明：个人和社会学习是能源可持续使用的先决条件。Sardianou（2007）以希腊家庭节能行为为研究对象，通过测度显示，消费者收入、家庭人口、社会经济变量对节能偏好有很好的解释力，用电量、被访者的年龄与消费者的节能行为呈负相关关系。Druckman（2008）以英国家庭为研究案例，指出不同阶层家庭的能源消费模式具有很大不同，能源消费及其相应的碳排放都与收入水平高度相关，其他诸如财产数、家庭组成、住宅类型、城乡所在地因素同样非常重要，且超过 25% 的家庭的碳排放来自娱乐和休闲，拓展生活方式的愿望是促使英国家庭碳排放量增加的重要因素。Caula（2009）指出户主年龄、对环境的关注、是否有孩子是影响优化城市环境支付意愿的重点因素。Gyberg（2009）指出生活方式直接影响能源使用，促进居民节电的努力应从技术手段向促进居民改变日常行为方面转变。Abrahamse（2009）通过对荷兰家庭的观察，认为社会人口变量决定着能源使用方式。Solino（2009）以西班牙加利西亚为研究案例，指出居住点的变量，如居住地位置、人口分布、社区收入、人口增长等，对使用清洁电力而改善环境的个人支付意愿有重要影响。

1.3.2 低碳生活的心理学分析

用于解释居民选择低碳生活的心理因素较多，主要包括动机、学习、知识、价值观等。Jaber 等（2005）使用模糊逻辑方法得出公众节能意识低与节能知识不足有关的结论。Ek K（2005）认为当被访者自诉环境态度积极时，其对能源使用和清洁电力的行为也比较敏感和积极，Sardianou（2007）也赞成此观点。Steg（2008）认为缺乏减少家庭用能有效方法的知识、节能的高成本和低选择权、缺少可行的替代措施是影响家庭减少化石燃料使用的三个最重要的因素。Abrahamse（2009）认为改变能源使用方式与同社会心理因素有关的认知相关。MacKerron（2009）对认证制的碳冲抵的研究说明,消费者对碳冲抵方案的了解程度影响消费者自愿碳冲抵的积极性。Ek K 及其合作者(2005、2010)通过对瑞典家庭的持续研究,认为居民与企业和媒体的互动、居民的社会交往对家庭节能活动产生影响,他们在 2005年的研究显示,除成本外,环境态度、社会交往是影响家庭节能活动的重要因素,并提出在经济因素和已有的规范这些关键因素外,个人责任程度的认知、选择绿色电力后对环境改善所能产生的影响力大小、能感觉到的影响力在很大程度上影响居民是否愿意接受绿色电力溢价;2010 年的研究进一步指出通过社会互动和媒体引导传递出的信息对家庭节能决策产生影响。

1.3.3　低碳生活的经济学分析

节能成本和收益间的差额对比影响着居民的低碳生活行为。Jaber(2005)指出通过财政援助等方法能鼓励能源最终用户节能。Steg(2008)认为节能成本影响家庭是否选择节能行动,Ek K(2008)也得出此结论。Ek K 和 Soderholm P(2009)以瑞典为案例,研究指出是否获得更多利益决定着家庭是否愿意转向绿色电力;对通过转换行为不能得到很多利益的家庭而言,电费总支出、相关知识的多少以及寻找、处理信息的成本对其行为影响最大。Shammin(2009)通过对美国的研究认为通过提高能源价格减少家庭碳排放有失社会公平,低收入家庭会受到影响。Schuitema 等(2010)对瑞典斯德哥尔摩在试行收取"拥堵费"前后的研究显示,只有在收取"拥堵费"后人们切实感受到停车方便、堵塞和污染减少了,对收取"拥堵费"的接受度才会增加。

1.3.4　低碳生活的影响因素分析

低碳生活的影响因素主要包括社会技术水平、宣传、政策手段等。Jaber(2005)指出宣传能鼓励能源最终用户节能。Rosenquist 等(2006)对美国的研究显示,规范、提高、拓宽现有的民用和商用设备的能效标准,可使国家在节能方面获得可持续的利益。Ek K、Soderholm P 和 Benders 都认为目前的节能宣传在密集度和针对性上存在不足,Benders(2006)还认为必须将间接能源消费纳入宣传的考量范围。Wood(2007)认为通过使用家庭用能信息显示设备预设出节能目标,并将其有效的归类可以促进消费者节能。Rogers 等（2008）在公众对英国推广社区可再生能源项目的看法的研究中指出，由于居民积极参与的意愿较低，更多的体制支持对于推广社区可再生能源项目必不可少。Druckman（2008）对英国的研究显示，典型英国家庭中超过 1/4 的碳排放来自娱乐和休闲，拓展生活方式的愿望是促使英国家庭的二氧化碳排放量增加的重要因素。Murata 等（2008）对中国 13 个城市的研究显示，通过推广节电的终端电器，到 2020 年可以节电 28%。Ouyang（2009）和 Gyberg（2009）都认为生活方式直接影响能源使用，促使居民节电的努力应从技术手段转向促进居民改变日常行为上。Gyberg（2009）认为目前政府、利益相关组织以及能源企业更关注宣传推广节能设备和普及技术方面的节能知识，对生活方式的宣传相对缺乏。Parag 等（2009）从英国居民电、气的消费出发，认为有效的家庭减排政策必须关注供应者角色、委托代理问题、消费者和供应商对减排的兴趣，指出关注政府—消费者关系有助于实现减排目标。Mahmoud（2010）对科威特的研究显示，通过宣传节电的活动，可在高峰需求量和总需求量上分别产生 4% 和 5% 的节电量，当向消费者强调使用碳冲抵收入投资于可以产生共同效益（诸如支持人的发展和减少贫困、保护和促进生物多样性、培育低碳市场和技术等）的项目上时，有助于鼓励消费者自愿认购碳冲抵。Hondo 等（2010）对日本的研究显示，住宅光伏系统的安装影响人们有关能源和环境的关注和规范，从而影响人们的环境行为。

1.4 我国低碳生活的理论动态

国内对低碳生活的研究起步相对较晚，最先关注低碳经济与低碳生活、低碳生活的政策鼓励、低碳生活与时尚环保、低碳生活的案例分析等问题，然后相继开展了低碳生活方式、低碳生活与低碳社会、企业的低碳生活、城市居民低碳生活、家居低碳生活等方面的探讨，目前研究的领域和研究视角正呈现多元化、深入化的趋势，且逐渐由定性描述与分析转向定量研究，并将理论研究与案例分析相结合，概括而言，我国低碳生活研究重点主要包括如下几方面（表 1-1）。

表 1-1 2008 年以来我国低碳生活研究重点与研究进展

年份	主要研究内容
2008	低碳生活的政策鼓励、低碳经济与低碳生活、低碳生活的营造、高密度城市的低碳生活、时尚环保与低碳生活等
2009	低碳经济与低碳生活、低碳生活方式、低碳生活与低碳社会、企业的低碳生活、城市居民低碳生活、家居低碳生活、低碳生活与生活质量、低碳生活与政策引导、碳排放量计算与低碳生活、农民的低碳生活、学校低碳生活、生态能源与低碳生活、低碳生活与建筑、军营低碳生活、低碳生活与消费、低碳生活志愿与践行、低碳生活方式与商机、气候变化与低碳生活等
2010	低碳生活与制度助推、城市居民低碳生活、低碳生活与低碳家居、低碳生活与人类伦理、低碳生活与生态旅游、低碳生活与低碳消费、家庭低碳生活档案建设、低碳生活与日常生活、生态文明与低碳生活、农村低碳生活、低碳生活模式、能源检测与低碳生活、企业与低碳生活、低碳金融与低碳生活、居家低碳生活、居民低碳生活方式建立途径、低碳生活与扩大内需、奢侈品消费与低碳生活、居民低碳生活状况调查、低碳生活与高校图书馆、低碳生活与环保家园、校园低碳生活、低碳生活数字化、低碳生活理念与方式、低碳生活创意、绿色交通与低碳生活、美术领域的低碳生活、家庭低碳生活方式的推进策略、农村低碳生活方式的实现、低碳生活的科技支撑、绿色建筑与低碳生活、实现低碳生活方式的途径、低碳生活的视角、低碳生活的伦理维度、地热资源与低碳生活、高效生产与低碳生活、低碳生活行为、低碳生活"3R"原则、日常低碳生活准则、低碳生活与图书、低碳生活方式与网络社区、低碳生活与产业发展、国外低碳生活"样板城"、低碳生活示范城市建设、低碳生活理念与健身、低碳生活与社会贫穷、低碳生活与现代包装设计、低碳生活民意观察、低碳教育与低碳生活、低碳生活教育与学生个性培养、低碳生活与环境道德诉求、保护耕地资源与践行低碳生活、低碳生活战略、低碳生活方式与低碳技术、农民低碳生活环境打造、高碳时代与低碳生活、低碳生活的调查、农家低碳生活、绿色办公与低碳生活、博物馆与低碳生活等
2011	老年人健康与低碳生活方式、创建低碳生活的途径、大学生对低碳生活的认知与策略、农民低碳生活、低碳生活的调查、大学生低碳生活面临的主要问题及应对策略、大学生"低碳生活"理念教育的路径、低碳生活与园林景观设计、城市居民低碳生活现状及实践应对、城市低碳生活方式转型、农村低碳生活、高等院校的低碳生活模式与引导策略、低碳生活与"碳足迹"、低碳生活与产品包装、低碳生活与日常生活、气候变化与低碳经济和低碳生活、社区居民低碳生活理念、城市居民低碳生活模式与公共管理、低碳生活社会思想政治教育和生态价值的实现、低碳生活与人类健康、农村低碳生活、低碳生活的现实境遇及其本质要求、低碳生活与产业发展、低碳生活 IC 卡、低碳生活与低碳经济实现途径、低碳居住与低碳生活、低碳生活与政府职能、低碳生活的伦理、依托社区推进低碳生活方式的途径、城市低碳生活路径、低碳生活与和谐家庭建设、"节能减排和低碳生活示范区"打造、低碳生活的推广路径、低碳生活教育、政府管理创新与低碳生活方式引导、低碳生活的非线性规划、低碳生活与碳标签、以低碳生活方式实现低碳生态城市的规划、城镇居民低碳生活情况调查、低碳生活与经营、推行低碳生活促进贫困山区经济可持续发展、山区低碳生活、新农村建设与低碳生活、低碳生活示范区建设、低碳生活与城市生活质量提升、居民低碳生活影响因素的解释结构模型等

年份	主要研究内容
2012	城镇居民的低碳生活观念对其低碳生活方式的影响、低碳生活意识增强与政府推动、低碳生活方式构建、低碳生活教育、大学生低碳生活理念养成策略、践行低碳生活的内容与途径、低碳生活示范体验区建设、中学生低碳生活意识倡导、高职院校学生环境保护意识与低碳生活方式调查、高碳生活方式向低碳生活方式的转变、节能改造与低碳生活、低碳生活居住环境设计、当代大学生低碳生活认知态度与行为调查、校园低碳生活调查、绿色建筑与低碳生活、践行低碳生活与建设生态文明、市民低碳生活行为的调查与分析、农户低碳生活、低碳生活方式的哲学思考、基于量表技术的旅游者低碳生活行为倾向的测量工具、女性在低碳生活方式形成中的作用、居民低碳生活路径、低碳经济背景下低碳生活的实现、碳生产率与低碳生活方式、高校低碳生活模式与大学生社会责任感的培育、低碳生活居住环境设计、当代青少年对低碳生活的认知构成及其改进、实现农村低碳生活的对策、"低碳生活"与"幸福感"、低碳生活视角高校校园节能减排制度建设、马克思消费理论与低碳生活、环境友好科技创新与低碳生活、低碳生活与碳交易、低碳生活与低碳旅游、低碳生活与低碳消费、低碳生活示范园建设等

1.4.1 对低碳生活与低碳经济的研究

张一鹏（2009）阐述了低碳经济与低碳生活的概念和两者之间的关系，指出"低碳经济"仅有先进技术的支撑是不够的，必须依托于"低碳生活"才能实现减排的目的，而"低碳生活"是一种简单、简约、俭朴和可持续的生活方式，要实现"低碳生活"，宣传引导和制度保障是缺一不可的。孙智萍等（2010）认为要践行"低碳生活"，需澄清各种对"低碳生活"的认识误区，戒除各种不良的消费嗜好，并要有制度做保障，让低碳生活成为一种生活习惯和社会风尚。

1.4.2 对低碳生活与生态文明相互关系的研究

吴铀生（2010）指出发展低碳经济、提倡低碳生活与我国正在推进的生态文明建设和科学发展观的指向是一致的，低碳生活的实质是以"低碳"为导向的一种共生型消费模式，使人类在环境系统中能够和谐共生、共同发展，实现代际公平与代内公平。张桂琴（2010）认为"低碳生活"是主张人们通过减少碳排放以促进社会和谐发展，达到生态文明的一种生活方式；"低碳生活"是生态文明的前提和基础，生态文明是"低碳生活"的目的和归属。张玉珍等（2010）从"低碳生活"的内涵和特征出发，着重分析了低碳生活和生态文明之间相辅相成的关系，进而提出了打造低碳宜居环境、实现生态文明的具体对策。肖创伟等（2012）论述了低碳生活、生态文明的内涵及相互关系，指出发展低碳经济、践行低碳生活将成为建设生态文明最有力的突破口。

1.4.3 低碳认知及低碳生活方式的调查研究

贺文华（2011）在西安多所高校开展了关于大学生对低碳生活认识的匿名问卷调查活动，在对调查结果进行分析的基础上，提出了对构建大学生低碳生活方式方面的建议。徐芹芳等（2011）调查了杭州居民对低碳绿色出行方面的认知、杭州居民日常出行习惯和出行方式、杭州居民对私家车的偏好及选择，以及杭州居民对私家车、租赁自行车、公交车、出租车的使用情况等问题，剖析了低碳生活在出行方面实施的状况以及存在的问题，并提出了相应的对策和方法。朱力等（2012）以上海市闵行区为研究对象，从居民对低碳经济概念的认知、低碳生活行为状况及参与低碳社会建设的意愿等三方面展开调查，并应用 SPSS 软件对问卷调查结果进行了统计和多元相关分析，研究表明，居民低碳经济概念认知状况良好，参与低碳社会建设的积极性较高，但低碳生活行为的实践状况一般，年龄及文化程度对居民低碳生活行为的解释能力分别为 22.4% 和 17.9%；低碳人群多属于"被动低碳"，年轻人、文化程度较高者及高收入者为低碳宣传的重点人群。舒岳（2012）通过对 400名丽水市民的调查，探究了丽水市民的低碳生活行为及其深层次影响因素，所调查的样本和结论对于欠发达城市具有一定的代表性，通过研究发现，丽水市民的低碳生活行为总体表现较好，当然在一些琐碎细节上做得还不到位。低碳生活行为主要与低碳生活感知、低碳责任意识、个人消费观念有关，特别是与低碳责任意识的相关性最强。

1.4.4 低碳生活的哲学和伦理学思考

范松仁（2010）指出"和谐、幸福、公正、疏解"为低碳生活的伦理维度，即低碳生活就是尽可能避免消费那些会导致二氧化碳排放的商品和服务，以减少温室气体产生的生活，它顺应了人与自然和谐相处的伦理渴求，革新了人们生存发展幸福境界的伦理观念，担当了代内、代际公正消费的伦理责任，疏解了经济发展与生活品质降低的伦理矛盾。姚晓娜（2011）指出低碳生活是建立人与自然、人与人之间的具有伦理意义的"碳联系"的伦理生活，是在日常生活世界建构环境伦理的"阿基米德点"，只有塑造具有环境美德的人才能消除日常生活世界的异化，实现日常生活世界的绿色化。罗肖泉等（2011）指出马克思主义人本主义思想对于人与自然的关系的深刻阐述是解读低碳生活的哲学基础，人的自我超越性使人所具有的德性向度是能够解决人与自然之间紧张关系的合理依据，针对"生态公民"的德性培育是推进低碳生活的有效途径。谷钧仁（2012）认为国民低碳生活认知构成就是国民在践行低碳生活的过程中，所接受和采用的生活观、价值观、生活信念、行为原则、行为规范、知识组合、实践方法等相关要素的结合，人们在日常生活中形成的低碳生活认知是践行低碳生活方式的"精神导师"。李建华等（2012）认为低碳生活的提出是人类理性反思的结果，具有浓厚的伦理意蕴，具体表现在三个方面，即生态正义是低碳生活的伦理依据、生态消费是低碳生活的伦理诉求、生态良知是低碳生活的伦理保障。刘瑞雪（2012）从生态马克思主义思想中挖掘了倡导大学生低碳人生观的理论依据和可能路径。柯利（2012）指出马克思消费理论对于当前我国倡导低碳生活有着极其重要的启示，即创造低碳生活必须依靠低碳技术、发展低碳经济，必须正确认识绿色消费与消费不足之间的关系，必须正确处理扩大内需与奢侈消费之间的关系，必须提高公民素质、培养人类良好的消费习惯。陈延斌等（2012）认为家庭是培养青少年低碳生活伦理素质的重要场所，应加强青少年低碳生活知识的认知教育、遵守和践行低碳生活伦理道德规范能力的培养，使其养成低碳生活道德行为习惯。

1.4.5 低碳生活方式的建立途径研究

杨晓玲（2010）认为要实现节能减排的目标，居民生活方式和消费习惯也要向"低碳"方向转变，并从我国居民生活入手，探讨低碳方式融入平常百姓家的途径。向章婷（2011）指出由于人们低碳生活意识淡薄、对低碳生活存在误解以及低碳生活的推广缺乏必要的政策引导和监督执行，导致低碳生活推广遭遇困境，政府部门应给予相关的政策指引和大力宣传，号召民众广泛参与，并辅以低碳技术的支持。薛红燕等（2010）从国内外低碳经济和低碳生活的对比分析入手，探索性地提出了我国居民实行低碳生活方式的途径，即需要政府、企业、公共媒体、消费者个人等多方面努力促使人们的生活向低碳化方向发展。任志芬（2011）认为基于全面实现低碳生活却遭遇着现实的两难困境，目前破解疑惑、走出困境的关键在于把握低碳生活的本质，需要普及低碳意识、塑造生活未来，健全政策法规、完善生活秩序，坚持科学发展、回归生活本真。王斌等（2010）在剖析低碳的定义、实质、提出背景等核心问题的基础上，提出了四条实现低碳生活方式的途径。肖创伟等（2012）从衣、食、住、行、用等生活细节深入探讨了践行低碳生活的主要途径。

1.4.6　对农村低碳生活的相关研究

陈敏娟等（2010）指出目前人们的关注点只在城市，对农村居民的低碳消费关注甚少，而低碳消费不应该局限于城市，广大的农村也需要低碳消费，并探讨了目前中国农村实现低碳生活方式所面临的问题，提出了相应的对策建议。李亚青等（2012）阐述了低碳生活方式对于农村生态文明建设的重要意义，探讨了倡导低碳生活方式以加强农村生态文明建设的新举措。余宏（2012）阐述了在农村推行低碳生活方式的必要性，论述了实现农村低碳生活方式的对策，即应加强宣传引导，实践推进与监管并举策略，降低农业对化石能源的依赖，大力发展沼气能源，提高农民环保意识等。刘晓静等（2012）探讨了实现农村低碳生活的对策，认为建设新农村，农民要有一个富裕、健康、文明的生产生活方式，必须切实解决农村的环境污染和生态破坏问题。有关部门要加强宣传引导；加强推进与监管并举策略；走低碳农业的新路子，实现农村能源革新；提高农民环保意识，自觉减少碳排放。

1.4.7　对城市低碳生活的相关研究

徐承红等（2011）认为构建城市低碳生活是发展低碳城市的重要途径之一，并通过系统分析我国构建城市低碳生活过程中存在的问题，探索提出了五个发展城市低碳生活的路径，即建立低碳生活观念培养机制，发展绿色建筑体系、健全绿色建筑标准与碳审计体系，多渠道增强低碳产品市场竞争力，加大城市绿化建设、增加碳汇载体，健全城市公共设施体系。张小宝等（2011）以长春市为例，在调查的基础上对我国城市居民低碳生活的现状进行了分析，并从实践角度提出了建设低碳生活方式的具体措施。涂平荣等（2011）认为可以从"完善城市管理制度、硬化市民低碳生活的制度建设；创新低碳科学技术、强化市民低碳生活的科技支撑；保护城市生态人文环境、加强市民低碳生活的环境建设；实施低碳经济模式、推进市民低碳生活的经济建设；倡导低碳绿色消费、构建市民低碳生活的消费模式"等方面采取措施引导与规范城市向低碳生活方式转型。吉耀武（2011）在借鉴国内外现有研究基础上，尝试构建城市居民践行低碳生活方式的环境满意度评价指标体系，以西安市各县区居民作为调研对象，科学量化出城市居民对践行低碳生活方式的期望值与现实环境感知值之间的差距状态，发掘城市交通环境、居住环境、消费环境、教育认知环境在鼓励城市居民践行低碳生活方式领域存在的问题与不足之处，并对如何进一步优化低碳生活环境提出了对策。韦宇航（2012）强调低碳城市生活模式是低碳城市规划的重要组成部分，并针对我国的具体情况，从低碳生活行为、低碳生活消费、碳预算生活方式 3 个方面指明了我国低碳城市生活模式研究的主要内容。

1.4.8 对低碳生活概念和内涵的探讨

李荔歌（2010）通过对低碳、低碳生活、低碳经济等相关概念的提出背景的分析，引出低碳生活的内涵、特征，分析了影响现代低碳生活方式的因素，并重点对环保道德因素进行了探讨。樊小贤（2010）认为低碳生活的本真内涵是节约资源、减少污染、促进人与自然共生共融，低碳生活方式的全球化推进是一场深刻的价值观革命，内含诸多环境道德诉求，需要动员各种社会力量，提高环境道德觉悟，以促进低碳生活方式的形成与普及。张瑞（2011）认为低碳生活对普通人来说，是一种态度、一种理念，我们应该积极提倡并实践低碳生活，注意节电、节油、节气，从点滴做起。薛菲等（2011）从低碳生活的角度对"碳足迹""碳标签""碳盘查"等概念进行了探讨。任志芬（2011）认为低碳生活是一种以"低碳"为导向，要求节约资源能源的利用，减少碳排放，确保人与自然、人与社会以及人自身和谐共处、永续发展的生活方式，具有经济性、可持续性与和谐性等本质特征。李莹（2012）认为低碳生活对于老百姓来说不是能力，而应该是一种态度，我们平时就应该注意节电、节油、节气，从点滴做起，积极提倡并去实践低碳生活，从而养成良好的低碳习惯，建立属于我们自身的健康的低碳生活方式。李建华等（2012）认为低碳生活是通过降低、减少日常生活中的碳（主要是二氧化碳）排放量从而实现低耗能、低开支、低污染目标的新兴生活方式。

1.4.9 低碳校园及学生低碳生活的相关分析

胡玉东等（2010）认为让每一个大学生都自觉养成低碳生活方式是大学教育面临的新课题，通过调查了解当代大学生的"低碳生活"意识，进行气候变化宣传教育，有利于提高大学生的节能减排意识，倡导低碳绿色生活方式。吴志鹏等（2011）在对合肥高校公寓小区在校大学生进行相关问卷调查的基础上，了解了他们对低碳生活的认知度、实践度，并从政府、高校、大学生三个层面，指明了对构建大学生低碳生活方式的建议和措施。倪亚静（2011）对廊坊市大学生低碳生活提出了建议和对策。邓志高（2011）认为大学生是践行低碳生活的先锋队，教育管理和研究机构要迅速制定大学生低碳生活准则，高校要大力宣传低碳生活理念，建立学生低碳生活方式的检查监督机制，引导大学生做好低碳生活的传播者和倡导者。王娜（2012）探讨了高校低碳生活模式与大学生社会责任感的培育，指出高校作为传播知识、传承文明的社会组织，应在低碳社会建设中发挥引领和示范作用。胡纯华等（2012）探讨了可持续发展视野下的高职院校环保和低碳生活的构建问题，指出保护环境、倡导低碳生活是高职院校响应党和政府建设生态文明、构建和谐社会的积极举措，也是高职院校实现自身可持续发展的必然要求。李迎新等（2011）提出了建设低碳校园的生活模式，并就如何实现低碳校园列举了几个有针对性且操作性强的引导策略。周安勇等（2012）探讨了基于低碳生活视角下的高校校园节能减排制度问题，认为高校作为节能减排单位之一，应提高建设低碳校园生活的思想意识，积极探索建设校园节能减排的制度安排。郭毅夫（2012）通过调查了解了中学生对低碳生活的认知程度及实践程度，调查结果表明：大部分的学生都对"低碳"态度积极，但概念准确认知度低；在采取节能措施上方法单一，不够多样。宋兴怡等（2012）从政府、社会、高校、大学生群体自身角度等方面，对如何系统深入地加强大学生低碳生活认知，积极强化大学生低碳生活态度，以及引导大学生不断参与低碳生活行动等，进行了探索和论述。

1.4.10 低碳生活中的设计问题探讨

韦宇航（2012）分析了低碳生活居住环境设计的目的和意义，设计的基本原则和要求，以及实施低碳生活的措施。刘阳（2012）指出在产品设计中，按照建设低碳生活的要求，改善产品的环境属性，提高资源的高效和循环利用，大力倡导产品绿色设计是实现低碳生活的必要条件。孙宝檠（2012）探讨了绿色建筑与低碳生活问题，阐述了绿色建筑的特点，提出了运用建筑生物气候设计原理，根据不同地域气候特点、自然生态系统背景而设计建造绿色建筑的构想。纵观国内已有相关研究成果，可以发现，国内学界对低碳生活的研究具有如下特征：①研究领域日益深化，从 21 世纪初期重点关注低碳经济与低碳生活、低碳生活的政策鼓励、低碳生活与时尚环保、低碳生活的案例分析等问题逐渐拓展到低碳生活方式、低碳生活与低碳社会、企业的低碳生活、城市居民低碳生活、家居低碳生活、低碳生活发展示范区、低碳生活的哲学思考与伦理分析等诸多方面的探讨，研究内容日渐丰硕。②理论探讨与实证分析相结合，在强化理论研究的同时，力求从实证案例中探索低碳生活的新理论、新模式、新途径与新方法，以指导实际工作，体现了低碳生活研究的实证性、地域性和理论适应性。③城乡居民低碳生活均有涉及，既有关于城市居民低碳生活认知、低碳生活测算、低碳生活实践、低碳生活状况等方面的探讨，也有关于农村居民低碳生活的分析，还涉及山区居民低碳生活框架的研究，且各方面的研究成果均较多。④研究视角日益开阔，由低碳生活的社会学视角日益拓展到经济学、数学、法学、环境学、心理学、哲学、教育学等诸多领域，这也为低碳生活的系统研究提供了新的视域。⑤定性研究与定量研究相结合，虽然目前的研究成果多为定性的理论逻辑分析，但也在低碳生活意愿测算、低碳生活态度评估、低碳生活方式调查等方面出现了较多较好的定量化方法及模型。⑥结合"两型社会"建设和生态文明建设背景，以案例为导引，基于实地调研，综合体现政策性、理论性、实践性的系统性研究成果还比较少见，这也是本书创作的价值所在。

1.5 国外低碳生活实践概述

1.5.1 丹麦

丹麦是全球低碳经济的领先者和典范，其在低碳生活实践方面有诸多经验和做法：一是推行低碳节能建筑。丹麦很多城市都有一套严格的节能建筑标准，对房屋保温层和门窗密封程度都有严格的规定，墙壁厚达3层，中间层是特殊保温材料，夏天隔热，冬天防寒。窗户也有严格的要求，外边的冷（热）空气不会轻易进来。二是推行低碳节能生活方式。在丹麦，家家户户都使用节能灯，许多人还把电子钟更换成发条闹钟，用传统牙刷代替电动牙刷，尽量不用或少用跑步机，洗涤衣服时尽量不用或少用洗衣机，衣服洗完后让其自然晾干，尽量缩小空调与室外的温度差。丹麦还倡导自行车代步，其对各种交通工具的重视程度为：自行车居首、公共交通第二、私人轿车最末，居民习惯于摒弃汽车，用自行车或地铁等环保方式出行。三是坚持发展风电。丹麦在能源领域采取了一系列措施推动可再生能源进入市场，积极推进风电发展，以哥本哈根为例，该市以风力发电出名，城市内共有5 600座风车，为丹麦提供了10%的发电量，有效地降低了能源消费的碳排放量。四是强化低碳公益宣传。为提高人们的低碳意识，丹麦开展了很多公益性质的活动，如2009年8月8日Danfoss公司为14～18岁的年轻人举办气候和创新夏令营。丹麦能源局播放专题电视片，反复讲述丹麦的气候行动。政府不断向市民宣传垃圾回收知识，包括在网络上播放宣传片、组织学生们到垃圾处理厂实地实践等。

1.5.2　法国

法国重视低碳发展，低碳生活在法国已成为一种新的时尚，这里既有政府各种奖励节约、限制浪费等措施的功劳，也有民众环保意识提高等因素的作用。法国低碳生活发展的主要措施包括：其一，推进低碳交通发展。2008年，法国政府投入4亿欧元，用于研发清洁能源汽车，还补贴消费者购买环保汽车。2008年法国政府推出"新车置换金"政策，车主在更换新车时，购买小排量、更环保的新车可享受200～1 000欧元的补贴，而购买大排量、污染严重的新车则须缴纳高达2 600欧元的购置税。其二，扶持可再生能源和清洁能源发展。2008年年底，法国环境部公布了一揽子旨在发展可再生能源的计划，该计划包括50项措施，涵盖生物能源、风能、地热能、太阳能以及水力发电等多个领域。同时，法国还重视大力发展以核能为主体的再生能源和清洁能源，取得了显著成效。其三，积极探索低碳节能生活模式。如用行人行走产生的能量点亮路灯、用中水取暖、用电动车送货、在部分街道安装传感器感知空停车位等。

1.5.3 日本

日本是一个资源稀缺的国家，其历代领导人都十分重视节能减碳，主张建设低碳社会，其践行低碳生活的主要做法包括：一是强化节能。为强化节能，日本制定了节能规划，对节能指标做出具体的规定，对一些高耗能产品制定特别严格的能耗标准，且日本很早就发起了"碳中和"的环保节能行动。如今，日本人在挑选住房时会选择那些有保温层和双层玻璃及防风装置的减碳型住房。同时，该国还倡导国民计算自己的排碳量，并让国民为此埋单。二是购买低碳产品。日本积极引导消费者购买低碳产品，据日本瑞穗综合研究所公布的一项调查结果，超过 50% 的日本消费者愿意购买获得认证的"低碳"农产品。三是完善低碳立法。日本是低碳立法最为完善的国家，不但专门制定了《环境保护法》《循环型社会形成推进基本法》《促进建立循环社会基本法》和《促进资源有效利用法》等法规，而且根据各种产品的性质分类别制定了《绿色采购法》和《家用电器回收法》等。四是建设环保模范城市。日本政府选定了横滨、九州、带广市、富山市、熊本县水俣、北海道下川町等6 个积极采取切实有效措施防止温室效应的地方城市作为"环境模范城市"，通过开展多项活动加快向低碳社会转型，这些活动包括削减垃圾数量、开展"绿色能源项目""零排放交通项目"等。五是积极宣传低碳节能理念。日本政府和相关团体重视低碳节能宣传，通过电视、网络、发行刊物、举办讲座等多种形式向消费者普及节能知识，进行节能宣传教育。如今，节能措施已细化到日本人日常生活的方方面面。

1.5.4 美国

美国是全球二氧化碳排放量最多的国家，一直实施着节能降耗、发展绿色能源等策略，温室气体减排取得了一定成效。美国低碳生活推进的主要策略包括：一是推进节能减碳。近 20 年来，美国十分重视节能减碳，采取了一系列措施促进节能减碳，比如，改造传统高碳产业，加强低碳技术创新；应用市场机制与经济杠杆，促使企业减碳；提倡使用清洁能源，提高能源效率，减少温室气体排放，迈向清洁能源型经济等。二是强化立法的完善。美国于 1990 年实施《清洁空气法》，2005 年通过《能源政策法》，2007 年 7 月美国参议院提出了《低碳经济法案》，2009 年推出《美国清洁能源与安全法案》，节能减排法律体系日渐完善。三是推广公共住宅。公共住宅可以节省 60%的能源消耗，在居住区附近设置办公区、车间和健身房能够减少出行带来的排放，公共住宅中的居民直接参与社区的管理，有利于进一步提高能效和可再生能源的使用比例。公共住宅已经在美国占有部分市场，并在全美国推广，尤其是在加利福尼亚州、麻省（马萨诸塞州）、科罗拉多州和华盛顿特区。四是采用一些激励性的财税政策推进节能降耗。例如，对在 2006—2010 年购买柴油、替代燃料、电池以及混合的车辆减免 250～3 400 美元的所得税；对使用柴油和燃料酒精给予每加仑减 10%的税；对在 IECC 标准基础上再节能 30%以上和 50%以上的新建建筑，每套房可以分别减免税 1 000～2 000 美元；给予可再生能源的企业补贴，补贴资金达 50 亿美元，等等。

1.5.5　英国

英国作为工业革命的发源地和现有高碳经济模式的开创者，深刻认识到自己在气候变化过程中应该负有的历史责任，所以率先在世界上高举发展低碳经济、践行低碳生活的旗帜，成为低碳发展最为积极的倡导者和实践者。2003 年，英国首相布莱尔发表了题为《我们未来的能源——创建低碳经济》的白皮书（DTI2003），宣布到 2050 年英国能源发展的总体目标是从根本上把英国变成一个低碳国家。英国推进低碳生活的主要做法包括：一是积极减排温室气体。按照《京都议定书》的承诺，2012 年欧盟温室气体要在 1990 年的基础上减排 8%，英国表示愿意为欧盟成员国在温室气体减排方面承担更多的责任，在欧盟内部的"减排量分担协议"中英国承诺减排 12.5%，比平均减排 8%的目标高出 4.5 个百分点。不仅如此，英国政府进一步表示，力求在 2010 年减排主要温室气体——二氧化碳 20%，2050 年减排 60%。二是积极开发新的洁净能源。英国发挥其海岛国家的自然优势，技术研发和运用上注重利用海洋资源，在发展海上风能、海藻能源等低碳能源方面居于全球领先水平。三是运用多种手段引导人们向低碳生活方式转变。比如，要求所有新盖房屋在 2016 年达到零碳排放，目前新建房屋中至少有 1/3 要体现碳足迹减少计划，不使用一次性塑料袋，政府相关部门给每个家庭配备专门处理剩饭剩菜的垃圾桶，成立 CRAG（Carbon Rationing Action Group，限额使用碳行动小组）等组织，等等。

1.5.6 德国

德国作为发达的工业化国家，在低碳生活中形成了其独有的特征。一是强化气候保护。德国政府实施了气候保护高技术战略，将气候保护、减少温室气体排放等列入其可持续发展战略中，并通过立法和约束性较强的执行机制制订气候保护与节能减排的具体目标和时间表。为实现气候保护的目标，从 1977 年起，德国联邦政府先后出台了五期能源研究计划。最新一期计划从 2005 年开始实施，以能源效率和可再生能源为重点，通过德国高技术战略提供资金支持。二是重视相关法律法规的完善。20 世纪德国就制定了《废物处理法》《排放量控制法》《产品回收制度》《循环经济与废物清除法》等与低碳经济发展相关的法律法规。进入 21 世纪以来，德国又相继出台了《森林伐木限制令》《生态税持续改革》《再生能源法》等，这一系列法律法规的出台，使德国形成了较为健全的法律体系和碳排放管理制度。三是改善能源结构。德国强调降低一次能源消耗量，鼓励可再生能源的使用，大幅改善电网。四是实行建筑节能改造。德国政府每年拨款 7 亿欧元用于现有民用建筑的节能改造，另外还有 2 亿欧元用于地方设施改造，目的是充分挖掘建筑以及公共设施的节能潜力。改造内容包括建筑供暖和制冷系统、城市社区的可再生能源生产和使用、室内外能源储存和应用等。对于新建房屋，德国相关法律还规定了多项节能技术要求，主要集中在建筑供暖和防止热量流失方面。五是提倡使用节能型家用电器。在德国，销售的冰箱、洗衣机、烘干机和家用照明设备都标注能耗等级，分为 A～G 7 个等级，A 级为最节能电器，这种做法有利于引导居民在购买电器时有意识地选择节能电器，为环境保护作出贡献。

1.6 我国低碳生活实践概述

1.6.1 积极参与国际相关会议

妥善应对气候变化，事关我国经济社会发展全局和人民群众的根本利益，事关人民的福祉和长远发展。中国作为负责任的发展中国家，主张通过切实有效的国际合作，共同应对气候变化，也积极参与国际相关会议。从 1992 年在巴西里约热内卢举行的联合国环发大会（地球首脑会议），到 1995 年的《联合国气候变化框架公约》第一次缔约方会议（COP），到 1997 年的《联合国气候变化框架公约》第三次缔约方大会，到 2007 年的联合国气候变化大会，到 2008 年的联合国环境部长论坛，到 2009 年的《联合国气候变化框架公约》缔约方第 15 次会议，到 2012 年的《联合国气候变化框架公约》缔约方第 18 次会议，均有中国的积极参与，且中国也扮演了越来越重要的角色，在应对气候变化问题上越来越有话语权。2009 年 9 月，在联合国召开的气候变化峰会上，胡锦涛主席代表中国政府向国际社会表明了我国在气候变化问题上的原则立场，明确提出了我国应对气候变化将采取的重大举措。2009 年 12 月 18 日，国务院总理温家宝在哥本哈根出席联合国气候变化大会领导人会议，发表了"青山遮不住 毕竟东流去"的主题讲话，呼吁各方凝聚共识、加强合作，共同推进应对气候变化的历史进程。

1.6.2　出台相关政策法规

政策法规的出台和实施，对于低碳化发展、低碳生活的推进具有重要的保障和激励作用。我国坚持《联合国气候变化框架公约》和《京都议定书》的基本框架，坚持"共同但有区别的责任"原则，主张严格遵循"巴厘路线图"，加强该《公约》及《议定书》的全面、有效和持续实施，在遵从国际基本公约的基础上，国务院、国家发改委、财政部、工业和信息化部、经信委等相关职能部门均制定出台了不少相关政策法律法规，对我国低碳生活的推进产生了重要的积极意义（表 1-2）。

表 1-2　我国近年制定的主要低碳生活相关政策法规

制定单位	政策法规名称
建设部	《关于发展节能省地型住宅和公共建筑的指导意见》（2005.6.13）
建设部	《民用建筑节能管理规定》（修订）（中华人民共和国建设部令 第 143 号）
国务院	《国务院关于加强节能工作的决定》（国发〔2006〕28 号）
国务院	《国务院关于印发节能减排综合性工作方案的通知》（2007.6.3）
国务院	《民用建筑节能条例》（国务院令第 530 号）
财政部、国家发展和改革委员会	《财政部　国家发展改革委关于开展"节能产品惠民工程"的通知》（财建〔2009〕213 号）

制定单位	政策法规名称
财政部、国家发展和改革委员会	《财政部　国家发展改革委关于印发〈节能产品惠民工程高效电机推广实施细则〉的通知》（财建〔2010〕232 号）
国务院	《国务院关于进一步加强淘汰落后产能工作的通知》（国发〔2010〕7 号）
国家发展和改革委员会办公厅	《循环经济发展规划编制指南》（2010.12.21）
财政部、国家发展和改革委员会、工业和信息化部	《财政部　国家发展改革委　工业和信息化部关于印发〈节能产品惠民工程高效节能家用热水器推广实施细则〉的通知》（财建〔2012〕278 号）
中华人民共和国第十届全国人民代表大会常务委员会	《中华人民共和国节约能源法》（中华人民共和国主席令第 77 号）
国家发展和改革委员会、经信委等	《关于印发万家企业节能低碳行动实施方案的通知》（发改环资〔2011〕2873 号）
财政部、国家发展和改革委员会、工业和信息化部	《财政部　国家发展改革委　工业和信息化部关于印发〈"节能产品惠民工程"节能汽车（1.6 升及以下乘用车）推广实施细则〉的通知》（财建〔2010〕219 号）
财政部、国家发展和改革委员会、工业和信息化部	《财政部　国家发展改革委　工业和信息化部关于印发〈节能产品惠民工程高效节能台式微型计算机推广实施细则〉的通知》（财建〔2012〕702 号）
财政部、国家发展和改革委员会、工业和信息化部	《财政部　国家发展改革委　工业和信息化部关于印发〈节能产品惠民工程高效节能容积式空气压缩机推广实施细则〉的通知》（财建〔2012〕851 号）
财政部、国家发展和改革委员会、工业和信息化部	《财政部　国家发展改革委　工业和信息化部关于印发〈节能产品惠民工程高效节能通风机推广实施细则〉的通知》（财建〔2012〕852 号）
财政部、国家发展和改革委员会、工业和信息化部	《财政部　国家发展改革委　工业和信息化部关于印发〈节能产品惠民工程高效节能清水离心泵推广实施细则〉的通知》（财建〔2012〕853 号）
财政部、国家发展和改革委员会、工业和信息化部	《财政部　国家发展改革委　工业和信息化部关于印发〈节能产品惠民工程高效节能配电变压器推广实施细则〉的通知》（财建〔2012〕854 号）

1.6.3　建设电子低碳交流平台

为了传递低碳生活知识，交流低碳生活经验，有关组织以"倡导低碳健康生活"为宗旨，建立了"中国低碳网"（http：//www.ditan360.com/）、"低碳网"（http：//www.low-carbon.net.cn/）、"中国低碳生活网"（http：//www.jl-zp.net/）、"中国低碳传媒网"（http：//www.cndtcm.com/）、"中国公益广告网"（http：//www.cnpad.net/ditanshenghuo/）、"中碳网（中国低碳产业网）"（http：//www.lowtan.cn/）、"中国低碳产品网"（http：//www.ditan588.com/）、"中国城市低碳经济网"（http://www.cusdn.org.cn/）、"中国节能服务网"（http://www.emca.cn/）、"中国节能减排网"（http://www.chinajnjpw.com/）等网站，这些网站也将"低碳生活"作为网站建设的重要内容，受到了公众的普遍关注，对推进低碳生活的推广和交流产生了重要意义。

1.6.4 搭建低碳节能交流平台

一方面，通过节能展会、低碳展会等形式，为政府、企业、公众、学界等搭建了共同交流的现实平台，活跃了低碳生活的视野，传递了低碳生活的最新成果；另一方面，我国还创办了《节能与环保》（1983 年创刊，由中国资源综合利用协会、中国节能协会指导，北京节能环保中心主办）等低碳宣传与交流方面的杂志，有助于推进低碳生活的发展。

表 1-3 近年我国举办的主要低碳节能交流展会

时间	展会名称	举办地点
2011 年 6 月	2011 广东节能展	广州保利世贸博览馆
2011 年 7 月	2011 深圳节能展	深圳会展中心
2011 年 7 月	2011 中国工业节能减排博览会	全国农业展览馆
2011 年 10 月	2011 北京节能展	中国国际展览中心
2011 年 10 月	第六届香港国际环保博展	大屿山香港国际机场亚洲国际博览馆
2011 年 10 月	第十二届西博会暨生态城市与绿色建筑高峰论坛	成都世纪城新国际会展中心
2012 年 4 月	2012 海峡两岸节能照明新产品、新技术推介交流会	厦门市会展中心
2012 年 4 月	2012 中国（厦门）LED 室内照明产业技术发展论坛	厦门市国际会议展览中心
2012 年 4 月	中国（山西）国际建筑节能科技产品暨新型墙体材料设备展览会	山西煤炭博物馆
2012 年 5 月	科技应对气候变化产学研合作交流会	上海浦东嘉里中心
2012 年 5 月	2012 中韩新能源产业论坛及产品说明会	浦东金茂君悦大酒店

时间	展会名称	举办地点
2012 年 5 月	第二届中国新疆节能环保与能源工业技术博览会	新疆国际会展中心
2012 年 5 月	第六届中国（西安）国际建筑节能及新型建材博览会	西安曲江国际会展中心
2012 年 5 月	第十四届中国（西安）国际供热供暖与空调热泵技术设备展览会	西安曲江国际会展中心
2012 年 6 月	2012 中国北京国际节能环保展览会	北京展览馆
2012 年 7 月	中国（中山）国际节能环保与新能源产业博览会	中山市中山港康乐大道火炬国际会展中心
2012 年 7 月	首届全国（成都）低碳城市与人居科技发展论坛暨产业博览会	成都世纪城新国际会展中心
2012 年 7 月	2012 中国（新疆）国际建筑节能及新型建材博览会	新疆国际会展中心
2012 年 7 月	2012 中国（新疆）国际供热供暖与空调热泵技术设备展览会	新疆国际会展中心
2012 年 7 月	中国新疆节能门窗幕墙材料及建筑遮阳展览会	新疆国际会展中心
2012 年 10 月	第七届中国香港亚洲国际环保博览会	香港大屿山香港国际机场亚洲国际博览馆
2012 年 10 月	第二届上海国际生态生活方式展（ECO LIFESTYLES）	上海世贸商城
2012 年 11 月	2012 中国国际节能减排新技术新产品博览会	北京国际会议中心

资料来源：http://www.jl-zp.net/zhanhui/list_1.html.

1.6.5 其他方面

比如，为更好地推动全民低碳生活、低碳消费，中国低碳网正式推出中国首家低碳商品公众平台："低碳生活馆"。主要功能为：推广各种低碳型日用商品，收录宣传消费品领域的低碳企业；并从产品碳足迹、技术创新、企业低碳社会责任三个方面设置指标体系进行评价，以三星至五星加以视觉化区别，帮助消费者更快捷有效地挑选绿色、低碳、节能的优秀产品。又如，北京凯来美气候技术咨询有限公司从衣、食、住、行、用等方面，构架了碳足迹计算器，并提出了中国每年人均碳足迹（4 660 kg）、发达国家人均每年碳足迹（11 210 kg）、发展中国家人均每年碳足迹（2 500 kg）、全球人均每年碳足迹（4 380 kg）及应对气候变化的年均目标

（2 330 kg），用以计算和评估居民的碳足迹。

中国目前较为主流的低碳生活理念与实践，基本等同于"适度吃住行用，减少不必要的浪费"，比如提倡打印纸双面使用、及时关闭办公室电器、夏天多使用电扇或调高空调温度、淘米水留着浇花、热水器先流出的一部分冷水留着冲马桶，与中国传统的节俭美德不谋而合。

第 **2** 章

低碳生活概述

低碳生活是指在生活作息时所耗用的能量要尽力减少，减少碳的排放量，从而减轻对大气的污染，减缓生态恶化，是一种低能量、低消耗、低开支的生活。低碳生活既是一种生活方式，也是一种生活理念，更是一种可持续发展的环保责任。我们需要树立低碳生活理念，养成低碳生活习惯，营造低碳生活氛围，构建低碳产业体系，形成绿色能源结构，践行低碳消费模式，打造低碳生活家园。

2.1 低碳生活提出的背景

随着世界工业经济的发展、人口的剧增、人类欲望的无限上升和生产生活方式的无节制发展，加之人类生产能力不断提高、规模不断扩大，致使许多自然资源被过度利用，生态环境日益恶化，世界气候面临越来越严重的问题。环保主义者认为，自工业革命以来，人们焚烧化石矿物生成的能量和砍伐森林并将其焚烧产生的二氧化碳等排放大量增加，而排放的这些温室气体能大量吸收地面辐射中的红外线，产生常说的"温室效应"，从而导致全球变暖。而最为令人震惊的数字是，人类近100年所排放的温室气体相当于100年以前所有的人为活动所产生的排放气体总和，全球变暖的后果，会使全球降水量重新分配、冰川和冻土消融、海平面上升等，既危害自然生态系统的平衡，也严重危害人类的生存环境和健康安全，即使人类曾经引以为豪的高速增长或膨胀的 GDP 也因为环境污染、气候变化而大打折扣，这些问题的出现，致使近年来国际社会对环保问题的重视程度迅速提高，与二氧化碳排放相关的"温室效应""全球气候暖化"等问题成了世界关注的焦点，人们对于由二氧化碳等温室气体排放所带来的相关环境问题忧心忡忡。当前科学上的一个广泛共识是，如果不将气温上升控制在 2℃以内，那么人类对气候系统的破坏将走向不可挽回的地步，气候变化所导致的各种负面影响也将日趋严重。在此背景下，控制温室气体排放、减缓全球气候变化速度成为人们关注的焦点，"碳足迹""低碳经济""低碳技术""低碳发展""低碳生活方式"等一系列新概念、新政策应运而生，低碳这个概念几乎得到了广泛认同，已经成为全球共识，并逐渐从国家意识进入日常生活领域。

同时，据美国能源署报告，到 2035 年，世界总的二氧化碳排放量将达 420 亿 t，其主要增加量来自非经合组织国家。2007—2035 年，非经合组织国家的二氧化碳排放量的年增长率将达 2%，远超经合组织国家的 0.1%，而中国的二氧化碳排放年化增长率将更高，达到 2.7%，远远高于世界平均水平。虽然美国能源署的数据并不一定完全符合实际情况，但是以中国为代表的新兴经济体未来碳排放量形势之严峻毋庸置疑，所以大力推动低碳经济发展，建设资源节约型、环境友好型社会，减少碳排放量是势在必行，已经成为我国可持续发展战略的重要组成部分。

低碳生活作为低碳经济的重要组成部分，有利于减缓全球气候变暖和环境恶化的速度，随着低碳经济的日益深入人心，减少碳排放，倡导和践行低碳生活，已成为全人类发展的必然选择和应尽的责任。它的提出是世界可持续发展的老问题，反映了人类因气候变化而对未来产生的担忧，世界对此问题的共识日益增多。然而，"低碳生活"向人类提出的是前所未有的问题，我们没有现成的经验、理论与选择模式，我们唯一的选择就是创新，创新我们的生活模式，以保护地球家园、为人类未来造福为宗旨。

社会的发展，将人类推进到了从工业文明时代向生态文明时代转折的时期，大力倡导低碳经济、建设生态文明，成为这一时期的主旋律。在我国，"低碳生活"是生态文明的前提与基础。中国传统文化中固有的生态和谐观，为实现"低碳生活"提供了坚实的哲学基础与思想源泉。党的十七大报告指出："建设生态文明，基本形成节约能源资源和保护生态环境的产业结构、增长方式、消费模式。"报告还强调，要使"生态文明观念在全社会牢固树立"。这是在党的正式文献中第一次提出生态文明的概念，把生态环境的重要性提高到了"文明"的高度。"低碳生活"是生态文明的基础，生态文明是"低碳生活"的最终归属。

我国低碳生活的进展

2006 年年底，科技部、中国气象局、国家发改委、国家环保总局等六部委联合发布了我国第一部《气候变化国家评估报告》。2006 年，中国提出了 2010 年单位国内生产总值能耗比 2005 年下降 20%左右的约束性指标。2007 年 6 月，国家发改委正式发布了《中国应对气候变化国家方案》，成为发展中国家中第一个制订并实施应对气候变化国家方案的国家。2007 年 9 月，胡锦涛在亚太经合组织（APEC）第 15 次领导人会议上，郑重提出四项建议，明确主张"发展低碳经济"。他提出开展全民气候变化宣传教育，提高公众节能减排意识，并建议建立"亚太森林恢复与可持续管理网络"，共同促进亚太地区森林恢复和增长，减缓气候变化。2007 年 12 月，国务院发表《中国的能源状况与政策》白皮书，着重提出能源多元化发展，并将可再生能源发展正式列为国家能源发展战略的重要组成部分，不再提以煤炭为主。2007 年 12 月国家发改委会同有关部门制订《节能减排综合性工作方案》并印发。2008 年 1 月，建设部与 WWF（世界自然基金会）以上海和保定作为低碳试点城。2008 年 1 月，清华大学在国内率先正式成立低碳经济研究院，重点围绕低碳经济、政策及战略开展系统和深入的研究。2009 年，中科院发布的《2009 中国可持续发展战略报告》，明确提出我国发展低碳经济的战略目标。2009 年 6 月，举行亚太低碳经济论坛中国峰会，会议提出，我国将以资源节约、环境友好为基本国策，从产业结构调整、提高能源利用效率、发展清洁及可再生能源三方面积极应对气候变化，发展低碳经济。2009 年 8 月，温家宝主持国务院办公会，提出应对气候变化工作，控制温室气体排放和适应气候变化目标将作为各级政府制定中长期发展战略和规划的重要依据；要培育以低碳排放为特征的新的经济增长点，开展低碳经济试点示范。2010 年 3 月，在全国"两会"中，"低碳"成了关键词，频频出现在代表委员们的议案提案和建议当中。国务院总理温家宝在政府工作报告中提到，大力开发低碳技术，努力建设以低碳排放为特征的产业体系和消费模式。2010 年 8 月 10 日，国家发改委发布《关于开展低碳省区和低碳城市试点工作的通知》，在广东、杭州等 5 省 8 市开展低碳试点工作。

2.2 低碳生活的基本内涵

对我们来说，生活方式描绘了每个人的"碳足迹"。低碳生活（Low-carbon Life）是指在生活作息时所耗用的能量要尽力减少，减少碳的排放量，从而减轻对大气的污染，减缓生态恶化，是一种低能量、低消耗、低开支的生活，它包含如下几方面的含义：

"低碳"是一种生活习惯，是一种自然而然地去节约身边各种资源的习惯，只要人们愿意主动去约束自己，改善自己的生活习惯，就可以加入进来。当然，"低碳"并不意味着就要刻意去节俭，刻意去放弃一些生活的享受，只要人们能从生活的点点滴滴做到多节约、不浪费，同样能过上舒适的"低碳生活"。简单理解，"低碳生活"就是返璞归真地去进行人与自然的活动，倡导"低碳"，呵护地球，其核心内容是低污染、低消耗和低排放。

低碳生活是一种符合时代潮流的生活方式，是一种全新的生活质量观。低碳生活基于文明、科学、健康的生态化消费方式，提倡低能量、低消耗、低开支的生活方式，不但生活成本低，而且更健康、更天然，有利于使人们在均衡物质消费、精神消费和生态消费的过程中，推进人类消费行为与消费结构进一步走向理性化、科学化、合理化，从而减少二氧化碳的排放。

低碳生活既是一种生活方式，也是一种生活理念，更是一种可持续发展的环保责任。低碳生活的提出，是可持续发展问题的深入与细化，它反映了人类由于气候变化而对未来发展产生的忧虑，并由此认识到导致气候变化的过量碳排放是在人类生产和消费过程中出现的，要减少碳排放就要相应优化、约束某些消费和生产活动。低碳生活作为可持续的绿色生活方式，是协调经济社会发展和保护环境的重要途径，它既不同于因贫困和物质匮乏而引起的消费不足，也不同于因富裕和物质丰富而引起的消费过度，而是一种不追奢、不尚侈、不求量的健康、平实、理性和收敛的消费方式，既充分享受现代物质文明的成果，又同时考虑为人类的发展储蓄应有的空间和资源。

低碳生活与发展并不矛盾，而是相互促进。低碳就是在对环境影响更小或有助于改善环境的情况下，给人们提供舒适的生活并最大限度地保护人体健康。所以低碳生活不但不会降低人们的生活质量，相反它会将人类的生活提升到更高的水平，也就是说，在较高发展水平的情况下也可以实现低碳生活。

低碳生活是人类社会发展过程中应对气候变化的根本要求，也是人们实现生态文明、保护环境，使人类的消费行为与消费结构更加科学化的必然选择。低碳生活着力于解决人类生存的环境问题，它通过个人适度减少碳排放量来达到集体总和碳排放量的减少，从而保护环境、促进生态发展，进而促进整个地球环境的可持续发展，通过发展循环经济达到物质文明与生态文明的共赢，它包含了人与自然的协调、人与人的协调和人与自我的协调的关系。

低碳生活的实质是以低碳为导向的一种共生型生活模式，是使人类社会在环境系统工程的单元中能够和谐共生、共同发展，实现代际公平与代内公平。低碳生活要求人们树立全新的生活观和消费观，减少碳排放，促进人与自然和谐发展。低碳生活是协调经济社会发展和保护环境的重要途径。低碳生活是在后工业社会生产力发展水平和生产关系下，人们消费资料的供给、利用和消费理念的一种转变，也是当代消费者以对社会和后代负责任的态度，同时也是在消费过程中积极实现低能耗、低污染和低排放的一种文明导向。

低碳生活虽然主要集中于生活领域，主要靠人们自觉转变观念并加以践行，但也需要政府营造一个助推的制度环境，包括制订长远战略，出台鼓励科技创新、节能环保等的政策，实施财政补贴、绿色信贷等措施；还需要企业积极跟进，改变目前的被动状态，自觉跟上低碳生活发展的步伐，加入推进低碳生活的"集体行动"。

2.3 低碳生活的主要理念

人类意识到生产和消费过程中出现的过量碳排放是形成气候问题的重要因素之一，因而要减少碳排放就要相应优化和约束某些消费和生产活动。尽管仍有学者对气候变化原因有不同的看法，但由于"低碳生活"理念至少顺应了人类"未雨绸缪"的谨慎原则和追求完美的心理与理想，"低碳生活"理念已被世界各国所接受，其主要理念可归纳为以下几个方面。

2.3.1 可持续发展理念

1980 年 3 月，联合国大会首次使用了"可持续发展"的概念。1987 年，世界环境与发展委员会公布了题为《我们共同的未来》的报告，报告提出了可持续发展的战略，并将其定义为"既满足当代人的需求，又不损害后代人满足其需求的能力"。可持续发展是一项经济和社会发展的长期战略，是人类对工业文明进程进行反思的结果，是人类为了克服一系列环境、经济和社会问题，特别是全球性的环境污染和广泛的生态破坏，以及它们之间关系失衡所做出的理性选择，是科学发展观的基本要求之一。可持续发展战略的目的，是要使社会具有可持续发展能力，使人类在地球上世世代代能够生活下去。人与环境的和谐共存，是可持续发展的基本模式。可持续发展包括资源和生态环境可持续发展、经济可持续发展和社会可持续发展三个方面，它以资源的可持续利用和良好的生态环境为基础，以经济可持续发展为前提，以谋求社会的全面进步为目标。可持续发展的核心是发展，但要求在严格控制人口、提高人口素质和保护环境、资源永续利用的前提下进行经济和社会的发展。发展是可持续发展的前提，放弃发展，则无可持续可言；可持续长久的发展才是真正的发展，只顾发展而不考虑可持续，长远发展将丧失根基。可持续发展战略追求的是近期目标与长远目标、近期利益与长远利益的最佳兼顾和经济、社会、人口、资源、环境的全面协调发展。可持续发展涉及人类社会的方方面面，走可持续发展之路，意味着社会的整体变革，包括社会、经济、人口、资源、环境等诸领域在内的整体变革。在低碳生活框架下，一方面，要认识到自然资源的存量和环境的承载能力是有限的，这种物质上的稀缺性和经济上的稀缺性相结合，共同构成经济社会发展的限制条件；同时，在经济发展过程中，当代人不仅要考虑自身的利益，而且应该重视后代人的利益，即要兼顾各代人的利益、为后代发展留有余地。

2.3.2 资源节约理念

资源节约就是要在社会生产、建设、流通、消费的各个领域，通过采取法律、经济和行政等综合性措施，在经济和社会发展的各个方面，切实保护和合理利用各种资源，提高资源利用效率，以尽可能少的资源消耗获得最大的经济效益和社会效益。合理开发利用资源，已成为世界多数国家和有识之士的共识。借鉴已有关于资源节约型社会的理论成果，在低碳生活框架下，也应贯彻资源节约理念，形成资源节约观念、资源节约型主体、资源节约型制度、资源节约型体制、资源节约型机制和资源节约型体系等。①低碳生活的资源节约观念，是指人们从节省原则出发，克服浪费，合理使用资源的意识。②低碳生活的资源节约型主体，主要包括：资源节约型政府、资源节约型事业单位、资源节约型企业、资源节约型社会团体、资源节约型军队、资源节约型家庭等。③低碳生活的资源节约型制度，是指约束人们浪费资源，规范人们合理使用资源的经济制度、政治制度、法律制度以及有关道德规范等相互联系、互为补充的各种制度的总称。④低碳生活的资源节约型体制，是指资源节约型制度的实现形式和组织方式，包括资源节约型经济体制、政治体制、法律体制等。⑤低碳生活的资源节约型机制，是指资源节约型制度、体制在运行过程中形成的互为关联、相互作用、彼此约束、协调运转的各种机能的总和，通过资源节约型管理系统来具体运作，主要包括资源探测管理系统、资源开采管理系统、资源加工管理系统、资源运输管理系统、资源消耗预警系统、资源使用监测管理系统和资源节约调控系统等子系统。⑥低碳生活的资源节约型体系，可分为两大类，一类是战略资源节约型体系，即有关战略资源从生产、流通、分配到消费的各个环节形成的相互关联、相互制约的有机节约整体；另一类是以产业为标准划分的资源节约型产业体系，主要包括重效益、节时、节能、节约原材料的工业体系，节水、节地、节时、节能的节约型农业体系，节时、节能、重效益的节约型运输体系，适度消费、勤俭节约的节约型生活服务体系等。

2.3.3 环境友好理念

环境友好型社会是一种人与自然和谐共生的社会形态，其核心内涵是人类的生产和消费活动与自然生态系统协调可持续发展。在现阶段，环境友好首先应该是社会经济活动对环境的负荷和影响要达到现有技术经济条件下的最小化，最终这种负荷和影响要控制在生态系统的资源供给能力和环境自净容量之内，形成社会经济活动与生态系统之间的良性循环。低碳生活的环境友好理念主要包括有利于环境的生产和消费方式；无污染或低污染的技术、工艺和产品；对环境和人体健康无不利影响的各种开发建设活动；符合生态条件的生产力布局；少污染与低损耗的产业结构等，具体可划分为环境友好型材料、环境友好型经营、环境友好型公益协会、环境友好型标签、环境友好型技术、环境友好型产品、环境友好型企业、环境友好型产业、环境友好型学校、环境友好型社区，等等。比如，低碳生活的环境友好型材料，是指可降解材料在光与水或其他条件的作用下，会产生分子量下降与物理性能降低等现象，并逐渐被环境消纳的一类材料（也可称为可降解材料）；低碳生活的环境友好型经营，指的是通过企业的全过程改善环境成果，同时追求经济效益和环境的可持续性的一系列经营活动；低碳生活的环境友好型公益协会，是致力于公众环境教育和提高青少年环境意识，倡导公众参与可持续生活方式的非营利民间环保组织；低碳生活的环境友好型标签，是目前世界上最权威的、影响最广的生态标签，生态标签产品提供了产品生态安全的保证，满足了消费者对健康生活的要求。

2.3.4　公开、公平、公正的理念

"公开"是对政府的要求，其最重要的价值是建立透明政府、廉洁政府，保障相对人和社会公众的知情权。"公平"是对行政相对人而言的，其最重要的价值是保障法律面前人人平等和机会均等，避免歧视对待。"公正"是相对于行政机关而言的，它维护正义和中立，防止徇私舞弊。"公开、公平、公正"三者相互联系，是不可分割的统一整体。在低碳生活框架下，"公开"强调低碳生活资源及相关政策法规及发展动态的公民知情权和全民参与性；"公平"最重要的价值是保障低碳生活资源面前人人平等和机会均等，避免歧视对待，强调实质正义和实体正义，平等是核心；"公正"主要是维护正义，防止徇私舞弊，强调形式正义和程序正义，无私和中立是核心。

2.3.5　创新性理念

创新是以新思维、新发明和新描述为特征的一种概念化过程，是人类特有的认识能力和实践能力，是人类主观能动性的高级表现形式，是推动民族进步和社会发展的不竭动力。低碳生活框架下的创新有很多类型，包括产品创新、营销创新、管理创新、商业模式创新、政策制度创新等。比如，低碳生活的产品创新，是指将新产品种类、新产品技术、新产品工艺、新产品设计成功地引入市场，以实现商业价值、技术创新、新材料、新工艺、现有技术的组合和新应用都可以实现产品创新；低碳生活的营销创新，是指在产品推向市场阶段，基于现有的核心产品，针对市场定位、整体产品、渠道策略、营销传播沟通（品牌、广告、公关和促销等），为取得最大化的市场效果所进行的创新活动；低碳生活的商业模式创新，就是要对现有

商业模式的要素加以改变，最终推进公司在为顾客提供价值方面有更好的业绩表现；低碳生活的管理创新，是指基于新的管理思想、管理原则和管理方法，改变管理流程、业务运作流程和组织形式，提高管理效率；低碳生活的政策制度创新是指改革原有的制度安排，依据低碳生活发展的要求完善相关法律法规、政策制度、体制机制等，建立起完善的支持低碳生活发展的政策制度体系。

2.3.6　实用性理念

实用性是指生产活动中具有实际价值的特性，它要求某发明、技术、成果等能够制造或者使用，并且能够产生积极效果。现代生活中人们也越来越注重和关注实用性强的东西。低碳生活提倡简单实用，反对铺张浪费，要求具有实际使用价值，能运用到实际使用、实际应用领域，包括实用的低碳生活知识、实用的低碳生活技能、从日常生活的点滴中开展低碳生活等。

2.4　低碳生活的框架结构

2.4.1　树立低碳生活理念

人类生活必然消耗能源，而能源消耗得越多，二氧化碳等的排放就越多，从而导致地球暖化的速度加快，人类赖以生存的地球环境会逐步恶化，直接威胁到人与自然的和谐共处，危及人类的生存和生活。为此，在低碳生活中，我们要以理性的眼光看待能源消耗，倡导和鼓励自觉地减少能源消耗，转变各种过度消耗能源的"高碳"生活，从细节入手，倡导一种"低碳"的生活，改变我们以往的粗放型生活方式，明确我们可以为减碳做些什么，可以怎么做，从而树立一种节约资源、能源的意识，改变传统生活习惯。

2.4.2　养成低碳生活习惯

在提倡健康生活已成潮流的今天，"低碳生活"不再是一种理想，更是一种"爱护地球，从我做起"的生活方式，不仅政府、企业需要制定有效的对策，每一个普通人都可以扮演重要的角色。从身边的点滴做起，减少个人碳足迹，在生活中培养低碳的生活方式，这不仅是当前社会的潮流，更是个人社会责任的体现，应确立低碳生活准则，养成低碳生活习惯，如拒绝使用塑料袋、巧用废旧品、远离一次性用品、提倡水循环、用电节约化、办公无纸化、出行少开车，等等。

2.4.3　营造低碳生活氛围

低碳生活不仅仅是市民的自觉行为，也需要政府及相关部门营造一个低碳生活环境。比如建设低碳小区、扶持垃圾回收利用等"静脉"产业，以及对自觉实行低碳生活方式的市民实施一定的奖励等，这都对形成良好的低碳生活习惯具有"四两拨千斤"的作用。目前，一些城市已通过制定实施涉及各个行业的绿色标准、印发低碳生活手册等方式，有效引导了市民的生活方式和消费习惯。这些城市的成功实践也证明，政府及相关部门在实现低碳生活的过程中，不仅不能当"甩手掌柜"，还完全可以通过自己的努力，推动整个工作的有效开展。

2.4.4　践行低碳消费模式

低碳生活消费模式指出了每个消费者应该怎样进行消费，以及怎样利用身边的消费资料来满足自身生存、发展和享受需要的问题。低碳消费模式包括：①低排消费，即人们在生活过程中尽可能把排放的温室气体量降到最低程度。②经济消费，即人们在生活过程中注重节约资源和能源的使用，使其消耗量达到最小最经济。③安全消费，即人们在生活过程中所消费的物质对社会的生存环境影响最小，对他人健康危害最小。④可持续消费，即人们生活的消费过程能维持资源、生产与生活的长期稳定发展。

2.4.5　打造低碳生活家园

低碳生活对于家居来讲，也要能尽量节约能源资源，减少有害物质的排放。低碳家园建设的核心是节能，但是节能并不意味着要牺牲居住的舒适度，并非就是要把空调或采暖系统关掉，而是通过合理设计、合理使用资源能源等，使家园建设对人类生存环境影响最小，甚至是在有助于改善人类生存环境的前提下，让人的身心处于舒适的状态。

建设低碳生活家园

设计简约大方 近年来，简约大方的设计风格渐渐成为家庭装修中的主导风格。而简约大方的风格恰恰就是家装节能中最为合理的关键因素。当然简约并不等于简单，只要设计考虑周全，简约大方的风格是很适宜现代装修的，而且这样的设计风格能最大限度地减少家庭装修当中的材料浪费问题。比如，通透的设计如今已慢慢被越来越多的业主所接受，而这样的设计在保持通风和空气流通的同时，也在很大程度上减少了能源浪费。同时，要积极采用先进的低碳建筑设计理念，注重对节地、节能、节水、节材等关键环节的设计。

色彩回归自然 色彩的运用也关系到节能，过多使用大红、绿色、紫色等深色其实就会浪费能源。特别是高温时节，由于深色的涂料比较吸热，大面积设计使用在家庭装修墙面中，白天吸收大量的热能，晚上使用空调会增加居室的能量消耗。

建材绿色环保 如在装修过程中，在一些不注重牢度的地带使用类似轻钢龙骨、石膏板等轻质隔墙材料，尽量少用黏土实心砖、射灯、铝合金门窗等。而在一些设计上也可以考虑放弃，比如绝大多数家庭只是偶尔使用的射灯和灯带，其实是造价不菲的设计，很可能成为一大浪费，完全可以通过材质对比、色彩搭配等各种手段，替代射灯和灯带。此外，搬新居时，能继续使用的家具尽量不换。可多使用竹制、藤制的家具，这些材料可再生性强，也能减少对森林资源的消耗。

节约使用能源 比如，减少空调、电灯的使用时间；利用太阳能等可再生能源进行照明和供暖；推进光能、电能、太阳能等可再生能源在建筑中的应用；还有欧洲现在建设了很多零排放建筑，隔热效果非常好，在自然通风的条件下，隔热层可以把室内温度调控到一个合适的水平。

2.4.6　构建低碳产业体系

以节能降耗和提高效益为目标，提质改造传统产业，现阶段侧重于冶金、化工、建材、火电等高耗能、高污染部门的改造，大力推广清洁生产技术、资源循环利用技术、新能源和可再生资源技术。大力发展高新技术产业和战略性新兴产业，包括电子信息、生物医药、节能环保、航空航天、新材料、新能源、文化创意、装备制造等。推进农业产业结构转型，积极发展生态农业，加快发展农业科技、社会化服务、农产品加工、市场流通、信息咨询等为农服务的相关产业。大力发展现代服务业，运用信息技术，壮大发展主体，拓宽服务领域，增强服务功能，提高服务层次，打造服务品牌，逐步建立城市群现代服务体系。

2.4.7　形成绿色能源结构

改善能源结构，建立安全可靠、清洁高效的绿色能源体系和消费结构。减少煤炭在能源消耗中的比重，提高水力能源的综合利用效率，提高天然气在能源消耗中的比重，加快太阳能、光伏电、风能等新能源的开发利用。创新新能源和可再生资源发展政策，建立发展投入机制，建立完善的新能源科研与服务体系。

2.5　低碳生活的技术路线

实现低碳生活是一项系统工程，需要政府、企事业单位、社区、学校、家庭和个人的共同努力。具体来说，体现在宏观和微观两个层面，在宏观方面，其实质是提高能源利用效率和创新清洁能源结构，核心是技术创新、制度创新和发展观的转变；在微观方面，可从人们的衣、食、住、行等生活细节着手实现低碳生活。

2.5.1　国家在政策上给予大力扶持

低碳生活的发展离不开国家的引导和支持，国家应从全国发展的战略高度，进一步完善低碳发展的相关政策、制度和规范。包括：①针对不同行业制定相应的节能控制指标，对提供节能产品和低碳能源开发技术的企业提供政策上的优惠。②提高新建建筑的节能标准，加强建筑认证方面对于建筑能耗的重视，对建筑进行节能评级，同时，可对开发节能建筑的地产开发商进行减税鼓励措施，对购买节能住宅的居民提供优惠的抵押贷款、减税或补贴政策等。③通过合理地减免购车税、开征燃油税等方法来鼓励消费者购买使用环保汽车，对部分污染严重、油耗未达标的汽车进行取缔、罚款或一定的交通限制等措施。④建立新的税费机制，调整煤炭和清洁能源价格倒挂的现象，鼓励风力、水力、太阳能、潮汐能等新能源开发项目的建设，向市场提供更多可替代的清洁能源。⑤鼓励低碳物业管理技术的研发和推广，对于达到高能效耐用型家电"领跑者"等级的技术进行大力推广，对于高效率大型液晶、半导体、低温冷藏器、热水器相关技术开发进行大力支持，在税收和融资方面提供支持。⑥加大对新建房屋节能标准的推进力度，加强对低碳、隔热效果佳、能耗小、长寿房屋的房地产的审批和建设，加强执行相关节能法案，完善对节能产品生产厂家的评估体系等。⑦出台相应政策，规范机关工作人员的社会资源消费行为，推行低碳办公、低碳采购、低碳消费，使政府工作人员真正能起到示范和引导消费者低碳生活的作用。⑧建立健全绿色消费激励机制，做大低碳产品市场，逐步提高低碳产品的市场份额，对于生产和消费低碳产品者给予一定补贴，让消费者逐渐养成低碳消费意识。

2.5.2　企业积极开发和提供低碳产品及服务

企业是引导低碳生活的中间力量，应积极开发一系列低碳节能的产品、技术和服务。比如在生产过程中不断引进高新技术，主动降低能耗，努力在生产、流通和消耗等环节建立起资源节约型和循环利用型经济体系，最大限度地提高资源和能源利用率，研发和生产低碳节能产品；实行清洁生产战略，制造出无公害、无污染、无化学物质的低碳产品；开发建筑集成节能技术，通过住宅外墙保温、门窗设计、屋顶保温等方面的设计与创新，达到节能住宅的设计标准，在保证室内热环境质量的前提下，减少采暖、空调、热水供应、炊事、照明、家用电器、电梯等方面的能耗，调整建筑业的技术结构和增长方式；开发低碳物业管理技术，在小区内设置太阳能庭院照明灯，对小区供热系统安装自动节能控制装置，在小区设置雨水收集装置将收集来的雨水用于绿化灌溉，在小区设置小型太阳能光伏电站直接供电用于草坪灯、路灯照明等。

2.5.3　媒体、教育机构等充分利用舆论力量来宣传低碳生活

充分利用广播、电视、网络、报纸杂志、户外媒体等媒体积极宣传生活中节约能源、低碳环保的小窍门等；向消费者提供详细的、通俗易懂的房屋能耗信息；促进节能家电、节能车、节能灯等产品生产商和销售商与消费者团体的信息沟通；加大向全社会宣传节能产品标准的力度。与此同时，各类学校和教育机构应认真开发有关低碳知识的校本教材和具有生态、低碳理念的活动，并通过课堂和校园文化向学生传输低碳生活理念，引导他们爱护环境并践行低碳理念。

2.5.4　科研机构充分研究和推广低碳技术

大力推动技术创新，寻求技术突破，促进高能效、低碳排放的技术研发和推广应用，逐步建立节能增效、清洁能源、新能源、自然碳汇等多元化的低碳生活技术支撑体系。①加强节能技术与清洁能源技术攻关。加强节能研究，减少能源浪费；攻克风能、水电、生物质能等可再生能源产业化应用关键技术，实现风能、燃料电池等非化石能源领域的重大技术突破，增加清洁能源的供给，减少对化石能源的过度依赖。②大力发展循环经济技术。研发以提高生态效率为目标的生态产品设计技术及资源利用整体优化集成技术，形成工业、农业、社会生活等共性技术与产业衔接技术，加快重污染行业的产业结构调整，推动循环经济发展。③发展具有低碳特征的前沿技术。通过科技支持，在信息、纳米材料、分子生物、先进制造、环保产业等领域取得原创性科技突破，开辟具有低碳特征的新兴产业群、高新技术产业群和现代服务产业群。④加强节能减排科技综合示范与推广。建立全民节能减排综合成效评估指标体系，组织开展社区、企业、村镇节能减排和全民行动科技示范基地创建与全民节能减排综合成效评估试点工作。⑤重点加强技术创新能力，积极开发资源节约型新技术新工艺，对重大关键技术进行"产学研"联合攻关，提高资源、能源利用效率，突破技术瓶颈，以科技进步和信息化带动低碳生活发展。

2.5.5 建立低碳消费模式

基于目前许多国家、地方和民族仍保留着过去讲排场、讲面子、铺张浪费等面子消费、奢侈消费、便利消费、人情消费、仪式消费的消费礼节和风俗习惯，极大地浪费能源，增加了环境污染和碳排放的现实，要建立低碳生活方式，必须改变这些长期形成的高碳消费方式，引导和培养消费者建立文明节俭的绿色生活方式和消费习惯，尽量减少和纠正高能耗、高浪费的消费方式，增强居民节约资源和低碳意识，树立低碳消费观念。比如，注重消费品的简朴、实用、适量，杜绝铺张浪费；鼓励消费者在消费过程中使用节能减排、绿色环保、无污染低碳型产品；随手关灯以及不使用时关闭电脑、电视及其他电器；消费过程中注意与周围自然环境和谐共处，避免发生以牺牲自然环境为代价的消费行为和活动；在有条件的城市、社区推广废品和垃圾分类回收和循环使用；不乱扔电池等潜在碳排放、环境污染物品；等等。

中国低碳消费的"光盘"行动

在家或外出就餐时，我们有多久没有剩过饭菜或打包？相信绝大部分人都会对类似的问题不屑一顾，因为在他们看来，这早已是远离饥饿与食不果腹的年代，已不必再去对所谓的剩菜剩饭斤斤计较。而正在发起的"光盘行动"，显然是在试图提醒与告诫我们：饥饿感距离我们仍并不遥远，而且即便时至今日，尊重粮食仍是需要被奉行的古老美德之一。

所谓"光盘行动"，就是"把盘子里的食物吃得干干净净"，是北京市一家民间公益组织于 2013 年 1 月初推行的一项公益活动，该活动的主题是：从我做起，今天不剩饭。公益组织的志愿者倡议市民在饭店就餐打包剩饭，"光盘"离开，形成人人节约粮食的好风气，活动自推广以来，得到了许多人的响应和媒体的关注。

- 加盟"光盘行动"企业晒计划　吃光最高奖 5 188 元旅游(扬州晚报，2013-02-02）
- 网友热议"光盘行动"：剩宴是一种官场文化　必须铲除（新华网，2013-02-01）
- 廊坊"光盘行动"将启　社会响应兰州志愿者接力（长城在线，2013-02-01）

- 从"光盘行动"看公民意识的觉醒（新华网，2013-02-01）
- 为"光盘行动"叫好（人民网，2013-02-01）
- 南宁市响应"光盘行动" 拒绝餐饮浪费（新民网，2013-02-01）
- 网友响应"光盘行动" 吃不了兜着走现在是时尚（新华网，2013-02-01）
- 杜绝餐桌剩宴"光盘行动" 受到社会各界广泛响应（新民网，2013-02-01）
- 北京："光盘行动"促使带饭族走红（新民网，2013-02-01）
- 江苏开展餐饮业"光盘行动"（新华网，2013-02-01）
- 倡导勤俭 厉行节约 湖州各地纷纷倡导"光盘行动"（新民网，2013-02-01）
- 20万网友力挺"光盘行动" 餐饮企业打折让利（新民网，2013-02-01）
- 西安市教育局倡议全市学生响应"光盘行动"（阳光报，2013-02-01）
- "光盘行动"发起者："向剩饭说不"是大家心声（新华网，2013-01-31）
- 福建：多家酒楼加入"光盘行动" 给服务员开展培训（中国经济网，2013-02-01）
- 港媒：中国民间开展"光盘行动"赢得民众共鸣（中国网，2013-01-31）
- 镇江开展"光盘行动"剑指舌尖上的浪费（新民网，2013-01-31）
- 餐饮业发起"光盘行动"（中国日报网，2013-01-30）
- 北京餐厅继续上演全民接力"光盘行动"（中国日报网，2013-01-29）
- 社会上流行"光盘族" 小学里发起"称饭行动"（新华网，2013-02-01）
- 云南"光盘"行动：公务宴请倡导"四菜一汤"（生活新报，2013-01-31）

2.5.6 选择低能耗的绿色出行方式

大力发展公共交通，保留并扩展自行车道和步行道，确保城市客流量的 50% 以上由公共交通承担。充分发挥水运、铁路、城市公共交通等比较优势，并考虑多种交通运输方式的衔接和协调，以提高运行效率、缓解交通拥堵、减少空气污染和降低能源浪费。引导居民充分利用方便快捷的公共交通系统，选择快捷、方便、经济有效的出行路线；出行时注意控制好私家车的使用，尽量选择乘坐公共交通工具或者步行、骑自行车；环保驾车、文明驾车、节约能源，减少环境污染，形成自行车、机动车和行人和谐发展的局面，缓解道路交通压力。

2.5.7　减少化石能源和薪柴消费

从世界范围看，预计到 2030 年太阳能发电也只达到世界电力供应的 10%，而全球已探明的石油、天然气和煤炭储量将分别在今后 40 年、60 年和 100 年左右耗尽，因此未来几十年里，低碳经济、低碳生活的重要含义之一就是节约化石能源的消耗，比如，从在日常生活中节约每一度电、每一滴油等生活细节上做起；推广沼气使用、节柴改灶、太阳能热水器、太阳能光伏利用、秸秆优质化能源利用；尽量选择混合燃料、电力机动车及低排量、低耗量的机动车，减轻交通出行对环境的污染；减少对塑料制品、一次性消费品、纺织品、皮革的需求量等。

2.5.8　倡导并扶持农村低碳生活

受传统利用方式和能源资源收集成本的影响，农村地区的人均能源消费远远超出其基本能量需求，由于化肥对有机肥的替代，秸秆资源大量剩余，农民采取就地焚烧、推入水中等不适当的处置办法，造成了资源浪费、碳排放提高等问题，构成对村民居住环境的污染。随着经济的发展，农村人口居住由分散趋向集中，生活垃圾对环境造成的影响也逐渐凸显起来，农村的畜禽养殖业迅猛发展所产生的废弃物污染了农村环境，影响了农民生活。应重视农村的能源浪费和环境污染，倡导农村实现低碳生活。比如，加强农村垃圾综合治理，变废为宝，将畜禽粪便配以辅料，加工成优质高效的有机肥；发展农村新能源，建秸秆气化站，普及农村沼气；开发太阳能、风能、微水电等可再生能源等，同时，各级政府应积极为农民提供一定的资金和技术支持，为农民开展低碳生活提供政策激励和技术资金保障。

2.5.9　将低碳饮食注入居民膳食文化

所谓低碳饮食，就是含碳量低的碳水化合物，即注重限制碳水化合物的消耗量，增加蛋白质和脂肪的摄入量，可以控制人体血糖的剧烈变化，从而提高人体的抗氧化能力，还有保持体型、强健体魄、预防疾病、减缓衰老等益处。随着人民大众普遍认识水平的提高，低碳饮食必将成为居民主要的饮食潮流。低碳饮食习惯的形成主要有以下方式：①改变观念，逐步养成节约用餐的习惯。②三餐讲求荤素搭配，营养均衡，晚餐限制热量的摄入。③减少畜禽肉类、油脂等高热量食物的摄取。④提倡分餐制、自助餐等聚餐方式，减少对食物的浪费。⑤改变烹调方式和时间，降低燃料的消耗。

2.5.10　开展环保的户外活动

随着现代社会的快速发展，人们越来越注重个人健康，追求健康、绿色、幸福的时尚品质生活。比如，到户外散步、跑步、游泳以及打羽毛球、打乒乓球和泡温泉、骑自行车、郊游、爬山、钓鱼；参加植树、栽花、种草等。我们在锻炼身体、美化环境、陶冶性情的同时，也可以让花草树木吸收被排放的二氧化碳，释放宝贵的负氧离子和氧气，为减少碳排放作出贡献。追求绿色、健康、幸福的时尚品质生活就是追求低碳生活，两者从本质上讲是一致的。

低碳生活的保定模式与上海模式

保定模式　2008 年 12 月 24 日，保定市政府正式出台《保定市人民政府关于建设低碳城市的意见（试行）》，旨在通过政府的引导、组织和推动，形成以能源节约、新能源推广应用和二氧化碳排放降低为主要标志的低碳发展模式。低碳生活的保定模式以可再生能源、节能产品的制造与应用为主，建设重点包括：可持续能源信息交流与技术合作网络建设；促进可持续能源产品的投资与出口；扶持"太阳能示范城"和新能源制造基地的建设。

上海模式　以建筑节能为主，建设重点包括：新建生态示范建筑，侧重于建筑节能和生态人居建设；大型商业建筑节能改造、能耗监管与典型示范；扩大低碳建筑设计的国际交流合作；节能宣传推广活动，主要是公众节能宣传和建筑节能宣传。上海"十二五"低碳发展的基本思路为：充分发挥低碳世博示范带头作用，加快推动低碳技术研发应用，加快推动生产生活方式转变，以低碳创新驱动上海转型发展；以能源、工业、交通和建筑等领域为重点，进一步提高能源、资源效率和清洁能源供应、使用比例，加大低碳技术研发和使用支持力度，切实提高城市碳监管能力和水平，引导全面低碳社会建设。

2.6 低碳生活的发展阶段

2.6.1 已有研究成果回顾

关于低碳生活发展阶段的划分，目前相关系统性直接研究成果比较少见。但关于碳排放与经济增长关系不同阶段划分的研究成果较多，也出现了不同的划分方案与研究成果。

中国科学院可持续发展战略研究组（2009）根据不同碳排放考察指标在时间演变过程中的变化规律，将二氧化碳排放量与经济增长之间的关系特征划分为 4 个阶段，分别为碳排放强度达到峰值之前的阶段、碳排放强度峰值与人均碳排放量峰值之间的阶段、人均碳排放量峰值与碳排放总量峰值之间的阶段、碳排放总量达到峰值之后的阶段，所用指标包括碳排放强度、人均碳排放量和碳排放总量，不同阶段的划分标准均是以上述 3 个指标在变化过程中达到峰值的时间为端点，相邻两个峰值端点之间构成一个发展阶段（图 2-1）。

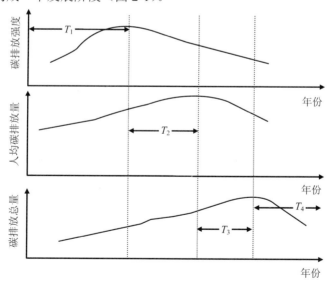

资料来源：中国科学院可持续发展战略研究组：《2009 中国可持续发展战略报告——探索中国特色的低碳道路》，北京：科学出版社，2009 年版，第 36～52 页。

图 2-1 低碳经济发展不同阶段划分

陈飞、诸大建（2009）认为低碳城市内涵包括两方面的含义，宏观层面指的是经济增长与能源消耗增长及二氧化碳排放相脱钩，如果化石燃料使用及二氧化碳排放量的增长相对于经济增长或城市发展是非常小的正增长，就属于相对脱钩；如果是零增长或负增长，就属于绝对脱钩。从微观上的物质流过程来看，低碳经济包括下列 3 个方面的经济活动，在经济过程的进口环节，要用可再生能源替代化石能源等高碳性的能源；在经济过程的转化环节，要大幅度提高化石能源的利用效率，包括提高工业能效、建筑能效和交通能效等；在经济过程的出口环节，要通过植树造林、保护湿地等增加地球的绿色面积，吸收经济活动所排放的二氧化碳，即所谓碳汇。进而将二氧化碳排放量与经济增长量之间按照脱钩关系特征划分为相对脱钩阶段和绝对脱钩阶段（图 2-2）。

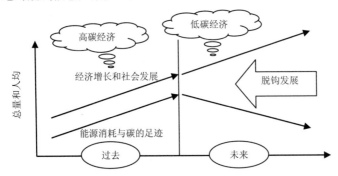

图 2-2　城市发展与碳排放量之间的脱钩发展（陈飞、诸大建，2009）

岳冬冬（2011）借助碳排放强度与碳排放总量两个指标，以 GDP 与碳排放总量的长期变化趋势为研究对象，将低碳经济发展过程划分为无脱钩阶段、相对脱钩阶段、绝对脱钩阶段和零碳排放阶段 4 个阶段（图 2-3）。

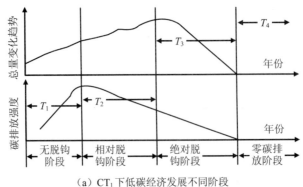

（a）CT_1 下低碳经济发展不同阶段

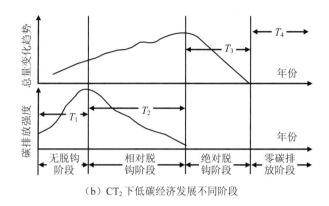

（b）CT_2 下低碳经济发展不同阶段

图 2-3　低碳经济发展不同阶段划分结果（岳冬冬，2011）

低碳经济发展阶段划分"岳冬冬方案"的思路

指标选择　选取碳排放强度和碳排放总量两个指标对低碳经济的发展阶段进行再划分。其中，经济增长量指标为碳排放强度指标与碳排放总量指标之间联系的纽带。

低碳经济发展阶段划分的基本假设　为了准确地对低碳经济发展阶段进行划分，以 GDP 与碳排放总量的长期变化趋势为研究对象，在以下基本假设的基础上进行：①GDP 的长期变化过程呈持续增长趋势。②碳排放总量的长期变化趋势呈现倒"U"形，即碳排放总量变化趋势为先绝对增加后绝对减少的过程。③碳排放总量与对应 GDP 比值构成的碳排放强度呈现倒"U"形趋势。

考察指标变化特征分析　GDP_t 表示 t 年的国内生产总值的长期趋势值，GDP_{t-1} 表示 $t-1$ 年的国内生产总值趋势值，C_t 表示 t 年的碳排放总量趋势值，C_{t-1} 表示 $t-1$ 年的碳排放总量趋势值。$\Delta GDP = GDP_t - GDP_{t-1}$ 表示国内生产总值趋势值的绝对变动量，结合基本假设①的表述，认为 GDP 的长期趋势绝对变动量均为正，即 $\Delta GDP > 0$。$\Delta C = C_t - C_{t-1}$ 表示碳排放总量的绝对变动量，结合基本假设②的表述，认为 ΔC 会出现三种可能的状态，分别是：$\Delta C > 0$，表示碳排放总量长期趋势处于绝对增长过程；$\Delta C < 0$，表示碳排放总量长期趋势处于绝对减少过程；$\Delta C = 0$，表示无碳排放过程或者碳排放变化为 0。

从碳排放强度（CT）概念来看，其计算公式可以有两种形式：$CT_1 = C_t / GDP$，表示 t 年份单位 GDP 的碳排放量；$CT_2 = \Delta C / GDP$，表示相邻年份单位 GDP 增长量对应的碳排放增长量。上述两种碳排放强度计算公式的区别在于，CT_1 直接利用某年份碳排放总量和 GDP 值进行计算，而 CT_2 则以两个指标相邻年份间的绝对变化量为基础进行计算。从两种表达式的含义来看，CT_2 更能表达碳排放与经济增长的实际含义，如在 CT_2 计算公式中：通过 ΔC 的变化可以直观地表示出碳排放总量具体处于绝对增加阶段，还是绝对减少阶段，抑或是无排放阶段，而在 CT_1 计算公式中：则只能通过 C_t 来区分碳排放量处于"有或无"的两个阶段之一，不能更加准确地描述碳排放量的变化趋势及所处的阶段。

低碳经济发展阶段的具体划分 由于碳排放强度的计算公式有两种表达形式，因此对于低碳经济发展阶段的划分就会有两种结果，具体的划分原理以基本假设③为基础，即碳排放强度峰值要比碳排放总量峰值在时间特征上出现得早，并结合两个考察指标的特值进行区间划分。这里的特值具体是指无论采用何种碳排放强度计算方法，均以碳排放强度和碳排放总量两个指标长期变化趋势的"峰值"和"零界值"作为区间划分点。

低碳经济发展阶段特征分析 利用 CT_1 与 CT_2 两种不同的碳排放强度计算公式，均可以将低碳经济的发展过程划分为无脱钩阶段（T_1）、相对脱钩阶段（T_2）、绝对脱钩阶段（T_3）、零碳排放阶段（T_4）4 个阶段。同时，由于碳排放强度的表达式有所不同，在不同阶段中各指标所表现的特征也有所差异：CT_1 下低碳经济发展不同阶段指标变化特征如表 2-1、图 2-3（a）所示，CT_2 下低碳经济发展不同阶段指标变化特征如表 2-2、图 2-3（b）所示。

表 2-1 低碳经济发展阶段的时间界点与指标特征（以 CT_1 为标准）

阶段名称	时间区间	指标特征
无脱钩阶段（T_1）	T_0—碳排放强度"峰值"	处于高碳经济发展阶段；$C_t>0$
相对脱钩阶段（T_2）	碳排放强度"峰值"—碳排放总量"峰值"	处于经济增长与碳排放相对脱钩阶段；$C_t>0$，但碳排放总量继续增长
绝对脱钩阶段（T_3）	碳排放总量"峰值"—碳排放总量"0界值"/碳排放强度"0界值"	处于经济增长与碳排放绝对脱钩阶段；$C_t>0$，但碳排放总量下降
零碳排放阶段（T_4）	碳排放强度"0界值"—	处于零碳排放阶段，即经济增长不产生碳排放；$C_t=0$

表 2-2 低碳经济发展阶段的时间界点与指标特征（以 CT_2 为标准）

阶段名称	时间区间	指标特征
无脱钩阶段（T_1）	T_0—碳排放强度"峰值"	处于高碳经济发展阶段；$\Delta C > 0$，且 $\Delta C > \Delta GDP$
相对脱钩阶段（T_2）	碳排放强度"峰值"—碳排放总量"峰值"或碳排放强度"0 界值"	处于经济增长与碳排放相对脱钩阶段；$\Delta C > 0$，且 $\Delta C > \Delta GDP$
绝对脱钩阶段（T_3）	碳排放总量"峰值"—碳排放总量"0 界值"	处于经济增长与碳排放绝对脱钩阶段；$\Delta C < 0$
零碳排放阶段（T_4）	碳排放强度"0 界值"—	处于零碳排放阶段；$\Delta C = 0$

对比图 2-3（a）和图 2-3（b）可知，以 CT_2 表达式为标准的划分结果可以更清晰地表示碳排放总量具体是处于绝对增长阶段，还是处于绝对减少阶段，抑或是无碳排放阶段，因此笔者认为以 CT_2 表达的碳排放强度和碳排放总量两个指标对低碳经济进行阶段划分更为合理。

2.6.2 本书对低碳生活发展阶段的认知

借鉴已有相关研究成果，结合低碳生活的理论内涵及发展实践，本书对低碳生活发展阶段进行初步探讨。

这里引用"足迹"学理论，认为人类活动的领域、范围、强度可用"生活足迹"表达；而人类活动的能源意识和行为对自然界产生的影响可以用"碳足迹"来表征（亦指个人或社会的"碳耗用量"）。通过对照两者的增长速率及相关关系，从人类发展的历史学角度，可以把人类生活与碳的关系划分为五种类型：超高碳型、高碳型、准低碳型、低碳型和去碳型（图 2-4、图 2-5），再结合"生活足迹"与"碳足迹"的阶段性峰值及其阶段性变化趋势，可以依次划分为超高碳型生活、高碳型生活、准低碳型生活、低碳型生活、去碳型生活五个阶段。

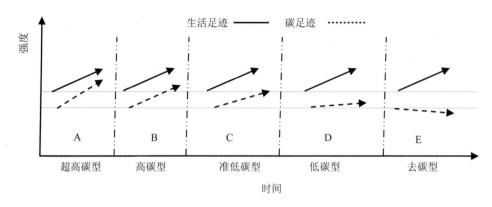

图 2-4　低碳生活的类型划分

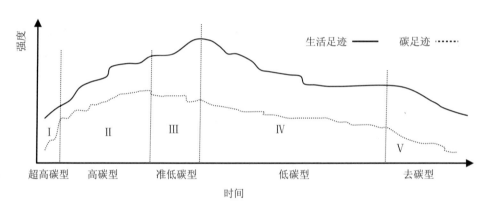

图 2-5　低碳生活发展的阶段划分

2.6.2.1　超高碳型生活阶段

随着人类社会工业经济的发展，由于大规模机械工业生产的开展，人类生产生活的领域不断扩大，对自然界的干预不断增强，加之对环境保护的重视程度不够，扩大生活足迹的碳成本不断上升，此时，生活足迹的增长速率小于碳足迹的增长速率，人类生活水平的提高是以超高碳排放为代价的。

2.6.2.2　高碳型生活阶段

随着生产技术水平的不断提高，人类的生活欲望也不断扩张，生活足迹不断扩大，但此阶段，由于生产技术水平的提升，使得原有较落后的生产生活方式得以改进，碳的排放强度开始下降，此时"碳足迹"的增长速率开始下降，并小于或接近于"生活足迹"的增长速率，但"碳足迹"的绝对增长量还是处于上升阶段，人类生活由超高碳阶段转型至高碳型发展阶段。

2.6.2.3 准低碳型生活阶段

在人类不断扩张生产生活足迹的同时，伴随着生产生活资源的急剧损耗，加之生态环境条件的不断恶化，人类在满足自身需求的同时，开始关注生态环境等问题，开始寻求如何实现资源环境与人类社会的可持续发展途径，国际社会开始普遍关注气候变化、资源枯竭、环境恶化等涉及全人类福祉的共同话题。此时，人类一方面在满足自身生产生活足迹扩张需求的同时，开始探索如何实现低碳化发展的途径，并取得了一些初步的成绩，碳足迹的发展趋势开始下降，但由于意识形态、生产生活技术及低碳转型的不成熟性，碳足迹处于波动变化状态。

2.6.2.4 低碳型生活阶段

随着人类生活足迹的不断扩张，加之资源环境约束作用的不断凸显，人类开始进一步反思自身的生活足迹问题，开始控制自身的生活足迹；另外，随着社会公民低碳意识的普遍增强和低碳技能、低碳知识的不断提升，人类碳足迹进一步下降。此时，人类生活足迹在稳定中处于下降趋势，而碳足迹则不断下降。

2.6.2.5 去碳型生活阶段

可以预见，在全球的共同努力下，随着人类低碳意识的不断深化和生产生活技术水平的不断创新，人类可以用更少的生活足迹满足自身的发展需求，实现精明增长、集约式发展。同时，碳足迹将开始转向去碳阶段，生活发展与碳排放将处于绝对脱钩或零碳排放阶段。

结合当前社会经济发展状况，本书所探讨的低碳生活涵盖上述的准低碳型生活、低碳型生活和去碳型生活三种发展阶段及发展类型。我们认为，当前的低碳生活大多处于准低碳型生活阶段，部分已发展到准低碳型生活向低碳型生活的转型阶段，或是低碳型生活初期阶段。

2.7 低碳生活的前沿进展

纵观国内外在低碳生活方面的理论研究与实践进展，结合本书对低碳生活的提出背景、基本内涵、主要理念、框架结构、技术路线及发展阶段等的阐述与分析，可以预见，低碳生活的前沿研究内容可概括为以下方面。

2.7.1　低碳生活的制度保障、推进机制创新研究

低碳生活是一种意识，更是一种生活态度与价值选择，制度保障与推进制度创新是其发展的关键。研究好低碳生活的制度保障与推进机制创新问题，可以从根本上破解低碳生活推进过程中的思想认知、制度建设、外部障碍等诸多难题，应该多加研究，做好研究。

2.7.2　低碳生活的实施及技术标准创新研究

低碳生活的实施及技术标准创新问题，是低碳生活理论问题的实践化，也是低碳生活理论的实践检验，具有指导意义与现实价值。对低碳生活实施及技术标准创新问题进行研究，是低碳生活理念及其理论"落地"的客观需求，是低碳生活课题产生社会价值的根本。低碳生活的实施及技术标准创新研究，是低碳生活的实践性前沿课题。

2.7.3　低碳生活发展阶段的细分及识别指标系统研究

低碳生活发展阶段的细分及识别指标系统研究，有利于人们更加清晰地认识自身的低碳化发展轨迹和发展现状，有利于低碳生活的进一步推进和科学发展。本书仅从理论层面对低碳生活发展阶段进行了初步的思辨性思考与分析，但具体的阶段细分及识别指标、各阶段的具体特征、分界点的厘定、各阶段发展的区域差异及国际对比分析、各阶段的典型生活模式与特征识别等问题，还需要结合数据、模型、方法、个案等进行系统的实证分析与定量研究。

2.7.4　低碳生活的模拟理论、技术与方法研究

借助计算机技术、系统过程理论、仿真技术等，在大量数据与先进方法等的综合支撑下，通过模拟技术，对低碳生活的典型特征、存在的问题、发展状况、演变特征、发展趋势等进行系统分析。这有助于人类应对低碳化发展中的现实难点，有

利于调控低碳生活发展中已存在或可能出现的问题，引导低碳生活发展。

2.7.5 低碳生活的案例分析、城乡区际对比及国际比较研究

理论与实践的结合、国际差异的对比、城乡发展的对照，是低碳生活科学问题实现深入化、系统化、国际化、全面化的需求。通过案例分析，可以创新理论、检验理论；通过城乡区际对比可以发现系统内部的不同需求，有利于区域协调发展；通过国际对比分析，可以相互取长补短，可以借鉴他人经验，避免少走弯路，实现人类智力资源的成果共享。

2.7.6 老少山边穷等特殊地区低碳生活模式及其现代价值分析

革命老区、少数民族地区、边远地区、山区、贫困地区等区域发展的特殊地域，一直是区域发展与管治的现实焦点。但由于这些地域的特殊性（相对封闭性、边缘边远性、民族特色性等），其生产生活方式的低碳元素更具有原生性，也保留着一些较好的低碳生活模式，具有现代价值，值得历史学、人类学、社会学、经济学、文化学、地理学等方面学者和政府、企业、公众的研究与关注，可从人类现有的特殊实践案例中，总结成功经验与模式，指导人类低碳生活发展。

2.7.7 低碳生活与产业培育发展的研究

经济基础决定上层建筑，产业培育与发展是人类社会建设、经济建设的重要依托。同时，工业、农业、第三产业等的发展也是主要的碳排放源，实现产业的低碳化发展和培育低碳产业，是人类低碳生活的重要方面，从相互关系、发展现状、存在的问题、优化调控等方面研究低碳生活与产业培育发展的问题，是低碳生活的研究重点、研究难点与研究前沿。

2.7.8 低碳生活的格局、过程及机理研究

格局指事物发展的现状、特征及存在的问题等；过程指事物发展变化的连续性

在时间和空间上的表现；机理指事物的构造、功能和相互关系，反映了一个复杂的工作系统和某些自然现象的经济、社会、生物规律等。格局、过程及机理研究是现代理论研究的焦点与难点，也是低碳生活研究的前沿领域。

2.7.9 低碳生活的其他相关方面

包括低碳生活的项目影响评估分析、低碳生活的虚拟技术研究、低碳生活的科普教育问题、低碳生活与低碳化发展的相互关系、低碳生活与人类幸福度的调查、低碳生活的哲学思考、低碳生活与生态多样性研究、低碳生活与低碳经济的研究、低碳生活与低碳社会的研究，等等。

第 3 章

低碳生活的理论体系

生态价值观是低碳生活的哲学基础，可持续发展是低碳生活的社会学基础，低碳公共环境建设是低碳生活的经济学基础，气候变暖及其应对举措是低碳生活的环境学基础，低碳技术是低碳生活的工程技术基础。低碳生活是健康绿色的生活习惯，是更加时尚的消费观，是全新的生活质量观。

3.1 低碳生活的理论支撑

3.1.1 生态价值观——低碳生活的哲学基础

生态自然观的形成是低碳生活产生的哲学背景，低碳生活本质上是一种生态生活，特征是以减少温室气体排放为目标，构筑低能耗、低污染、低排放为基础的生活方式。

从生态学角度而言，人类生存于一个巨大的、由各种生物与自然物质组成的复杂且封闭的生态系统。生态系统的稳定取决于它的内在自然补偿功能的效力，如果生态系统所承受的负担或作用过大，超出了它的自我补偿功能所能调节的程度，整个系统就会崩溃，作为此生态系统一员的人类毫无疑问地也无法幸免于难。碳排放理论认为大气环境容量有限，应通过世界各国共同努力减少温室气体排放，避免全球气候系统变化所带来的不利影响。

生态文明是人类在利用自然界的同时又主动保护自然界、积极改善和优化人与自然关系而取得的物质成果、精神成果和制度成果的综合。其一般表述为"人与自然、人与人、人与社会和谐共生、良性循环、全面发展、持续繁荣"的文化伦理形态。显然，生态文明将会涉及对人们之间如何相互作用以及人与自然其他部分之间如何相互作用进行约束。低碳生活与生态文明的根本和核心是一致的。实现低碳生活，应该把它与建设生态文明有机地结合起来，相互促进。

低碳生活是生态文明的基础，倡导低碳生活是生态文明建设的着力点，而生态文明建设则是建设低碳生活的落脚点和归宿。首先，推行低碳生活，能推进能源经济革命，改变能源结构，把经济活动对自然环境的影响降低到尽可能小的程度，有利于推动工业文明向生态文明的转型，形成可持续发展的符合生态文明的经济模式。其次，推行低碳生活要求树立生态文明的技术创新价值观，提高能源使用效率，有利于保护生态环境。再次，低碳生活要实现，核心是新能源的开发、生产、利用，追求绿色 GDP，实现节能减排，促进能源技术、减排技术、产业结构、制度创新以及人类生存生活方式、经济发展观念的根本性转变，实现可持续发展。生态文明的核心恰恰也是遵循可持续发展。最后，推行低碳生活可以改变人们的消费模式，有利于实现生活消费方式向生态文明变革。

党的十七大报告首次提出"建设生态文明"的科学理念；党的十八大进一步提出必须把生态文明建设放在突出地位，融入经济建设、政治建设、文化建设、社会建设各方面和全过程，努力建设美丽中国，实现中华民族永续发展。建设生态文明，根本在于生产方式和生活方式转型，其中"低碳经济"和"低碳生活"将成为建设"生态文明"最有力的突破口。

3.1.2 可持续发展——低碳生活的社会学基础

1987 年，《我们共同的未来》将"可持续发展"定义为"既满足当代人的需要，又不对后代人满足其需要的能力构成危害的发展"。这一定义得到广泛的接受，并在 1992 年联合国环境与发展大会上通过《里约宣言》取得共识。我国学者则补充认为，可持续发展是"不断提高人群生活质量和环境承载能力的、满足当代人需求又不损害子孙后代满足其需求能力的、满足一个地区或一个国家需求又未损害别的地区或国家人群满足其需求能力的发展"。

可持续发展具有三个方面的特征：一是人类的公平性，包括代内公平、代际公平、公平分配有限资源；二是经济和社会的持续性，但不能超越资源与环境的承载能力；三是人与自然的共同性。中国政府编制的《中国 21 世纪人口、资源、环境与发展白皮书》，首次把可持续发展战略纳入中国经济和社会发展的长远规划。主要内容包括社会可持续发展、生态可持续发展、经济可持续发展。

各国提倡低碳生活、发展低碳经济，外因是应对全球气候变化可能带来的不利影响，内因则是长期可持续的能源战略之需要，环境保护是二者结合点。换言之，低碳生活旨在降低人类对传统化石能源的依赖程度，从而在保证各国能源安全的同时，减少温室气体排放，保护环境，实现环境、经济和社会的持续、健康、协调发展。

3.1.3　公共外部性——低碳生活的经济学基础

外部性往往是在缺乏相关交易的情况下，当社会成员（包括组织或个人）在从事经济活动时，其经济行为影响了他人的福利，却没有得到相应补偿或承担相应义务的经济行为。英国的前世界银行首席经济学家 Nicolas Stern 曾指出："不断加剧的温室效应将会严重影响全球经济发展，其严重程度不亚于世界大战和经济大萧条。要求世界各国必须从国内生产总值中拨出 1%，约合 1 840 亿英镑对抗全球变暖，否则全球经济将付出比治理这一问题高 5～20 倍的代价。世界每排放 1 t 二氧化碳，会造成至少 85 美元的破坏。"这就是温室气体排放所带来的外部性的经济损失，构成了社会总成本的一部分。

第一，低碳领域的外部性体现为公共外部性，即地球生态环境及气候是全球性的公共物品，涉及的不仅仅是生产者和消费者的利益，还关系到主权国家之间的利益。第二，资源耗竭和气候恶化留给后代的只能是灾难。因此，低碳领域的外部性还体现为代际的外部性，发展低碳需要克服代际外部性，实现可持续发展。第三，低碳发展不仅要面对生产的外部性，还要面对消费的外部性。这就必然要求从生产和消费两方面解决外部不经济的问题，从而将人与自然的低碳协调与经济均衡发展有机结合起来。第四，在低碳外部性产生前，是无法产生任何交易行为的。第五，低碳经济中外部性存在产权的缺失，使事后的补偿和谈判存在困难。

由于低碳领域的外部性是一种在消费上具有非排他性和非竞争性的公共产品。公共产品的非竞争性使配置资源的价格机制失去作用，产生了"公地悲剧"；而公共产品具有消费的非排他性也会使消费者产生"搭便车"的动机和行为。这一方面工业化社会的化石能源的排放引致了气候的变化这一"公地悲剧"，而另一方面基于"搭便车"动机，导致减排的国际谈判往往陷入僵局，难以形成一致意见。

经济学理论以外部性和公共品性质来解释低碳经济领域的市场失灵，经常采用的是政府管制、税收、补贴、碳基金等手段。但科斯认为外部效应往往不是一方侵害另一方的单向问题，而具有相互性，并以"交易成本"取代"外部性"。在交易费用为零的情况下，庇古税根本没有必要，通过交易成本的选择和私人谈判，产权的适当界定和实施来实现外部性内部化。在交易费用不为零的情况下，解决外部效应的内部化问题要通过各种政策手段的成本—收益的权衡比较才能确定，庇古税只是制度安排选择之一。总之，与产权有关的外部性理论认为市场就可以解决外部性问题，政府干预并不是一定必要和可行的。

低碳经济中存在着多边外部性，解决这些外部性问题的办法：一是政府干预，二是碳交易。在碳交易中，无论产权如何界定，通过相应的机制设计，碳交易也可以达到低碳经济的福利最优。因此，从经济学的角度分析，只要有合理的制度安排，碳排放就可以通过政府干预或者碳交易市场机制达到帕累托最优。

3.1.4　气候变暖——低碳生活的环境学基础

政府间气候变化专门委员会（IPCC）第四次评估报告认为，全球气候变暖是毫无疑问的，绝大部分被观测到的全球平均地面温度的升高非常大的可能是因为观测到的人为排放的温室气体的浓度增加而引起的。全球变暖可能带来一系列危害，如冰川融化，引发水资源纷争；海平面上升，淹没部分陆地；破坏生态系统，加速动植物灭绝；极端天气更加频繁，形成大规模的气候难民等。因此，发展低碳经济，倡导低碳生活，控制温室气体的排放总量，成为世界各国的共同选择。

需要指出的是，气候变暖问题及以其为基础的碳排放理论并非是不容置疑的。首先，由于经济政治利益的差异，各国对气候变化影响的评价存在明显差异。其次，对科学家而言，全球是否变暖仍存在科学争议。而碳排放更是个未经实践检验并具有不确定性的理论。最后，2009 年媒体披露的东英吉利大学的"气象门"以及联合国前有关气象组织负责人承认涉嫌伪造气候变暖数据等事件,似乎表明作为碳排放理论重要依据的"气候变暖说"的数据涉嫌作假,碳排放理论被人为地掩盖了学术界私下或公开对该理论的广泛争议。

尽管全球气候变暖具有不确定性,然而基于保护国内环境的客观需要,发展低碳也属必要。《中国应对气候变化国家方案》指出,中国近百年的气候也发生了明显变化,各种极端天气与气候事件的频率和强度增大。凡事预则立不预则废,我们要以确定的行动应对不确定的结果,将气候变化不利影响的概率降至最低。

3.1.5 低碳技术——低碳生活的工程技术基础

随着经济全球化深入发展,降低能耗和减排温室气体成为国际社会面临的严峻挑战,以低能耗、低污染为基础的"低碳生活"和"低碳经济"成为国际热点,并成为继工业革命、信息革命之后又一波可能对全球经济产生重大影响的新趋势。据预测,走"低碳"的发展道路,每年可为全球经济产生 25 000 亿美元的收益,到 2050 年,低碳技术市场至少会达到 5 000 亿美元。为此,一些发达国家大力推进向"低碳"转型的战略行动,着力发展"低碳技术",并对产业、能源、技术、贸易等政策进行重大调整,以抢占产业先机。"低碳技术"包括在节能、煤的清洁高效利用、油气资源和煤层气的勘探开发、可再生能源及新能源、二氧化碳捕获与封存等领域开发的有效控制温室气体排放的新技术,它涉及能源、交通、建筑、冶金、化工、石化、汽车、农业、林业等部门。

3.2 低碳生活的哲学基础

3.2.1 人类对自然界的超越是有限的、有条件的

在自然界从无机到有机、从低等到高等、从简单到复杂的进化过程中,人类作为一类高级存在物分化出来。自然科学以无可辩驳的事实证明人类的出现既不是神创的,也不是从来就有的,而是高等哺乳动物——古猿长期演变、进化产生的,是自然界物质分化的结果。人从自然界分化出来后与之形成一种"为我而存在"的关

系。在人类物质生产实践中，人是以物的活动方式同自然界发生关系，得到的却是自然或物以人的方式存在，从而使人成为主体，自然成为客体。这种"为我而存在的关系"是一种否定性的矛盾关系。人类要维持自身存在，就要对自然界进行否定性的活动，即改变自然界的原生态，使之成为"人化自然""为我之物"。自然界也不断地对人的现状进行否定，即人在改造自然的同时也受到自然影响，提升自身的水平和能力。

人类通过有目的、有意识的生产劳动维持了自身的存在和发展，同时改变了自然物原有的存在方式，并在其基础上创造出新的物质力量，使自然界的盲目运动在一定程度上变为"有意识"的运动。而且人类通过有意识的实践活动创造的物质力量会在一定程度上超越自然界盲目运动所产生的物质力量。人从自然界中分化出来把自然界作为认识和改造的对象，改变其原有的面貌，制造出新的物质力量，维持自身的存在和发展，这是人对自然的超越。但是人对自然的超越是有限度的。无论人类对自然界达到何种程度的超越，都不可能抹杀人类的产生和发展是对自然界自身发展的延续。人是自然界的人，有动物方面的自然属性，人不能脱离自然独立存在；人类的生产活动要对自然界产生依赖，受到自然界的约束与限制，人类改造自然界必须以现有的自然物为基础，没有自然界提供"生存之源"，人类的超越就无从谈起。无论是人自身还是人进行生产实践活动都要受到自然界的限制，都无法脱离自然界独立发展。所以，人对自然界的超越是有限的超越。人对自然界的超越又是有条件的。这个条件就是自然界本身固有的规律。规律是客观的，不以人的意志为转移。人类只有在规律的范围内发挥主观能动性才会实现有效的超越。不遵守自然规律，不仅一切活动只是徒劳，而且要受到规律的惩罚，主观能动性发挥越大，自然和人类的损失越大。

3.2.2　人与自然应是和谐统一的关系

中国科学院院士何祚庥先生指出："我们在处理人和自然的关系时，奉行的应该是以人为本，还是以环境为本或者以生态为本，这是个深刻的哲学问题。"恩格斯曾告诫过人们"不要过分陶醉于我们对自然界的胜利。对于每一次这样的胜利，自然界都报复了我们。每一次胜利，在第一步都确实取得了我们预期的结果，但是在第二步和第三步却有了完全不同的、出乎预料的影响，常常把第一个结果又取消了"。恩格斯以美索不达米亚平原变成沙漠为例论证了自己的观点。从传统到现代，在解决自然与人的关系问题上有两种主张：人类中心主义和自然中心主义。传统的人类中心主义强调对自然的征服和改造，一味把生产力定义为人们改造自然和征服自然的能力，过分强调人类对自然的利用和需求，一切做到"以人为本"，认为自然是人类的财产，为人们所拥有和使用。人类中心主义导致对自然环境的巨大破坏。自然中心主义认为，自然界是一个相互依赖的系统，人只是其中的一个成员，而非主人。人并非天生比其他生物优越，所有有机个体都是生命的目的中心，自然也有其内在价值。自然中心主义主张人类应该突破传统道德中只强调人与人之间关系的界限，把人类作为自然中的一员，平等地对待其他物种，与自然和谐相处，不要只把自然作为人类征服和利用的工具。自然中心主义凸显了人与自然的和谐，是对传统人类中心主义的突破和发展。它在工业大发展，自然生态环境遭受重创的背景下提出，适应了时代的要求，特别是保护环境的要求，为正确处理人与自然的关系指出了道路。

马克思关于人与自然的辩证关系思想，为低碳生活提供了坚实的哲学基础。马克思强调作为类存在的人对自然环境的人化：本质对象化。人通过生产实践活动能动地让"无机身体"和"有机身体"趋于一致，但人的主观能动性的发挥不能偏离自然规律的轨道，否则必将遭到大自然的报复和惩罚。随着人类活动的不断深入，天然的自然环境越来越成为"人化的自然"，而自然环境"人化"和"人工化"的程度，也成为衡量人类文明的重要尺度。马克思还强调人与自然的和谐。人与环境的物质交换和精神交换过程，是人与自然的关系以实践为中介相互接近的过程，是主体客体化和客体主体化，是"为我而存在"关系的实现。自然环境中蕴含了人的内容，人成为自然环境的一部分，人与自然相互包容，共存共荣。人与自然是相互联系、相互依存、相互渗透的：人类若能正确地进行生产活动，人类的存在和发展会推动自然向更有机的方向前进；自然的平衡发展又会为人的更好发展奠定坚实的基础。在社会经济高速发展的同时，人与自然关系恶化的情况越发严重。气候变暖已引起世界各国人民的普遍关注。人类活动是气候变暖的"罪魁祸首"。人类排放的一些温室气体（以二氧化碳为主）具有吸收红外线辐射的功能，它们在大气中大量存在，如同一个罩子，把地面上散发的热量阻挡，造成地表温度的上升。通过低碳、减碳可以给地球降温，维持人与自然的和谐发展。

3.2.3 科学的生态价值观

生态环境的价值是指生态环境对包括人类社会在内的整个生态系统的积极效用，具体表现在以下 3 个方面：

（1）生态环境对人类社会生存和发展的积极效用。在人类社会与生态环境的相互作用中，人类得以生存和进化，并最终实现人的全面发展。人作为生命有机体，其本身就是生态系统中的一个组成部分，需要与生态环境之间进行物质、能量和信息的交换来维持自己的生命。人类对生态环境具有天然的依赖性，生态环境为人的存在方式和人类文化的形成提供了自然前提。但是人对生态环境的依赖不同于生态系统中的其他生物，需要借助于一定的社会关系，利用和改造生态系统中的各种自然物来满足自己的需要。所以，在人类社会与生态环境的相互作用中，既有人类对生态环境的依赖性一面，又有人类的能动性一面，这种能动性表现在人类通过自身特有的理性能力探索自然界的内在规律，建立起知识体系，形成自然科学理论，并以其为指导改变生态环境从而满足自己的需要。在人类与生态环境之间的能动的交往过程中，人类的感知能力和思维能力得到全面提高，人的自然本性和社会本性不断得到完善和发展。

（2）生态环境对整个生态系统和谐进化的积极效用。生态系统的形成与演化经历了一个漫长的发展过程，人类社会只是生态系统长期演化过程的产物。生态环境中的各种要素之间相互制约、相互影响，对生态系统的进化过程发挥着必不可少的作用，维持着生态系统的平衡。人类社会的出现，使生态系统的进化有了作为主体的人类社会的参与，从此由天然自然的进化模式转向人化自然的进化模式，生态系统的进化过程受到一定程度的干预。人类主体对生态环境提供的自然资源进行利用，并对自然环境加以改造，不仅为人类的生存与发展提供丰富的资源，而且在对生态系统发展规律深刻认识的基础上，可以使生态系统向着更加优化的方向发展，从而使生态环境对生态系统平衡的积极作用得以更好地发挥。但是，当人类主体的活动干扰和破坏了生态系统的平衡，生态环境会以其特有的方式——生态危机、环境恶化来警示人类，使人类认识到自身活动对生态系统的消极影响，改变人类的活动方式，使生态系统恢复平衡，进而实现整个生态系统的和谐进化。

（3）生态环境对人与自然的统一体——"生态整体"持续发展的积极效用。人类社会与生态环境的相互作用过程实质上是一个自然的人化和人的自然化过程，在这一过程中，人类社会与生态环境逐渐实现一体化。马克思对人与自然的一体化关系进行过深刻的阐述，他认为，在人与自然的相互作用中，自然界不再只是作为人的生命活动的对象和工具，而是变成人的"无机的身体"，因而成为主体的一部分，成为人类活动的目的性内容本身。在人与自然相互作用的实践活动中，一方面是自然的人化，自然界"绝不是某种开天辟地以来就已存在的、始终如一的东西，而是工业和社会状况的产物，是历史的产物，是世世代代活动的结果"。自然界从本质上已成为一种属人的存在和为人的存在，成为人"表现和确证他的本质力量所不可缺少的、重要的对象"。另一方面是自然界对人的改造，"人的感觉、感觉的人性，都只是由于它的对象的存在，由于人化的自然界，才产生出来的"。人们通过劳动改变自然界的同时也改变人本身。在人与自然的相互作用、双向创造中，人与自然不断走向一体化，成为统一的有机整体。在这一过程中，人类社会与生态环境的存在和健康发展成为了人与自然的统一体——"生态整体"发展的基本内容。因此，生态环境的价值就表现为对"生态整体"的持续发展所起的积极效用。

生态价值是在生态环境与人类活动的相互作用中实现的，这种相互作用包含着两方面的结果：一方面是人类对生态环境的合理利用，使生态环境发挥对人类的生存发展及生态系统和谐进化的积极效益；另一方面是人类对生态环境的掠夺和破坏，给人类社会以及整个生态系统的发展带来的消极效应。不同的生态价值观对人们的行为会起到不同的导向作用。缺乏科学性的生态价值观会引导人们无视破坏生态环境产生的消极后果，只追求眼前的利益和满足当前的需要。例如，人类中心主义的生态价值观从生态环境只是用来满足人的需要的工具的基本观念出发，必然导致对自然采取支配与掠夺的态度。现代人类中心主义虽然强调生态资源与环境的保护，但它的动机是功利性的，保护的目的是更好地利用。因而是一种人类的自我中心主义和利己主义。以这种生态价值观为指导，其结果是人类从自身的眼前利益出发，只看到生态环境对人类当前需要的满足，而看不到生态环境对人类以及生态系统的长远影响。

正确认识生态环境的价值，深刻把握生态环境以及包括人类自身在内的整个生态系统对人类生存和发展的积极影响，有助于人们对人与自然关系的正确认识，从而树立起科学的生态价值观。

第一，应当认识到，生态环境不是人类掠夺的对象，而是人类生存的家园。生态系统不是为人而存在的，人类社会与生态环境都是生态系统的要素，生态环境对人类社会的积极效应，即生态价值是在生态系统内产生的，"我们所拥有的价值是织入养育我们的自然之中的价值"。因此，人类在以破坏生态环境以及整个生态系统的平衡为代价追求生态价值的同时，也在逐渐使其失去价值。

第二，应当从生态系统的整体出发把握生态环境的价值。生态系统是由生态环境和人类社会组成的有机整体，生态系统中的一切存在物都是相互联系、相互作用的，人类只是生态系统中的一部分，人类的生存与其他部分的存在状况紧密相连。"当我们伤害大自然的其他生物时，我们便是在伤害我们的自身。一切生命没有高低贵贱的分界线，并且每一种事物都是互相关联的。而且，在我们所觉察到的作为个别的有机体和存在物的范围内，这一认知吸引我们去尊敬所有的人类与非人类享有作为整体的部分的个体的自我权利，而没有感到要去建立把人类置于最高层次的种类等级制度的需要。"因此，善待自然，就是善待人类自身，实现生态系统的价值，就是实现人类自身的价值。

第三，应当把整个生态系统的和谐发展作为评价生态环境的根本价值尺度和人类社会发展的最高价值目标。在人们的实践活动中，抛弃以往仅仅把生态环境看作是人类可利用的"资源"或"工具"的狭隘认识，把整个生态系统的和谐发展当作人类活动所追求的最高价值目标。这一目标要求人们要尊重生命，善待自然，自觉维护生态系统的平衡与协调进化。

树立科学的生态价值观，其现实意义就在于有助于人们更深刻地把握生态环境对人类整体生存和长远发展的积极影响，指导人们按照生态系统自身的演化规律来利用和改造自然，以科学的态度发挥人类对生态系统平衡的积极作用，把实现自然、经济、社会的协调发展作为人类实践活动的基本目标。要同狭隘的人类利己主义的生态价值观进行不懈的斗争，逐步确立科学的生态价值观的指导地位。

3.2.4 "低碳生活"的中国古代哲学基础

低碳生活是生态文明、和谐社会、科学发展观战略思想的要求，也是中华传统文化"天人合一""道法自然""仁信礼德"与当代社会经济发展的价值通道。

对于人与自然的关系，中国古代的哲学家们给出的答案是"天人合一"，"天人合一"既是中国传统文化中的宇宙观，又是社会法则和人生理想。庄子曾说"人与天一也""有人，天也；有天，亦天也""无以人灭天"。北宋时期，思想家张载首次提出"天人合一"概念，"儒者则因明至诚，因诚致明，故天人合一"。其主要含义有"人与神合一"以及"人与自然合一"。明清之际的王夫之认为"天人之蕴，一气而已"。虽然儒家的"天人合一"，在于凸显人文精神，道家的"天人合一"，在于凸显自然主义色彩，但它们共同主张人与自然同根同源，是一个生命共同体，强调尊重自然、效法自然、亲近自然、和谐共生，反对人们违背自然规律或是打破人与自然的和谐。

在中国传统环境思想里，博爱众生、万物平等亦是核心理念，比西方的生态伦理早了数千年。儒家强调有别而爱，"亲亲，仁民，爱物"；佛家主张博爱，慈悲为怀，普度众生；道家宣扬大爱，顺从自然，道法自然。更鲜为人知的是，战国时期就已有环保法律"四时之禁"，要求"不天之生，不绝其长"，尊重物种生存权；"养之有道，取之有时"，顺应四季而调和万物；"取之有度，用之有节"，控制人类利用自然的范围和程度。"天人合一"的自然观认同人与自然必须和谐共生，在原始社会，人敬畏自然，人是自然的奴仆；进入工业社会以来，人利用科学的工具支配自然，人俨然成了自然的主人；进入低碳社会，人与自然是朋友，是和谐共生的生命体。低碳生活，不是全新的生活方式，只不过是东方自然哲学的回归。低碳的生活方式就是传统的生活方式。节约一向是传统美德。可是现在，人们崇尚消费主义，总想赚更多的钱，住更大的房子，开更好的车子。我们不妨重拾传统哲学提倡的"天人合一"的理念。

"天人合一"的理念倡导的人与自然的关系，正是低碳社会的关系重点。人与自然的关系以最早的崇拜自然、敬畏自然为基础，经过了宗教化、哲学化的演变过程，最终形成追求"天人合一"的理想境界。"天人合一"主张人与自然本质上是一体的，他们紧密联系，不可分割。所以低碳社会也好，低碳生活也好，低碳文化也好，无不是这一天人关系的现实演绎。

从低碳角度论中国优秀传统文化的时代价值和世界价值

千百年来，低碳理念在中国人的思想观念里牢牢扎根，逐步造就和形成了中华民族尊重自然的品质及崇尚低碳生活的美德，并渗透到现实生活中的方方面面。比如：中国古代崇尚"日出而作，日落而息"，有人说这是最原始的"夏时制"，把充分利用大自然的惠顾，作为最朴素的"节能"手段，体会着最自然、最悠闲的生活方式，环保、健康、其乐融融。又如：中华佛教的素食、不杀生的理念。既反映了尊重蝼蚁生命、万物平等和谐的态度，也是科学的养生护体的观念。还有：朴素节俭作为一种生活态度，是中华民族一直提倡并延续下来的传统美德，"静以修身，俭以养德"影响着所有中国人的行为，人们在遵循这一良好个人修养之中，强化着的是严格的自律和自觉的修炼，体现出自强不息、厚德载物和居安思危的民族风格。

从生态和低碳这一特定的视角来看，中国优秀传统文化作为一脉相承的体系，对当今时代建设生态社会、生态世界都具有重要的参考和指导价值：一是为确立现代生态伦理观念奠定了理论基础。因人类无节制的活动而引发的全球生态环境危机，宣告了"人类与自然关系"和"现有价值体系"反思与重塑的开始，促使低碳经济成为当今时代经济、政治的必然选择。西方学者坦言承认中国传统文化提供了最深刻、最美妙的生态智慧，其优秀思想和理论资源启迪了现代生态伦理学，是人类走向思想现代化的理论基石。植根于中华优秀传统哲学的现代伦理学也必将为解决现代人类发展进程中一系列诟病提供指导方向。二是为彻底消除"形而上学"自然观的影响提供了理论武器。随着工业时代生产力和科学技术突飞猛进的发展，"人类中心主义"盛行，人类以"征服者"自居，把自然作为肆意索取和掠夺的对象，而大自然的报复迫使人类在危机面前不得不放弃"征服"，重新主张人道主义和自然主义的有机统一，在双向互动中实现人与自然的和谐相处。人类思想反复的代价极其昂贵，必然认真地反思并引以为戒。中华传统生态哲学思想的再次广泛传播和深入人心，就像一个长鸣的警钟，不断地警醒人类必须彻底摒弃对待自然的功利主义态度和形而上学的思维，通过科学、无私、平等、宽容的品质完善与重塑，尽快实现人与自然和谐、整体进化。三是为建立低碳经济乃至低碳社会的道德评价体系提供内在支撑。生态危机表面上是人与自然关系的危机，其实质也是人类文明的文化危机、制度危机、社会危机和政治危机。发展低碳经济的关键是建设生态政治，需要处理好诸如：低碳环保与经济发展、全球利益与本国利益、宏观指导与市场调节、低碳消费与提高生活质量等诸多矛盾和方方面面的关系，需要建立、培育与发展低碳经济相适应的社会价值取向，这一切都可以从中国传统道德文化思想汲取思路、获得指导，对实现科学发展、完善低碳经济制度具有重要的政治和经济价值。四是为加强全球低碳协商对话与合作奠定思想基础。全球围绕减少碳排放的协商、对话和谈判正紧锣密鼓、如火如荼。虽因各方分歧巨大尚未达成一项全球性的协议，但人类拯救地球的行动不会停止，在可预见的将来，对话和谈判的进程将会不断加快，以求环境问题在全球范围内得以尽快缓解，围绕自身利益和全人类共同发展的交锋将愈演愈烈，但不管怎样，我们已身处一个全球变暖的时代是不争之事实，气候变化是一个全球性问题也已是科学的共识，各国只有从中华文化的"和合""推己及人""以和为贵""宽容尊重"等中庸思想中充分觉悟，清醒认识和勇敢承担起人类共同的历史责任，个体服从整体、局部服从全局，才能在平等协商、公正合理的基础上早日达成具有法律约束力的减排协议，以实际行动诠释中国传统文化"各美其美，美人之美，美美与共，天下大同"的境界。

中国优秀传统文化不仅是中华民族的文化瑰宝，也是东方传统文化的中轴和主流，是全人类宝贵的精神财富。在人类历史发展的今天，中国对世界的贡献，已不再仅仅局限于经济领域，经过不断发展和诠释的中国优秀传统文化，已再次光芒四射，呈现出新的时代价值和世界价值。当前，加快对中国优秀传统文化的创造性吸收借鉴、开发转换和发扬光大，对人类经济社会的健康发展和中华民族的伟大复兴，无疑具有十分重要的理论价值和现实意义。我们要充分发挥这一优势，在低碳革命的大潮中，抢抓历史机遇，抢先创新转型，不断在抢占低碳经济制高点的进程中实现中华民族的再次崛起。

（摘自王金忠、谢卫《从低碳经济角度论中国优秀传统文化的时代价值和世界价值》一文，有删节）

成中英教授谈低碳哲学在生活中的应用

低碳生活中，什么需要维护？国民健康、衣食住行的开源节流。从饮食的角度而言，怎样使人们生活健康，食品餐饮安全，养生保健防病于未然。子女饮食教育，如何避免滥用药品，如何让企业具有社会责任感。低碳管理尤其要强调企业的社会责任，严格控制毒牛奶、毒饺子现象给社会增加的负担和支出。结合经济与教育的发展为一体，强调对社会民众的生命健康维护的行为，做出有利的管理环节尤其对饮食产品安全要防患于未然。还有加强水资源、菜类资源、肉类资源等方面以改进民生健康的管理，也是杜绝不良的社会发展与能源的浪费的基本措施。从居住的环节而言，我们居住的建筑是否高碳，什么尺度可以界定建筑的碳排放？什么样的住宅和环境更适宜居住？什么方法是建筑能源消耗的最佳方法？若高能耗产生高效能，还可以理解。若是高能耗产生低效能，我们如何减少碳排放？谁在真正关注和思考建筑的低碳问题？从交通的环节而言。以北京为例，城市进入和行驶的车辆每天递增，什么是可以深入解决交通堵塞和汽车污染问题的最佳方法？新加坡在交通管理方面非常严格，道路不能有任何的损伤，部分路段不允许大型汽车进入，甚至有些区域不允许汽车驶入。重金罚款对路边的花草采摘，维护城市景观，减少了能源消耗，达到了两方面的效果。我们对环境美的理解应该不仅仅停留在烦琐的装饰，而要关注环境美学，关注自然美和山水的再生能力的保护。

提倡低碳，就不能不学习与认识低碳哲学、低碳管理。低碳哲学就是对生产方式、财富分配方式的重新思考，进一步讲就是对生活方式、社会发展的教育与变革。所以，未来的低碳哲学应定位在用教育来开发我们的智能与情性，使我们不断认识生态文明的传承。自然是生命的基础，也是人可以享有的资源，但也要自然享有人的存在。因此，要爱护自然，对山川、河流都要珍惜，要建立人与自然互参的正确生命观。追求内心生活的丰富、社会生活的和谐与环境生活的平衡。我们要治理好一个国家，尤其是社会发展到目前这个程度，教育下一代爱护环境、尊重生命、追求和谐，要把人们的知性和德性提高，争取每个人自己管理自己。

3.3　低碳生活的社会学基础

低碳生活的缘起与人与环境的关系有关，全球气候变暖的主要原因是社会因素，而其影响也不仅仅是对自然环境，还有深刻的社会影响。环境社会学相关理论应是低碳生活的社会学基础。综合 30 多年来国内外环境社会学发展过程中的理论成果，大致有环境公正理论、社会体制论、社会对策理论等理论，它们成为低碳生活的社会学基础。

3.3.1　环境公正理论

公平与正义是伦理学和社会学关注的重要主题。伦理学和社会学认为：一个不平等的分配利益和负担的社会是不公正、违反社会正义原则的。由此，环境社会学首先关注的是："谁"应该对环境问题负有更多责任？在代际层面上，当代人显然对后代人负有天然的责任。在国家层面上，发达国家对环境问题，特别是一些全球性环境问题理应承担更大的责任的观点，早已被广泛认同。正如中国在 1992 年联合国环境与发展大会上的发言所明确表述的："保护环境是全人类的共同任务，但是经济发达国家负有更大的责任。从历史上看，环境问题主要是发达国家在工业化过程中过度消耗自然资源和大量排放污染物造成的。就是在今天，发达国家不论是从总量还是从人均水平来讲，资源的消耗和污染物的排放仍然大大超过发展中国家。"在一国内部，某些有钱有势的"成功人士"或许一年要享用 100 多双鞋才能满足消费欲望，但假如人人都如此，则制鞋厂要增加至少 20 倍，消耗的牛皮或者人造革、排放的污水也将增加 20 倍。正如日本学者户田清指出的，"应该认真审视所谓'人类在破坏自然平衡'这种论调，并不是人类社会所有的人都在污染环境，那些为了经济利益而不顾环境的国家、企业和个人应该对环境问题承担责任"。

由"环境责任"派生的两个问题是："谁"更多地受到了环境问题的侵害，"谁"在某些环境政策中更多地受益？很多研究发现，几乎所有的社会都倾向于把环境负担最大限度地加付于"弱势群体"，如穷人、有色人种、发展中国家，权利与责任、受益与负担之间是失衡的。在国际层次上，主要由于不公平的国际政治经济秩序，穷国比富国更多地承受了森林破坏、荒漠化、空气和水污染等环境问题的后果。在一国内部也是如此。

环境正义是社会正义的重要组成部分。在当代社会的严峻现实中看待环境公正问题，尤其要把"环境权"与生存权紧密联系起来，因为前者虽然是后者的前提，但必须以后者为基础。一方面，要努力理清责任界限，避免不公平地承担环境义务。例如，我国东部地区即将率先进入现代化，假如忽视西部地区的生存权，片面要求后者承担维护国家"生态安全"的义务，显然极不公平，也难以产生实效。正如一位作者写道："长期以来，中西部的能源产区一直扮演着为东部经济作贡献的角色，但在体制改革和经济结构调整的过程中，由于国有经济的高比重，他们却往往成为起点不公现象发生的重灾区。假如没有一套有效的规章制度和合理的转移支付机制，他们会有动力去制止资源的过度开发吗？他们会有动机去'为子孙后代着想'吗？"另一方面，尤其要注重研究弱势群体，维护本应属于他们的环境正义。

3.3.2　社会体制论

综观日本、欧美学者对环境问题产生的社会根源之研究，越来越多的观点倾向于同意：社会体制是环境问题产生的根本原因，不消除某些体制性根源，气候变暖等环境问题就无法解决。

日本环境社会学关于"公害"产生原因的研究是一个典型。日本学者宫本宪一认为，"公害"产生的根源，在于政府以经济增长为根本目的，成为"企业政府"，与某些大企业形成了联盟，再加上资本主义社会奉行的土地私有权与解决"公害"问题发生根本矛盾，因此政府大多推行调和的宽松的环境政策，假如不消除这一"资本主义体制"，"公害"就无法消除。

与日本学者相比，欧美学者将批判矛头指向从"企业政府"上升到整个资本主义所赖以存在的生产体制与生活方式，即社会根本制度的层面。法兰克福学派最早把生态危机与资本主义的批判联系起来。马尔库塞20世纪60年代就意识到环境问题与资本主义制度之间的内在联系，认为"生态危机已不是一个纯粹自然的、科学的问题，它本质上是资本主义政治危机、经济危机和人的本能结构危机的集中体现"。产生于70年代、极盛于90年代、以德英学者为主的"生态社会主义"理论家们则从不同角度论证：资本主义制度是生态危机的根源，因为资本主义无限追求利润，资本主义生产方式使环境成本外部化，本质上存在着"经济合理性"与"生态合理性"的矛盾；资本主义的生产方式不仅决定了人与人之间的关系，而且决定了人类与自然的关系。美国学者施耐伯格（Allan Schnaiberg）提出的所谓"生产的传动机制"和"苦役踏车"（a Treadmill of Production）理论，与"生态社会主义"的观点相互印证。他认为，资本主义社会的政治经济制度造成一种大规模生产、消费和废弃的"经济扩张"和丝毫不受限制的"竞争逻辑"；环境问题因为资本集中和集权，以及资本主义国家与垄断经济部门之间的关系发生变化而不断恶化；只要这种"苦役踏车"似的政治经济制度存在，环境问题就不可能得到最终解决。

人类社会对环境问题的认识史表明，环境问题的根源确实在于社会本身。中国存在类似于"企业政府"和资本主义体制性的问题吗？中国是一个社会主义国家，这一点决定了中国的环境政策从根本上是"以人为本"、代表最大多数人利益的，不存在忽视公众环境权的"企业政府"。但无论是政治学的公共选择理论,还是新制度经济学的研究,都是将国家、政府视为一个特殊的利益集团来看待的。"政治人"同样是"经济人",而远非什么抽象的"道德人"。"中国政治产生了一种悖论性的情形:尽管国家机构作为一个无所不在的庞然大物依然存在,但这些机构已经不再履行,或不完全履行国家的职能。国家的层层职能机构正在演变为追求各自利益的行为主体。""与其说它们在搞市场经济,还不如说它们在利用市场经济。"此外,国家性质与国家体制是两个不同的概念,尤其是当我国的社会主义制度与市场经济体制结合在一起的时候,许多事实证明,公共权力机构往往呈现强烈的利益化倾向。例如,近几年来,"官员入股煤矿"的问题反映出:小煤矿存在的安全与环境问题根源不在于煤矿本身,而在于其背后的社会体制。此外,自上而下的"政绩"考核又偏重于经济增长等"看得见"的指标,必然进一步促成地方政府某些行为的走形,尽管很多都披着"发展大局"的外衣。

3.3.3 社会对策理论

基于环境问题的社会危害性,环境社会学在"社会控制"层面上的学术研究其实很早就发展起来,这主要归功于环境法学、环境经济学、环境管理学以及人口学的贡献,这些学科分别提出了以法律、经济、教育、管理、宣传、监督等各种手段解决环境问题的理论和对策,并已经在环境保护实践中得到广泛应用。人口学关于环境问题的研究则相对独立于其他学科,因为就"根除"环境问题的社会来源来说,控制人口数量显然具有"终极真理"的性质。

环境经济学在这方面似乎最具影响力,它与环境管理学、法学结合起来,极大地丰富了环境问题的社会控制理论体系。就其影响力而言,其理论成果正在被发达国家所广泛采用,并有进一步强化的倾向。环境经济学显然继承了经济学的主要理论假定,并将这些假定运用于环境对策之设计。比如,环境经济学中最著名的"治理者受益"制度,显然来源于经济学中"经济人"的假定,即在价格机制这只"看不见的手"的作用下,每个人经由"利己之心"出发,最终却达到了利他的目的,从而全体社会成员的福利都得到了增进。某个企业由于盈利的考虑,投资建设了污水处理厂,有偿处理公众排放的污水,实现了自身经济效益与公共环境效益的统一。又如"PPP(Pollutioners Pays Principle,即污染者负担原则)"与排污权交易制度显然来源于新制度经济学的理论假定,即市场是一系列的制度安排组成的"实存",正是在这些制度的约束、激励和引导下,才将人们的利己之心汇入了利他的轨道。"PPP"制度因此设计出"环境税收(或征收排污费、资源费)"、"排污权交易"、环保补助等制度(或环境管理政策),20 世纪 70 年代以来已经在西方发达国家得到广泛采用。

但是,围绕以上对策的争论一直很激烈。例如,不少学者提出批评,"PPP"是"花钱购买排污权",既违反了社会公平与正义原则,也明显违背了自然所允许的"生态承载力"规律。而拥护者却辩称,经济性的制度虽然并非完美无缺,但在市场经济条件下,当主体都追求利益最大化时,以经济手段制约环境破坏行为或者引导环境改善行为,显然是通向理想王国最现实、最有力的途径。实际上,环境经济学设计的制度遵循的是"市场经济必须由市场本身来完善"的逻辑,这些制度尽管是"现实之策",但远非治本之策。因为任何市场都不是抽象的、纯粹的市场,而是处于一定社会中的市场,不可能独立于某一社会大背景而存在;任何市场制度都不是纯粹的"市场性制度",而很有可能只是一种"社会性制度"。例如,经济手段往往要借助于环境标准才能实现,而后者又显然映射出社会的目的与价值之取向。某些污染物和生态破坏行为对环境的影响,由于人类认识的有限性,往往具有暂时难以确定的"滞后"危害、累积危害与潜在危害,甚至暂时无法认定是否会成为"问题"。依据主观判断所确定的某些"环境标准"是否合理,大多数是大打折扣的。事实上,很多国家(如很多发展中国家)目前都执行很低的排放标准,原因是假如提高标准,则会导致某些行业的治理成本上升和利润下降。因此,与其说这样的环境对策是为了改善环境,还不如说是为了发展经济;与其说环境经济学的制度设计是"环境的",还不如说是"社会的"。近几年来,美国一再拒绝参加《京都议定书》,理由是加快减少二氧化碳等温室气体排放会导致经济受损,而该国每年排放的二氧化碳占全球总量的 20%,人均 25 t/a,大大高于欧盟(11 t/a)和中国(2 t/a)的排放量。这充分说明,根本就不存在纯粹以改善环境为唯一目标的经济对策。一定的对策设计,归根到底是在一定的社会环境里的设计,不可能不打上这个社会所存在的各种社会事实的烙印。

尽管存在诸多争论,但市场经济高度发达的"后工业化国家"在依赖经济对策方面似乎走得越来越远。目前,欧盟、美国均热衷于以"排污权交易"制度促进污染物排放量的削减。与西方国家相比,我国的环境保护对策之设计具有鲜明的"自上而下"色彩。1984 年中国宣布环境保护为国策以后，虽然采用或者参考借鉴了西方发达国家的许多环境管理制度，但更多地强调"政府负责、部门分工"、城市环境综合整治定量考核、排污申报登记、环境影响评价审批、"三同时"、限期治理以及各类"创建"等政府行政管理制度的作用，鼓励性的税收和惩罚性的排污费制度仅仅作为一种附属品。但是，近几年来，着眼于如何彻底地执行国策、贯彻科学发展观，我国环境对策的制度设计方面呈现出明显的"市场化"趋向。例如，征收污染物"处理费"以鼓励民营资本投资污水或垃圾处理场；提高水资源、土地资源使用价格以降低资源消耗等做法越来越盛行。

3.4 低碳生活的经济学基础

所谓主流经济学，指的是现在盛行于西方而且几乎已经流行于全世界的、由微观经济学和宏观经济学为其组成部分和表现形式的经济学理论。这一理论认为，经济学是研究如何将稀缺的资源有效地配置给相互竞争的用途的科学。主流经济学依然是以完全竞争模型为基础、以帕累托效率为准则、以生产者追求利润最大化、消费者追求效用最大化为目的的配置和利用资源的学科。对这一学科来说，虽然它是从稀缺性出发，在模型分析中也有生产可能性曲线、效用可能性边缘等限制性条件，但理论的展开与其出发点之间似乎并不一致，甚至可以说违背了其理论初衷。简而言之，主流经济学只关心如何最大化、高效率地配置和利用现有稀缺性资源，而不从源头上关心是否永远有足够的稀缺性资源可供配置和利用，更不会面向未来前瞻性地去关心我们子孙后代的资源配置问题会是一个什么样的状况，所以，即使现在世界上只剩下了最后一个单位的资源，它仍然可能被市场机制这架精巧的机器以最大化的法则进行配置而不问其他。正如赫尔曼·戴利、肯尼思·汤森所指出的，"微观的分配问题类似于在一条船中对于给定的负载如何进行最佳分配，但是，即使一条船的负载是最佳分配的，随着绝对负载量增加，它的水位线最终也会到达负载线。超出负荷的最佳装载的船也会沉没——尽管它们将以最佳的方式沉没！"正是这一先天性理论缺陷决定了主流经济学不能成为低碳生活的经济学基础。

低碳生活要求有与其相适应的经济学基础，而现有的主流经济学理论又不能成为低碳生活理论的经济学基础。因此，我们必须重新树立新的能够与低碳生活相适应的经济学理论。这样新的经济学理论尚未形成，它的出现还需假以时日。不过，新经济学理论现在已经有了萌芽，有了作为前驱的必要的理论准备，罗纳德·哈里·科斯就是其中的首位代表。

3.4.1 科斯定律和外部性理论

外部性理论和科斯定律为低碳生活和低碳社会的建立奠定了坚实的经济学基础。1960年科斯在《社会成本问题》一文中提出的"科斯定理"，即在产权界定明确且可以自由交易的前提下，如果交易费用为零，那么无论法律如何判决最初产权属于谁都不影响资源配置效率，资源配置将达到最优（科斯第一定理）；在存在交易费用即交易费用为正的情况下，不同的权利界定会带来不同效率的资源配置。这种理论将外部不经济性与所有权联系起来，强调通过或依靠私人行为来解决外部不经济性问题。但在现实世界中，交易成本总是大于零，由此又推出科斯第二定理：在交易成本为正的情况下，不同的法律权利界定会带来不同效率的资源配置。

基于科斯定理，我们可以得出两个重要的推论。第一个推论是，法律在注重提高经济效率的意义上，应当尽可能地减少交易成本，如通过清晰地界定产权，通过使产权随时可以交易，以及通过为违约创设方便和有效的救济来减少交易成本。第二个推论是，在法律即使尽了最大努力而市场交易成本仍旧很高的领域，法律应当通过将产权配置给对他来说价值最大的使用者，来模拟市场对于资源的分配。

此后，科斯又提出了不同于庇古的政府干涉方案的"非干预主义"方案，所有权牌和科斯定理主张通过界定和完善环境资源的产权制度使环境资源成为稀缺资源，进而利用市场机制实现环境资源的优化配置。

为解决环境外部不经济性的问题，英国著名福利经济学家庇古提出了著名的"庇古税"论断，他认为，应该根据排污者对环境造成危害的程度来征税，其目的是通过征税与补贴来弥补私人与社会成本之间的差距，以使二者相等，实现外部效应的内部化。碳排放交易权在实践中的许多环节就来源于此，例如通过拍卖的方式取得温室气体排放权指标，超出排放许可向大气排放过量的温室气体要受到高额的罚款处罚。

外部性理论，是指外部成本、外部效应（Externality）或溢出效应（Spillover Effect）。外部性可以分为正外部性（或称外部经济、正外部经济效应）和负外部性（或称外部不经济、负外部经济效应）。萨缪尔森和诺德豪斯对外部性的定义是："外部性是指那些生产或消费对其他团体强征了不可补偿的成本或给予了无需补偿的收益的情形。"而兰德尔将外部性定义为：外部性是用来表示"当一个行动的某些效益或成本不在决策者的考虑范围内的时候所产生的一些低效率现象；也就是某些效益被给予，或某些成本被强加给没有参加这一决策的人"。

碳排放超量就是典型的经济活动的外部不经济性，全球或者说一个国家的二氧化碳的排放容量是一定的，如果有个别国家或地区、企业过多的排放，必然会导致不一致和不平衡。过度或超量的碳排放，可以视为是某个经济单位给其他经济单位带来消极影响，对他人施加了成本。

某个国家或企业的经济活动对他人和周围环境造成负面影响，而企业未将这些负面影响纳入市场交易的成本与价格之中，所以可以视为此企业从经济活动中受益，但其过度碳排放行为造成的后果和治理费用转嫁给社会和他人，从而使因碳排放导致大气变化的受害者蒙受了损失，导致企业花费的成本与社会花费的成本之间的差异，形成所谓的外部不经济性。而由于碳排放引起自然灾害的费用主要由政府财政负担，而财政收入的主要来源是纳税人的税款。所以这种只有该企业从营业活动中受益，而未承担相应责任，显然是与社会正义原则不相符的；而且在现实生产生活中，企业往往把由自己承担的碳减排费用纳入到生产成本之中，从而增加产品的价格，而最终由购买者和社会来负担。所以这种情况的延续，非常容易导致"公地悲剧"。

3.4.2 公共财产论

很早以前，亚里士多德就说过："参与分享人员最多的公共物品，获得的关心最少。"美国生物学家 G. 哈丁教授就人口资源关系等问题，于 1968 年撰写了一篇题为"公地的悲剧"论文。阐明在公有地自由使用的社会里，每个人都在追求利益最大化，这势必会造成滥用资源的倾向，所有人争先恐后追求的结果，最终是整体的崩溃。

公地的悲剧又表现为污染问题。这里的问题不是从公地上拿走什么东西，而是放进什么东西——生活污水，或化学的、放射性的和高温的废水被排入水体；有毒有害的和危险的烟气被排入空气；喧嚣的广告污染着我们的视野，等等。理性的"经济人"发现废弃物排放前的净化成本比直接排入公共环境所分担的成本少。既然这对每个人是千真万确的，只要我们的行动只是从一个个独立的、理性的、自由的个体出发，我们就被陷入一个"污染我们自己家园"的怪圈。通过私人产权或其他类似的关系可以避免公地悲剧性地成为一个公共的污染池。这个论述为我们研究气候环境问题提供了很好的借鉴。

众所周知，由于气候环境资源等属于公共物品的范畴，而公共物品具有非排他性和非竞争性消费的特征，所以其产权通常是不明晰的，因而可能引发由私人和单位对其的损耗和破坏所带来的后果部分或全部都由社会分担，最终会刺激单个利益主体对其的过度利用，从而以谋求自身利益的最大化而导致外部不经济性的产生。有效的气候资源产权可以降低甚至消除外部性。也就是说，依据科斯定理，明确和依法保障气候资源的产权及其流转，在政府的适度干预下，发挥私法在气候资源保护领域的重要作用，那么气候资源的所有人和使用权人就会根据自身利益最大化原则和盈利原则自主选择购买碳排放指标，或者放弃购买这种权利而强化治理超额碳排放。这不仅充分尊重了市场主体的权利和自由，而且还可以提高资源使用效率。所以环境容量产权理论应用于碳减排方面的意义不言而喻。可以说，科斯定律为用经济学方法研究负外部性问题提供了一条重要的思路，也为分析气候容量资源的优化配置和权利安排提供了理论基础。

3.4.3 稀缺资源论

环境资源的稀缺性主要是指环境资源难以容纳人类排放的各种污染物。只有稀缺资源才具有交换价值，才能成为商品，在生产力水平低下、人口较少时，土地、空气、水等环境要素的多元价值可以同时体现，其容量资源非常丰富。环境的多元价值和容量资源既可以满足人们的生活需要又能满足人们的生产需要，因而被认为是取之不尽、用之不竭、不存在稀缺性的自由物。按照经济学的理论，一项资源只有稀缺时才具有交换价值。当环境资源不具有稀缺性时是没有交换价值的。

稀缺资源论，要强调资源使用的可持续性，就必须充分考虑生态环境容量和自然资源的承载能力。绿色经济重点强调的是资源使用的可持续性，所以必须把经济规模控制在资源再生和环境可承受的界限之内，既要考虑当代的可开发利用，又要考虑后代的可持续利用，全面提高人的生活质量。碳排放的环境承载力和环境容量无论从长期看还是短期看都是有限的。所以需要我们强调以碳排放量的分配和交易保证环境容量的承载力。

随着生产力水平的提高，人口的增加和环境保护重要性的增强，环境资源多元价值、不同功能之间发生矛盾及环境资源稀缺性的特征逐渐显露。一是由于环境要素的多元价值难以同时体现而导致某种环境功能资源产生稀缺性，即在一定时间和空间范围内，某环境要素如果满足人们的生活需求就难以满足人们的生产需求，如果要满足一些人的某种生产需求就难以满足另一些人的另一种生产需求。例如，一个湖泊如果要满足人们观赏湖泊的生活需要或是满足渔民养鱼的需要，就不能满足人们排污的生产需要。于是人类的生产和生活活动对环境功能的需求开始产生竞争、对立、矛盾和冲突，即在一定时间和空间范围内，既要求同一环境要素满足人们的生产需要（即容纳、承载污染物），又要求同一环境要素满足人们生活的需要（即享受环境美），由此产生了环境资源多元价值的矛盾和某种环境功能的稀缺性。二是环境净化功能难以满足人类生产、生活排放污染物需要的问题特别突出。环境容量资源特别稀缺，这种环境功能资源的稀缺性和环境容量资源的稀缺性是导致排污权交易的经济原因。

泰瑞·安德森和唐纳德·利尔所著的《从相克到相生：经济与环保的共生策略》一书，对自由市场环境主义的理论、发展过程以及实际运用作了详细的介绍和深入浅出的分析。其中最重要的是将自由市场环境主义的核心界定为一种完善的自然资源产权制度，强调市场过程能够决定资源的最优使用量，政府严格执法对保障产权具有重要意义。碳排放权交易的法律依据是根据科斯定理中的交易成本论引申而来的自然资源所有权交易理论。

因为只有产权得到良好界定、执行并能转让，才能使天性利己的个人对我们这个资源匮乏的世界做出权衡取舍。因此对于自由市场环境主义来说，要建立有效率的市场，充分发挥自由市场机制的作用，关键在于确立界定清晰又可以市场转让的产权制度。如果产权不清或得不到有力保障，缺乏资源保护的责任意识和利益刺激，常会出现过度开发资源的现象。无论产权是由个人、公司、非营利的环保组织所有，还是由公共团体所有，如果出现决策不当，产权拥有者的财富就会造成损失。这实际上是碳排放交易权初次分配和交易的基础。

这里的自然资源所有权不是仅仅局限于传统财产的所有权，而是还包括各种涉及环境资源的其他权利，如环境权、碳排放权和碳排放权的转让权等。由科斯的交易成本论引申的自然资源交易理论认为：市场能够决定资源的最优使用；而要建立有效率的市场、充分发挥市场机制的作用，关键在于确立界定清晰、可以执行而又可以市场转让的所有权制度；公有的环境资源管理的最大问题在于资源的公有财产制度，即所有者与管理者分开、权责不一；如果资源权利明确而可以转让，资源所有者和利用者必然会详细评估资源的成本和价值，并有效分配资源。当今国际上的碳排放权交易制度就是把碳排放权作为一种所有权首先在法律上确定下来，并将碳排放权交易作为一项经济手段自发地实现对环境资源的保护和合理利用。因为自然资源所有权一旦从法律上确定下来，它的所有者就会自动地根据交易成本的最小化和自然资源的最合理配置来利用和交易环境资源，从而达到保护和合理利用环境的目的。

3.5 低碳生活的环境科学基础

3.5.1 温室效应理论及发展

1820 年，法国数学家与埃及学家巴普蒂斯特·傅里叶（1768—1830 年）开始研究地球如何保留阳光中的热量而不将其反射回太空的问题。他得出的结论是：尽管地球确实将大量的热量反射回太空，但大气层还是拦下了其中的一部分并将其重新反射回地球表面。他在其论文《地球及其表层空间温度概述》中将此比作一个巨大的钟形容器，顶端由云和气体构成，能够保留足够的热量，使得生命的存在成为可能。

1895 年，瑞典物理学家斯文特·阿列纽斯读过傅里叶的论文后，研究出了第一个用以计算二氧化碳对地球温度影响的理论模型。他得出的结果是，大气层中的二氧化碳含量减少约 40%，温度就会下降 4～5℃（7～9℉），并可引发一个新的冰川期。同理，二氧化碳的含量翻番的话，温度就会上升 5～6℃（9～11℉）。他还估计，大概需要 3 000 年的时间来燃烧矿物燃料，才能使二氧化碳的含量翻番。

1938 年，乔治·卡伦德发表了一篇题目为《人为生成的二氧化碳及其对气温的影响》的文章，根据 1880—1934 年从世界各地 200 个气象站收集来的数据，计算出了当时地球的气温已经升高了 1℉（0.55℃）。他预计，由于二氧化碳不断被排放到大气层，21 世纪地球的温度将会上升 2℉（1.1℃）。1956 年，在进一步收集数据后，他公布的计算结果显示，大气层中的二氧化碳浓度从 1900 年的 290×10^{-6} 增加到了 1956 年的 325×10^{-6}。次年，这些数据和曲线引出了一篇里程碑式的文章，作者是斯克里普斯海洋研究所的罗杰·雷维尔和汉斯·聚斯，他们在文中指出，"人类正在从事大规模的地球物理实验，要将几亿年来沉积在地下的有机碳在几个世纪的时间里返还到大气层中去"。基林在此后 20 年里的测量结果更证明了这一点。基林曲线从 1956 年的 315×10^{-6} 稳步上升到了 1997 年的 365×10^{-6}。

随着基林曲线的升高，它所预示的问题也越来越受关注，人们开始留心气候情况。自 20 世纪 60 年代起，斯克里普斯海洋研究所的约翰·麦高恩就开始注意到加利福尼亚海岸附近的水温在逐渐升高。到 1995 年，水温已经比 1960 年升高了将近 3℉；大约在 1963 年，肯尼亚山的冰帽开始明显变小，到 1987 年已经缩小了 40%；20 年内，北极的夏天暖和了 6℉（3.3℃），而且从 1960 年到 20 世纪 80 年代初，秘鲁境内安第斯山脉的冰川融化速度加快了 2 倍。这些迹象引发了人们对其潜在影响及应采取何种政策性措施的广泛讨论。

在接下来的 20 年里，全球气候变暖的迹象及对此的分析成倍增加。在 1975 年的《科学》杂志上，哥伦比亚大学的华莱士·E. 布勒克尔预测，在下一个 10 年期间，全球气候变暖的趋势将会大幅度增长。两年后，国家科学院发表了一篇题为《能源与气候》的报告。报告称，对于可能存在的全球气候变暖问题，我们既不应当恐慌，也不应当无动于衷，而是要加强这方面的研究。同年，威廉·凯洛格和玛格丽特·米德发表了《大气：已经并正处在危险中》一文。作者在文中要求制定一部《空气法》，以使各个国家都同意将其二氧化碳的排放量减少至某个共同商定的标准。随着 20 世纪 70 年代的过去及 80 年代的到来，天气变化更加恶劣：中纬度冰川退缩的速度从每年 30 m 增加到了 40 m；1979—1994 年，阿拉斯加寒冷的北坡布鲁克斯岭脚下图利克湖的水温上升了 3℉（1.67℃）；北极的冰盖萎缩了 6%，雪线也持续退缩，有关大气层的计算机模型预测的结果所显示的变暖程度更甚。1987 年，由联合国、加拿大和世界气象组织发起召开了一次会议，46 个国家的 330 位科学家和决策人聚集在一起，最后发表了一份声明。声明说，"人类正在全球范围内无意识地进行着一场规模巨大的实验，其最终后果可能仅次于一场全球性核战争"。他们进而敦促发达国家立即采取行动，减少温室效应气体的排放量。

1988 年，詹姆斯·汉森——美国国家航空和航天局戈达德空间研究中心的主任，在美国参议院能源和自然资源委员会上作证时说："温室效应的存在也已查明，此时它正改变着我们的气候。"他确信，目前的高温表明确有天气变暖的趋势，而不仅仅是自然变化。他补充说，"我们正在以不正当的手段破坏气候。"由汉森这样的专家在美国参议院庄严的会议厅中所作的这番陈词，标志着人类阻止全球气候变暖行动的真正开始。此后，联合国环境规划署在多伦多召开会议，成立了政府间气候变化专门委员会（IPCC），专责研究由人类活动所造成的气候变迁，并开始着手准备即将于 1992 年 6 月在里约热内卢召开的环境与发展大会。在那次会议上，通过了《联合国气候变化框架公约》——世界上第一个为全面控制二氧化碳等温室气体排放，以应对全球气候变暖给人类经济和社会带来不利影响的国际公约，也是国际社会在对付全球气候变化问题上进行国际合作的一个基本框架。IPCC 协助各国于 1997 年在日本京都草拟了《京都议定书》，协议目标是要在 2010 年，让全球碳排放量比 1990 年时减少 5.2%，目前已有 170 多个国家核准该协议。IPCC 已分别在 1990 年、1995 年、2001 年及 2007 年发表 4 次正式的"气候变迁评估报告"。

3.5.2 碳循环理论与碳排放控制、固碳技术

3.5.2.1 碳的地球化学循环

碳的地球化学循环控制了碳在地表或近地表的沉积物和大气、生物圈及海洋之间的迁移，而且是对大气二氧化碳和海洋二氧化碳的最主要的控制。沉积物含有两种形式的碳：干酪根和碳酸盐。在风化过程中，干酪根与氧反应产生二氧化碳，而碳酸盐的风化作用却很复杂。含在白云石和方解石矿物中的碳酸镁和碳酸钙受到地下水的侵蚀，产生出可溶解于水的钙离子、镁离子和重碳酸根离子。它们由地下水最终带入海洋。在海洋中，浮游生物和珊瑚之类的海生生物摄取钙离子和重碳酸根离子来构成碳酸钙的骨骼和贝壳。这些生物死了之后，碳酸钙就沉积在海底而最终被埋藏起来。二氧化碳可由大气进入海水，也可由海水进入大气。这种交换发生在气和水的界面处，由于风和波浪的作用而加强。这两个方向流动的二氧化碳量大致相等，伴随着大气中二氧化碳量的增多或减少，海洋吸收的二氧化碳量也随之增多或减少。

3.5.2.2 碳的生物循环

在碳的生物循环中，大气中的二氧化碳被植物吸收后，通过光合作用转变成有机物质，然后通过生物呼吸作用和细菌分解作用又从有机物质转换为二氧化碳而进

入大气。碳的生物循环包括了碳在动、植物及环境之间的迁移。绿色植物从空气中获得二氧化碳，经过光合作用转化为葡萄糖，再综合成为植物体的碳化合物，经过食物链的传递，成为动物体的碳化合物。植物和动物的呼吸作用把摄入体内的一部分碳转化为二氧化碳释放入大气，另一部分则构成生物的机体或在机体内贮存。动、植物死后，残体中的碳通过微生物的分解作用也成为二氧化碳而最终排入大气。大气中的二氧化碳这样循环一次约需 20 年。一部分（约千分之一）动、植物残体在被分解之前即被沉积物所掩埋而成为有机沉积物。这些沉积物经过悠长的年代，在热能和压力作用下转变成矿物燃料——煤、石油和天然气等。当它们在风化过程中或作为燃料燃烧时，其中的碳氧化成为二氧化碳排入大气。如今，人类消耗大量矿物燃料对碳循环产生了重大影响。一方面沉积岩中的碳因自然和人为的各种化学作用分解后进入大气和海洋；另一方面生物体死亡以及其他各种含碳物质又不停地以沉积物的形式返回地壳中，由此构成了全球碳循环的一部分。碳的生物循环虽然对地球的环境有着很大的影响，但是从以百万年计的地质时间上来看，缓慢变化的碳的地球化学大循环才是地球环境最主要的控制因素。

3.5.2.3 土壤有机碳的研究

通常人们提到土壤有机质主要会想到土壤肥力，并没有与全球变化相联系。实际上，土壤是陆地表层系统参与全球碳循环和影响全球变化的主要碳储库，土壤有机碳问题在全球变化研究中具有重要战略意义。其一，土壤有机碳储量大。研究者估算陆地土壤碳储量为 1 200～2 500 Pg，是大气碳库的两倍，陆地生物量 2～3 倍。其二，土壤碳库活跃度大。有学者研究认为土壤有机碳库每变化 0.1%将导致大气圈二氧化碳浓度发生 1 mg/L 的变化，全球土壤有机碳的 10%转化为二氧化碳，其数量将超过 30 年来人类二氧化碳总量排放。其三，土壤固碳潜力大。研究表明，土壤存在巨大碳容量和天然固碳作用是减缓碳释放可选择的最为经济有效的途径之一。可以说，土壤碳库是地球系统处于活跃状态的最大碳汇，也是温室气体的主要碳源。土壤有机碳对于全球变化持续影响，引起世界各国高度关注，认为土地利用变化导致陆地碳库变化是温室效应的主要驱动因素之一，国际碳减排要求可报告、可测量和可证实。由于森林面积有限，耕地需要承担更大的减排目标，采取有力措施保护耕地生态环境已经刻不容缓。这里特别提出，应将增强土壤有机质和加大土壤固碳作用作为耕地保护的重要战略措施，同时实现污染减排、农业增产、环境净化和沙化防治等"多赢"局面。

3.5.2.4 碳排放控制和固碳技术

因为有二氧化碳，地球才产生了适于生物生长的环境，地球没有二氧化碳是不行的。随着工业化过程加速，碳排放愈演愈烈，因为化石能源大量的开发和使用，造成二氧化碳毫无节制地排放，形成的温室气体太多，反过来对人类造成了危害。所以"成也二氧化碳、败也二氧化碳"。所以人类要在控制大气的二氧化碳含量上把握这个度，我们既要发展，就会产生排放，又要使它不影响到人类的生存，这样才能实现科学和可持续发展。碳排放的问题是发展中产生的，也必须通过发展来解决。减少碳源、增加碳汇，成为遏制大气中二氧化碳浓度的两个方面。减少碳源方面，主要是节能减排和开发低碳或无碳能源。一是采取化石能源的替代技术积极应对，主要包括清洁能源替代技术、可再生能源技术、新能源技术；二是提高能效，进而通过减少能耗实现削减二氧化碳排放量。增加碳汇主要是指固碳，指的是增加除大气之外的碳库的碳含量的措施，包括物理固碳和生物固碳。物理固碳是将二氧化碳长期储存在开采过的油气井、煤层和深海里。生物固碳是利用植物的光合作用，通过控制碳通量以提高生态系统的碳吸收和碳储存能力，所以是固定大气中的二氧化碳最便宜且副作用最少的方法。生物固碳技术主要包括 3 个方面：一是保护现有碳库，即通过生态系统管理技术，加强农业和林业的管理，从而保持生态系统的长期固碳能力；二是扩大碳库来增加固碳，主要是改变土地利用方式，并通过选种、育种和种植技术，增加植物的生产力，增加固碳能力；三是可持续地生产生物产品，如用生物质能替代化石能源等。土壤固碳技术近年来也发展很快。

3.6 低碳生活的技术工艺基础

低碳技术涉及电力、交通、建筑、冶金、化工、石化、农业、林业等部门以及在可再生能源及新能源、煤的清洁高效利用、油气资源和煤层气的勘探开发、二氧化碳捕获与封存等领域开发的有效控制温室气体排放的新技术。

低碳技术可分为 3 个类型：第一类是减碳技术，是指高能耗、高排放领域的节能减排技术，煤的清洁高效利用、油气资源和煤层气的勘探开发技术等。第二类是无碳技术，比如核能、太阳能、风能、生物质能等可再生能源技术。在过去 10 年里，世界太阳能电池产量年均增长 38%，超过 IT 产业。全球风电装机容量 2008 年在金融危机中逆势增长 28.8%。第三类就是去碳技术，典型的是二氧化碳捕获与封存（CCS）。

（1）能源供应低碳技术。目前大量使用的化石能源不仅污染环境，而且是二氧化碳的主要排放源。能否实现低碳，能源供应领域低碳技术的发展至关重要。目前发展的技术如下：改进能源供应和配送效率；燃料转换，如煤改气；核电；可再生热和电（水电、太阳能、风能、地热和生物能）；热电联产；尽早利用 CCS（如储存清除二氧化碳的天然气）；碳捕获和封存（CCS）用于燃气、生物质或燃煤发电设施；先进的核电；先进的可再生能源，包括潮汐能和海浪能、聚光太阳能、太阳光伏电池。

（2）交通低碳技术。交通运输作为主要碳排放源之一，是国际温室气体减排、缓解气候变化的重要领域。据 2009 年国际能源署（IEA）出版的《运输、能源与二氧化碳：迈向可持续发展》报告表明，全球二氧化碳排放量约有 25% 来自交通运输，美国的大气污染 50% 来自运输工具，日本也占到 20%。预计到 2050 年，全球交通运输业的能源消费量将翻一番。亚洲发展银行预计，在未来的 25 年内，全球交通源二氧化碳排放量将增加 57%，而由于发展中国家的汽车行业发展迅速，其排放增长将占到 80%。交通低碳技术发展很快，主要包括：更节约燃料的机动车；混合动力车；清洁柴油；生物燃料；方式转变，如公路运输改为轨道和公交系统；非机动化交通运输（自行车、步行）；土地使用和交通运输规划；第二代生物燃料；高效飞行器；先进的电动车、混合动力车，其电池储电能力更强、使用更可靠。

（3）建筑低碳技术。低碳建筑是在发展低碳经济的大背景下提出的。所谓低碳建筑，是指在建筑的全寿命周期内，最大限度地节约资源（节能、节地、节水、节材）、保护环境和减少污染，为人们提供健康、适用和高效的使用空间，与自然和谐共生的建筑。目前建筑能耗约占全社会总能耗的 1/3，随着城镇化的快速发展，这个比例将迅速扩大，中国目前每年新增建筑面积为 20 亿 m^2，高楼大厦在一夜之间拔地而起。这些建筑大多数都没有采用节能设计，现有的建筑也没有开始节能改造。比原有的建筑还复杂的设计和材料，如不通风的房型、导热系数极大的落地窗、外飘窗等都成为了流行。单位建筑面积能耗攀升，建筑总耗能总量大增，建筑能耗在社会总能耗中的比重越来越大。建筑方面的低碳技术包括：高效照明和采光；高效电器和加热、制冷装置；改进炊事炉灶，改进隔热；被动式和主动式太阳能供热和供冷设计；替换型冷冻液，氟利昂气体的回收和回收利用；商用建筑的一体化设计包括的技术，诸如提供反馈和控制的智能仪表；太阳光伏电池一体化建筑。

（4）工业低碳技术。工业低碳化是建立低碳化社会的核心内容，工业低碳化技术是实现工业低碳化的关键，主要包括发展工业节能技术，重视绿色制造，鼓励循环经济。主攻技术节能，研发节能材料，改造和淘汰落后产能，快速有效地实现工业节能减排目标。具体技术包括：高效终端使用电气设备；热、电回收；材料回收利用和替代；控制二氧化碳气体排放；各种大量流程类技术；提高能效；碳捕获和封存技术用于水泥、氨和铁的生产；惰性电极，用于铝的生产。绿色制造是综合考虑环境影响和资源效益的现代化制造模式，其目标是使产品从设计、制造、包装、运输、使用到报废处理的整个产品生命周期中，对环境的影响最小，资源利用率最高，从而使企业经济效益和社会效益协调优化。工业低碳化必须发展循环经济。工业循环经济，一要在生产过程中，物质和能量在各个生产企业和环节之间进行循环、多级利用，减少资源浪费，做到污染"零排放"。二要进行"废料"的再利用。充分利用每一个生产环节的废料，把它作为下一个生产环节或另一部门的原料，以实现物质的循环使用和再利用。三要使产品与服务非物质化。产品与服务的非物质化是指用同样的物质或更少的物质获得更多的产品与服务，提高资源的利用率。

（5）农业低碳技术。农业是国民经济的基础。在实施农业低碳化中主要强调节水农业、有机农业等方面。主要技术包括：改进作物用地和放牧用地管理，增加土壤碳储存；恢复耕作泥炭土壤和退化土地；改进水稻种植技术和牲畜及粪便管理，减少甲烷排放；改进氮肥施技术，减少氧化亚氮排放；专用生物能作物，用以替代化石燃料使用；提高能效；提高作物产量。

（6）林业低碳技术。林业是实现低碳化的最重要产业之一，也是最简易、最有效的途径。主要技术包括：植树造林；再造林；森林管理；减少毁林；木材产品收获管理；使用林产品获取生物能，以便替代化石燃料的使用；改进树种，增加生物能产量和碳固化。改进遥感技术，用以分析植被/土壤的碳封存潜力，并绘制土地利用变化图。

（7）废弃物处理低碳技术。废弃物是造成温室气体排放的末端环节，废弃物的低碳处理对于减排来说是最后一道关口，十分重要。主要技术包括：填埋甲烷回收；废弃物焚烧，回收能源；有机废弃物堆肥；控制性污水处理；回收利用和废弃物最少化；生物覆盖和生物过滤，优化甲烷氧化流程。

3.7 碳捕获和封存（CCS）与碳中和技术

减少二氧化碳的排放是遏制全球气候变暖的途径之一。对产生的二氧化碳进行捕捉、封存和中和，是另外一条有效途径。

第三届"碳封存领导人论坛"部长级会议 2009 年 10 月 13 日在英国伦敦举行。本届会议的主题是重视发展及商业化利用"碳捕获与封存（CSS）"技术，以应对气候变化。CSS 技术是指通过碳捕获技术，将工业和有关能源产业所产生的二氧化碳分离出来，再通过碳储存手段，将其输送并封存到海底或地下等与大气隔绝的地方。目前，CSS 技术尚未成熟，仍处于研发阶段。

3.7.1 碳捕获技术

碳捕获技术最早应用于炼油、化工等行业。由于这些行业排放的二氧化碳浓度高、压力大，捕获成本并不高。而在燃煤电厂排放的二氧化碳则恰好相反，捕获能耗和成本较高。现阶段的碳捕获技术尚无法解决这一问题。

碳捕获技术目前大体上分作 3 种：燃烧前捕获、燃烧后捕获和富氧燃烧捕获。三者各有优势，却又各有技术难题尚待解决，目前呈并行发展之势。哪一种先取得突破，哪一种就会成为未来的主流。

燃烧前捕获技术以 IGCC（整体煤气化联合循环）技术为基础：先将煤炭气化成清洁气体能源，从而把二氧化碳在燃烧前就分离出来，不进入燃烧过程。而且，二氧化碳的浓度和压力会因此提高，分离起来较方便，是目前运行成本最廉价的捕获技术，其前景为学界所看好。问题在于，传统电厂无法应用这项技术，而是需要重新建造专门的 IGCC 电站，其建造成本是现有传统发电厂的两倍以上。

燃烧后捕获可以直接应用于传统电厂，北京高碑店热电厂所采用的就是这条技术路线。这一技术路线对传统电厂烟气中的二氧化碳进行捕获，投入相对较少。这项技术分支较多，可以分为化学吸收法、物理吸附法、膜分离法、化学链分离法等。其中，化学吸收法被认为市场前景最好，受厂商重视程度也最高，但设备运行的能耗和成本较高。

事实上，由于传统电厂排放的二氧化碳浓度低、压力低，无论采用哪种燃烧后捕获技术，能耗和成本都难以降低。如果说，燃烧前捕获技术的建设成本高、运行成本低，那么燃烧后捕获技术则是建设成本低、运行成本高。

3.7.2 碳封存技术

若把 CCS 作为一个系统来看，碳捕获的成本要占到 2/3，碳封存的成本占 1/3。碳封存技术相对于碳捕获技术也更加成熟，主要有 3 种：海洋封存、油气层封存和煤气层封存。与碳捕获技术多路线并行发展不同，碳封存技术路线主次分明，方向明确。

海洋封存有两种潜在的实施途径：一种是经固定管道或移动船只将二氧化碳注入并溶解到水体中（以 1 000 m 以下最为典型），另一种则是经由固定的管道或者安装在深度 3 000 m 以下的海床上的沿海平台将其沉淀，此处的二氧化碳比水更为密集，预计将形成一个"湖"，从而延缓二氧化碳分解在周围环境中。海洋封存及其生态影响尚处于研究阶段。

油气层封存分为废弃油气层封存和现有油气层封存。国际上有企业在研究利用废弃油气层的可行性，但并不被看好。主要原因在于目前人类对油气层的开采率只能达到 30%～40%，随着技术进步，存在着将剩余的 60%～70% 的油气资源开采出来的可能性。所以，世界上尚不存在真正意义上的废弃油气田。

通过利用现有油气田封存二氧化碳被认为是未来的主流方向，这项技术被称为二氧化碳强化采油技术，即将二氧化碳注入油气层起到驱油作用，既可以提高采收率，又实现了碳封存，兼顾了经济效益和减排效果。这项技术起步较早，最近 10 年发展很快，实际应用效果得到了肯定，也是中国优先发展的技术方向。

煤层气封存技术是指将二氧化碳注入比较深的煤层当中，置换出含有甲烷的煤层气，所以这项技术也具有一定的经济性。但必须选在较深的煤层中，以保证不会因开采而造成泄漏。中国已经和加拿大合作开发了示范项目，投资高、效果不错。问题在于二氧化碳进入煤气层后发生融胀反应，导致煤气层的空隙变小，注入二氧化碳会越来越难，逐渐再也无法注入。所以，该技术并不为研究人员看好。

3.7.3 碳中和技术

碳中和（Carbon Neutral），是通过计算二氧化碳的排放总量，然后通过植树等方式把这些排放量吸收掉，以达到环保的目的。它是人们对地球变暖的现实进行反思后的自省、自律，是世界人民觉醒后的积极行动。它最初由环保人士倡导，并逐渐获得越来越多民众的支持，并且成为受到各国政府所重视的实际绿化行动。通常可以通过推动使用再生能源和植树造林等方式，来实现碳中和。

3.7.4 欧美 CCS 技术的发展

欧洲委员会宣布投入 14 亿美元在欧洲各国建立 CCS（碳捕获和封存）示范工程，大大超过了对风电以及其他新能源技术的投资。欧洲计划在 2010 年至少有 20 个发电厂使用 CCS 技术，并实现规模化和商业化。到 2015 年，欧洲至少要建立 10 个大型示范工程。那么到 2020 年，CCS 技术就可以在全球范围内实现广泛的商业应用。要实现这个目标，这些发达国家需要在今后 10 多年内投入 200 亿美元。

奥巴马上台后，也开始大力发展 CCS 项目，这也是推进清洁煤的关键一环。美国能源部计划在未来 10 年内投入 4.5 亿美元在美国 7 个地区进行 CCS 项目实验。另有媒体称，美国将投资 10 亿美元，在近年内建成 5 个拥有碳捕获及封存设施、商业化规模的煤电厂。据初步估计，美国二氧化碳的存储能力可达 6 000 亿 t，相当于美国 200 年的排放量。

美国的众议院已经通过了《碳排放与交易法案》，从奥巴马对该法案的支持和国内的舆论来看，美国应该能在未来几年内建立碳排放与交易市场。一旦交易市场建立，碳排放将不再免费，企业必将投入减排设施和技术。那么这将大大加速 CCS 技术的发展。

根据联合国政府间气候变化专门委员会（IPCC）的调查，全球大概有 9 300 亿 t 的二氧化碳可以埋藏到油层中，占相当于 2050 年全球累计排放量的 45%。CCS 技术的应用将能够把全球二氧化碳的排放量减少 20%～40%，这将对气候变化产生积极的影响。

CCS 技术不仅可以对气候变化产生作用，还可以实现一定的商业价值。被捕获的碳可以用于石油开采、冶炼厂，甚至汽车业。二氧化碳可以变废为宝，将石油的采收率提高至 40%～45%。美国能源部发布的一份报告显示，目前美国剩余的石油可采储量为 200 亿桶，如果采用二氧化碳注入提高可采储量的话，其储量最多可增加至 1 600 亿桶，潜力相当大。英国政府目前正在考虑将捕获的碳储存到北海油田采空石油后留下的空洞中，而且要把北海油田变为一个碳存储基地。

但是，技术瓶颈仍然存在，大规模发展的价格依然昂贵。建立一个 CCS 工厂的费用是建立一个常规发电厂的两倍。按照其规模不等，建设一座 CCS 工厂的费用将会在 6 750 万美元到 13.5 亿美元。

麦肯锡（Mckinsey）咨询公司称，如果欧盟下一代燃煤电厂都要采用 CCS 技术的话，估计每个厂平均将多花费 13 亿美元，当全球更多公用事业机构采用后，费用将在 2030 年时降低一半。据测算，二氧化碳的运送和封存过程所产生的成本占捕捉和封存过程总成本的 20%。二氧化碳的运送可以通过常规的管线，这种管线可以使用现有的石油和天然气管线。

专家认为，如果欧盟 CCS 技术取得重大进展，那么对全球气候变化政策的冲击将十分巨大。但是市场分析人士预计，CCS 技术一旦进入工业化规模应用，电力价格有可能上升 30%～60%。而且，碳排放信用交易的价格可能会远远低于预期，这可能会减少对 CCS 项目的补贴。而且 CCS 项目还存在很多现实难题，比如要防止二氧化碳泄漏，寻找合适的埋藏地点，现有的法规不健全，等等，这些因素可能会打击私人投资的积极性，而且技术的瓶颈也可能不能按预期的那样得到突破。

3.7.5 日本 CCS 技术的发展

日本在煤炭火电的二氧化碳减排方面，二氧化碳捕获与封存技术的开发及实证也在取得进展。

二氧化碳捕获与封存是捕获火力发电站、钢铁及水泥等的制造过程中排放的二氧化碳，然后用高压封存在地下深 1 000 m 左右的井中。在日本，电力公司、钢铁企业正与成套设备及重型电力设备企业合作，进行着捕获技术的开发。关于封存技术，也在新潟县长冈市进行了试点试验。不过目前尚未实现实用化。其原因之一在于每吨高达 7 300～12 400 日元的高成本。与通过节能减排二氧化碳不同，二氧化碳捕获与封存不具备可削减燃料费等优点，因此削减成本是不可或缺的。其中，分离捕获的成本尤其高。目前正在实际验证使用药液的"化学吸收法",以及用沸石等吸附二氧化碳的"物理吸附法"等。据称以往的化学吸收法成本为 4 200 日元左右。由于需要大量热量,因此能源成本较高。

备受关注的是在分离捕获工序中无需热量的"膜分离法",即利用仅使二氧化碳通过的膜分离发电站等排放的废气。日本地球环境产业技术研究机构(RITE)首席研究员都筑秀明说:"希望能确立每吨成本为 1 500 日元左右的捕获技术。"

另外,东芝公司与美国风险企业 NETPOWER 公司及美国大型电力企业爱克斯龙公司共同开发的新火力发电系统也被寄予厚望。该系统是利用燃烧二氧化碳、天然气及氧产生的高温气体,旋转涡轮机发电。燃烧产生的二氧化碳大部分再次用于燃烧,此外,部分二氧化碳被以高纯度提取出来。由于二氧化碳处于高压状态,因此可削减分离捕获及升压成本。三家公司计划 2014 年以后进行实证试验,并力争在 2017 年使 25 万 kW 的设备实现商业化。另外,为了开始实施在海底挖掘压入井并封存二氧化碳的实证业务,有关方面已开始在北海道苫小牧海域建设相关设备。

开展该业务的是由 36 家电力及钢铁企业等出资成立的日本二氧化碳捕获与封存调查公司。该公司从 2009 年起在苫小牧海域进行地层探测。今后将向着海底下约 1 000 m 及 3 000 m 的两个封存层,在 2015 年之前挖掘两口压入井。计划 2015年以后,每年压入 10 万 t 以上从沿岸炼油厂氢制造装置产生的气体中捕获的二氧化碳。

在海底二氧化碳捕获与封存领域备受关注的,是使用名为"Shuttle Ship"、长100 m 左右的船舶,将二氧化碳运至海底压入井的构想。

在海底设置连接压入井入口和船舶、像软管一样弯曲、外径为 30 cm 左右的管道。装载有二氧化碳的船舶将管道连接到船底,压入二氧化碳。汇总这一构想的东京大学研究生院新领域创生科学研究科教授尾崎雅彦说:"即使用两艘船运往距海岸 200 km 处的海域封存,每吨的成本也仅需 2 000 日元左右。"

在千代田化工建设公司等的协助下进行推算的结果显示,如果使用 5 艘船运输 30 年,设备费为 120 亿日元左右。据尾崎教授计算,1 艘船每天可用 16 个小时压入 3 000 t 二氧化碳。如果避开渔场设置封存地点,或许会比较容易获得当地的理解。

二氧化碳减排技术已达到较高水平。不过,日立制作所电力系统公司主管火力发电的首席执行官藤谷康男指出："要维持日本在技术方面的优势，还需要政府明确制定包括电源构成在内的能源政策，以及与发电技术和全球变暖对策技术有关的开发技术路线。"

日本如今所需要的，是政府在政策及资金方面推进开发及实证的明确决定。

3.7.6　中国 CCS 的发展前景、最新行动及面临的问题

作为世界上最大的发展中国家，伴随着经济总量的迅速增长，中国二氧化碳排放具有增长快、总量大的特点。就全球而言，虽然近百年来中国二氧化碳总量排放只占全球的 8%，人均排放二氧化碳也只有 4.27 t（2006 年）和 4.86 t（2008 年），但总排放量已跃居全球前列。2008 年中国二氧化碳排放总量为 67.2 亿 t，仅化石燃料二氧化碳排放量就达 64.5 亿 t。荷兰环境评估局（MNP）和国际能源署（IEA）研究报告认为中国二氧化碳排放总量已超过美国，位列全球第一。近年来，我国二氧化碳排放量增长很快，面临越来越大的国际减排压力。这种排放现状是由我国目前所处的国情、发展阶段和能源结构决定的。

中国目前是全球第二大能源生产国和消费国，近年来中国快速的经济增长对能源的需求日益增加，2008 年我国能源消费总量达到 28.5 亿 t 标煤。更重要的是中国能源结构长期以煤为主，在我国一次能源结构中，煤炭在消费结构中始终保持在 70%左右，甚至更高，在 2008 年的能源结构中，煤、油和气分别占 68.7%、18.0% 和 3.8%。而在二次能源电力结构中，燃煤发电更是高达 80%以上。煤炭是高排放强度的能源，而电厂是 CCS 的最佳场所。

因此，目前以煤炭为主的一次能源和以火力发电为主的二次能源结构，使 CCS 在中国的应用前景极其广阔，也必将成为中国碳减排和应对气候变化的重要技术选择。同时，中国能源消费、煤炭消费及燃煤发电在全球的份额，也决定了中国是全球 CCS 最具潜力的市场。

在政府层面上，中国政府先后出台或发布了一系列政策，明确表达对 CCS 技术研究、开发、引进、推广、应用的支持，构成了我国当前 CCS 技术发展的政策体系。2006 年 2 月 9 日，国务院发布了《国家中长期科学和技术发展规划纲要（2006—2020 年）》，其中第五章（前沿技术）第五部分（先进能源技术）把"开发高效、清洁和二氧化碳近零排放的化石能源开发利用技术"列入先进能源领域的重

点研究。2008 年 10 月，在国务院新闻办公室发布《中国应对气候变化的政策与行动》第四章"减缓气候变化的政策与行动"中，专门提到"中国还将进一步推进煤炭清洁利用，发展大型联合循环机组和多联产等高效、洁净发电技术，研究二氧化碳捕获与封存技术"。

在企业层面上，2006 年中石油在吉林油田开展了中国第一个二氧化碳封存提高石油采收率的项目，对 10 口油井注入二氧化碳进行提高石油采收率同时实现二氧化碳地质封存的研究。2008 年 7 月 16 日，我国首个燃煤电厂二氧化碳捕集示范工程——华能北京热电厂二氧化碳捕集示范工程正式建成投产，标志着二氧化碳气体减排技术首次在我国燃煤发电领域得到应用。2009 年 7 月，华能集团开工建设的位于上海的石洞口第二电厂是第二个二氧化碳捕集示范工程，预计年捕获二氧化碳 10 万 t。

在高校和科研院所层面，包括"973 计划""863 计划"在内的国家重大课题都对 CCS 技术进行了研究。在"973"项目中，"温室气体提高石油采收率的资源化利用及地下埋存"针对我国油田特点，研究提高石油采收率的理论和相关技术，设立了 4 个专题，项目的预期目标：建立适合中国国情的二氧化碳长期地质埋存和高效利用的技术体系，实现二氧化碳减排的社会效益和二氧化碳高效利用的经济效益。在"气化煤气与热解煤气共制合成气的多联产应用基础研究"的第二个子课题"无变换焦炉煤气调 H_2 及二氧化碳减排基础研究"对二氧化碳减排进行了研究。在"863"课题中，针对二氧化碳减排的迫切需求，瞄准国际技术前沿，研发吸附、吸收等二氧化碳捕集技术，探索二氧化碳封存技术，为我国二氧化碳减排提供科技支撑，项目下设 3 个课题。

在国际合作层面上，也呈现出蓬勃发展势头，特别是现阶段，CCS 项目的开展仍然以国际合作为主。目前开展的国际合作主要有：煤炭利用近零排放项目（NZEC）、中欧 CCS 合作项目（COACH）、碳捕获和封存监管活动支持项目（STARCO$_2$）、MOVECBM 项目、中欧 GeoCapacity 项目、中欧"胺法捕集二氧化碳：国际合作与交换"项目（CAPRICE）和中澳 CAGS 项目。

除了以上已开展的项目外，目前中欧和中美之间正在筹建的"中欧清洁能源中心"和"中美清洁能源中心"，也把 CCS 作为一个特别重要的研究领域。这些合作加速了中国 CCS 技术自主创新研发的进程，增进了中国与 CCS 技术先进国家的交流，为中国未来全面推广和实施 CCS 奠定了基础。

虽然CCS技术作为一种消除温室气体的根本技术途径，具有很大的发展潜力，但它的应用将极大地改变传统的能源生产方式，影响经济。对地质结构、海洋生态、人体健康和地球循环系统具有极大不确定性，影响人类生存环境。它的应用还将改变人们现有认知、现存法律法规及政策，影响社会承受度。具体面临以下问题：

（1）碳捕获与封存在中国的环境风险和封存风险要高于其他地区。因为中国生态环境脆弱，气象灾害频发，所以CCS技术在中国的风险要远远高于北美和西欧地区。监测是防止风险发生的有效手段，但是中国尚未建立完整和有效的环境监测体系，如何对CCS项目进行有效监管以及在渗漏发生后及时补救将是对中国政府以及相关企业的严峻考验。

（2）国内公众对CCS技术了解不多会造成推广障碍。CCS作为一项新兴技术，除在化石能源生产和研究的企业和机构外，公众对其可以作为一种潜在的减排选择方式还了解不多。

（3）CCS的经济评估成本较高，会加重民众负担。

（4）CCS技术在中国缺乏长期发展计划。中国能源发展规划在很大程度上决定了未来能源发展的方向。可再生能源等其他减排方式都有发展规划，而碳捕获与封存没有，因此，这些将影响CCS的发展和推广。

（5）CCS技术在中国缺乏持续性资金投入。任何新技术的发展，持续稳定的资金投入是十分关键的。在中国，新能源技术发展所需资金在很大程度上来源于国家科技攻关项目以及国家科技发展计划，这也意味着短期内CCS技术在中国发展缺乏必要的资金支持，很可能导致CCS技术在中国的发展落后于其他减排技术，因而在未来的减排技术竞争中处于劣势。

（6）对于CCS技术，融资是其大规模发展的一大障碍。资金来源有限，风险投资不愿进入，而CDM融资也存在不确定性。

（7）CCS工作在中国的管辖权可能会面临多头管理。目前在国际上仍然缺乏较为成熟的可以借鉴的一套完整的法律、法规来明确CCS的司法管辖权，要确定二氧化碳封存工作的管辖权，首先要明确被封存的二氧化碳的性质。被封存的二氧化碳可以定义为工业产品，也可以定义为污染物。若为工业品，二氧化碳回填项目就属于现有的油气相关法律的范畴；若为污染物，则属于环境法规管理的范围。不同的定义也会带来司法管辖权的不同，陆地上的二氧化碳封存项目是由国家和地方法律所管辖的，海洋中的二氧化碳封存则适用于国际海洋环境保护法规。并且因为中国目前仍然缺乏相关政策法规，CCS 项目实施初期极有可能面临多头管理的情况，这将造成项目审批难度加大，不利于 CCS 项目在中国的发展。

（8）封存项目在中国的所有权和责任归属难以界定。鉴于封存项目长期运行和高额投入的特点，项目经营者在投资一个项目之前首先需要确定选址的可靠性，并明确长期利用的权利，这涉及多方面的问题。另外有关二氧化碳封存项目的权利争议还包括国际国内边界问题、关闭问题、财务问题、知识产权、监测义务等。

（9）CCS 缺乏统一的技术标准规范。CCS 的建设与运行涉及技术转化与应用、经济效益、环境影响、减排效益等多方面内容。在碳捕获与封存产业化发展之前，中国需要建立一系列 CCS 技术实施和监测标准，保证项目实施中和封存后的技术可行性、安全性和有效性。但是这其中的难度在于，目前国际上仍然缺乏一套行之有效可以借鉴的标准。

（10）在管理方面，中国还缺乏 CCS 工作激励机制。中国虽然提出发展低碳技术和低碳经济，但没有设计出一套与之相关的激励机制。CCS 在中国也缺乏可操作的优惠性政策，将阻碍其进一步发展。

整体来看，中国的国情、发展阶段和能源结构决定了 CCS 技术是中国应对气候变化的一项重要战略选择，也是全球 CCS 最具潜力的市场。我国在推进 CCS 技术时要注意以下几点：CCS 可作为我国应对气候变化、增加技术储备的一项战略选择，战略部署要积极，推广应用要谨慎。CCS 发展要与我国现阶段的经济社会发展水平相适应，各方面要能够承受得起。CCS 的发展可积极利用国外资金和技术，开展国际合作。此外，中国需要积极参与到国际 CCS 发展及其法律监管体系的建设中去。

3.8 低碳生活与可持续发展

3.8.1 低碳生活是一种可持续发展的环保责任

低碳生活既是一种生活方式，同时更是一种可持续发展的环保责任。低碳生活要求人们树立全新的生活观和消费观，减少碳排放，促进人与自然和谐发展。低碳生活将是协调经济社会发展和保护环境的重要途径。

低碳生活是个新概念，提出的却是可持续发展的老问题。它反映了人类由于气候变化而对未来发展产生的忧虑，并由此认识到导致气候变化的过量碳排放是在人类生产和消费过程中出现的，要减少碳排放就要相应优化和约束某些消费和生产活动。

在低碳经济模式下，人们的生活可以逐渐远离因能源的不合理利用而带来的负面效应，享受以经济能源和绿色能源为主题的新生活——低碳生活。顾名思义，低碳生活就是在生活中尽量采用低能耗、低排放的生活方式。低碳生活既是一种生活方式，同时也是一种生活理念，更是一种可持续发展的环保责任。低碳生活是健康绿色的生活习惯，是更加时尚的消费观，是全新的生活质量观。

低碳生活是一种符合时代潮流的生活方式。它提倡低能量、低消耗、低开支的生活方式，从而减少二氧化碳排放。低碳生活意味着返璞归真，不但生活成本低，而且更健康、更天然。作为一种简单、简约和俭朴的生活方式，低碳生活要求人们在日常生活中养成节能的好习惯，树立全新的生活观和消费观，减少碳排放，促进人与自然和谐发展，建设资源节约型、环境友好型社会，提升人们的生活质量。低碳生活作为可持续的绿色生活方式，将是协调经济社会发展和保护环境的重要途径。

低碳生活是一种着眼于未来的生活理念。低碳生活受到"低碳族"的热捧和践行，与其本身所蕴含的环保元素和道德魅力密不可分。低碳生活提倡的是可持续的消费方式，即克服自工业化以来形成的消费至上理念，戒除"便利嗜好""奢侈和面子消费"，尽量减少、纠正高能耗、高浪费的消费。它既不同于因贫困和物质匮乏而引起的消费不足，也不同于因富裕和物质丰富而引起的消费过度，而是一种不追奢、不尚侈、不唯量的健康、平实、理性和收敛的消费方式，既充分享受现代物质文明的成果，又同时考虑为人类的发展储蓄应有的空间和资源。

低碳生活是一种全新的生活质量观。低碳与发展并不矛盾，而且相互促进。在较高发展水平的情况下也可以实现低碳生活。如在使用核能为主的法国，人均碳排放比发达国家的平均水平低一半；北欧绝大部分国家依赖可再生能源，如丹麦基本上依靠风电，挪威和瑞典则依靠水电。这些国家碳排放很低，但生活水平却很高。低碳就是在对环境影响更小或有助于改善环境的情况下，给人们提供舒适的生活并最大限度地保护人体健康。所以低碳不但不会降低人们的生活质量，相反它会将人类的生活提高到更高的水平。

低碳生活是人类社会发展过程中应对气候变化的根本要求，也是人们实现生态文明、保护环境，使人类的消费行为与消费结构更加科学化的必然选择。低碳生活着力于解决人类生存的环境危机，其实质是以低碳为导向的一种共生型生活模式，是使人类社会在环境系统工程的单元中能够和谐共生、共同发展，实现代际公平与代内公平。

低碳生活是在后工业社会生产力发展水平和生产关系下，消费资料的供给、利用和消费理念的一种转变，也是当代消费者以对社会和后代负责任的态度，在消费过程中积极实现低能耗、低污染和低排放的一种文明导向。低碳生活基于文明、科学、健康的生态化消费方式，使人们在均衡物质消费、精神消费和生态消费的过程中，消费行为与消费结构进一步走向理性化、科学化和合理化。

3.8.2　低碳生活是促进环境保护和可持续发展的有效途径

实现低碳生活，具体来说体现在宏观和微观两个层面。从大处说，其实质是提高能源利用效率和创新清洁能源结构，核心是技术创新、制度创新和发展观的转变。从小处讲，就是要提高公众意识和公众参与的积极性，上下共同努力，创造一个更美好的生存和发展空间。

低碳经济不仅意味着生产行业要加快淘汰高能耗、高污染的落后生产能力，推进节能减排的科技创新，而且意味着引导公众反思习以为常的消费模式和浪费能源、加重污染的不良生活方式，从而充分挖掘服务业和消费生活领域节能减排的巨大潜力。公民的认识已经从对节能的重要性和必要性有所了解，上升到了认识到节能、减碳和缓解气候变化之间的关系上。这种思维的转化和视角的转变，可以成为节能减排的"助推器"，环境保护的"强心针"。

践行低碳生活、发展低碳经济不仅意味着节能减排，而且还意味着新市场、新经济活动和新工作岗位。英国 2009 年在纲领性文件《英国低碳转型计划》中提出了宏观构想，计划到 2020 年使低碳经济为英国带来超过 120 万个绿色工作岗位。这一"低碳"新思维，在某种程度上与环境经济学的"波特假说"不谋而合。加强环境治理、提高环境标准，不但不会降低企业的盈利水平，相反还会促进企业的技术创新，提高它们的盈利水平，从而间接地促进社会进步。英国的绿色建筑产业可以创造 6.5 万个工作岗位，海上风能可带来约 7 万个工作岗位，波浪能和潮汐能等海洋能源的发展可带来 1.6 万个岗位，等等。低碳经济创造的新就业岗位已成为政府项目寻求民间支持的有力工具。

践行低碳生活、发展低碳经济，不仅可以新增就业，还蕴藏着新的经济增长点。例如在我国，一方面资源越来越稀少；另一方面，资源的有效利用率却偏低，浪费难以遏制，这两股力量加剧了中国经济发展的困境。反之，我们若能抓住低碳经济方兴未艾的机遇，大力发展绿色科技和清洁能源技术，不仅能大大减轻能源消耗压力，还能在 21 世纪的大国政治、经济博弈中抢占战略高地，培育出一大批具有国际竞争力的高科技跨国企业，为我国经济带来持久的发展动力。面对环保日益成为国家经济发动机的现实，我们应当摒弃"环保影响经济"的错误思想，积极引导企业多发展低能耗、低污染、高效益的项目。

实现低碳生活，具体来说体现在宏观和微观两个层面。从大处说，是发展以低能耗、低排放、低污染为基础的低碳经济，其实质是提高能源利用效率和创新清洁能源结构，核心是技术创新、制度创新和发展观的转变。从小处讲，就是要提高公众意识和公众参与的积极性，提倡返璞归真的低碳生活，上下共同努力，创造一个更美好的生存和发展空间。

在宏观方面，低碳生活的理想形态是充分发展"阳光经济""风能经济""氢能经济""生物质能经济"等新能源经济和环保产业。这些代替石油、煤炭等传统能源的新能源最大的特点是能够实现低能耗和低排放。低碳意味着节能，低碳经济就是以低能耗、低排放、低污染为基础的经济。在环保产业发展方面，我国已经初具规模且发展速度不断加快，已形成门类较为齐全、领域广泛、具有一定规模的产业体系。环保企业的效益不断提高，规模不断扩大，逐步形成了若干个具有比较优势和特色的环保产业集群。"十五"以来，我国环保产业年均增长速度保持在 15%～20%，预计到 2012 年，节能环保产业总产值将达 2.8 万亿元，2006—2008 年，我国单位 GDP 的能源消耗下降了 10.1%。"十二五"期间，低碳经济思想的引入将使环保产业渗透进国民经济的各环节，与各行业的融合领域将更加广泛，由于其产业链长、涉及面广、影响力大等特点，发展低碳环保产业必将带动相关产业技术升级和产业结构调整，从而促进国家或区域竞争力的提升，抢占未来国际发展制高点，增强可持续发展能力。

在微观方面，可从衣、食、住、行等生活细节着手实现低碳生活。我国城镇居民生活用能源约占每年全国能源消费量的 26%，二氧化碳排放的 30% 是由居民生活行为及满足这些行为的需求造成的。据统计，美国每年丢弃的塑料袋等于消耗了 1 200 万桶石油，而我国每年使用塑料袋的数量也已超过惊人的 1 万亿个。将每张纸都双面打印，相当于保留下半片原本将被砍掉的森林；用传统的发条式闹钟替代电子钟，每天可减少 48 g 的二氧化碳排放量；洗衣服后不用洗衣机甩干而选择自然晾干也可减少 2.3 kg 的二氧化碳排放；在不用时关闭电脑及显示器，可将这些电器的二氧化碳排放量减少 1/3；将在电动跑步机上 45 min 的锻炼改为到附近公园慢跑，可减少近 1 kg 的二氧化碳排放量……只要每一个人养成良好习惯，低碳居家、低碳消费、低碳出行，低碳生活就会成为现实。

事实证明，气候变化已不仅仅是政府、企业的责任，也不再仅是环保主义者或专家学者关心的问题，而与我们每个人的生活都息息相关。低碳生活不是能力而是理念，把握低碳机遇，才能掌握未来发展；选择低碳生活，才能享受美好未来。

3.9 低碳生活与"两型社会"建设

面对全球气候变暖和能源紧缺带来的生存和发展危机，面对低碳生活、低碳经济的新潮流，党中央、国务院提出，要积极建设资源节约型和环境友好型社会，努力实现经济社会的可持续发展。

发展低碳有利于更新生活观念，培育"两型"生活方式。发展低碳，必然要倡导以低能耗、低污染、低消费为基本原则的低碳生活方式。"两型社会"建设，要求建立合理利用资源、充分保护环境的新型消费模式，这与低碳生活方式的要求是完全一致的。

3.9.1 低碳与"两型社会"内涵高度一致

低碳生活，就是指生活作息时所耗用的能量要尽力减少，降低碳特别是二氧化碳的排放量，以减少对大气的污染，减缓生态恶化，主要是从节电、节气和回收 3 个环节来改变生活细节。低碳经济，是指在可持续发展理念指导下，通过技术创新、制度创新、产业转型、新能源开发等多种手段，尽可能地减少煤炭、石油等高碳能源消耗，减少温室气体排放，达到经济社会发展与生态环境保护双赢的一种经济发展形态。"低碳经济"作为一个明确的概念，最早见诸政府文件是在 2003 年的英国能源白皮书《我们能源的未来：创建低碳经济》。作为第一次工业革命的先驱和资源并不丰富的岛国，英国充分意识到了能源安全和气候变化的威胁，它正从自给自足的能源供应走向主要依靠进口的时代，按目前的消费模式，预计2020年英国80%的能源都必须进口。但真正让全世界关注并传播"低碳经济"理念的，是联合国的两次重要的气候会议，一次是2007年12月3日召开的巴厘岛联合国气候变化大会，另一次就是2009年12月7日开幕的哥本哈根联合国气候会议。

"两型社会"，即"资源节约型、环境友好型社会"，非常通俗易懂，这是一个整体性概念。但它们最初是作为两个概念分别于2004年3月和2005年3月由胡锦涛总书记、温家宝总理以官方的要求正式提出与号召的。它们作为一个整体性概念，最早源于2005年10月11日党的十六届五中全会通过的《中共中央关于制定国民经济和社会发展第十一个五年规划的建议》，该建议中明确提出："要把节约资源作为基本国策，发展循环经济，保护生态环境，加快建设资源节约型、环境友好型社会，促进经济发展与人口、资源、环境相协调。推进国民经济和社会信息化，切实走新型工业化道路，坚持节约发展、清洁发展、安全发展，实现可持续发展。"把"资源节约型、环境友好型"结合起来付诸实践，则始于2007年12月14日国家发改委下发的《关于批准武汉城市圈和长株潭城市群为全国资源节约型和环境友好型社会建设综合配套改革试验区的通知》（发改经体〔2007〕3428号）。这个时候，也正是2007年12月3日召开的巴厘岛联合国气候变化大会强调世界各国要发展"低碳经济"的时候。

这两个概念的提出时间如此相近，所针对的都是气候、环境、资源、能源等生态问题，说明了我们与国际社会一样，都对事关人类生存发展的生态环境问题的强烈关注，并有着共同的认识与发展愿望。也就是说，低碳经济与"两型社会"这两个概念，它们所针对的问题及其指向是相同的。

就低碳经济而言，这种以低能耗、低污染、低排放为基础的经济模式，是人类社会继农业文明、工业文明之后的又一次重大进步，是迈向生态文明的开始。其实质是能源高效利用、清洁能源开发、追求绿色GDP的问题，核心是能源技术和减排技术创新、产业结构和制度创新以及人类生存发展观念的根本性转变。低碳经济的这一核心内涵，与"资源节约型、环境友好型社会"是完全符合的。现代物理学与化学告诉我们，所有的物体都是由分子和原子组成的，物质是形式，能量是本质，能量的核算单位是"碳"，"碳"与空气中的"氧"相互作用，产生二氧化碳等碳氧化物，这些碳氧化物在正常环境下含量很低，一旦超标，就成了污染物。与物理学和化学相联系，经济学也引进了"碳"的概念，并用"碳"的概念说明经济发展的本质。"高碳"就意味着高能量、高消耗、高污染，意味着不可持续；"低碳"就意味着低能量、低消耗、低污染，意味着可持续。

然而，在人们意识到"低碳"之前，已经在高碳模式下发展了数百年。正是这数百年的高碳发展，使今天的环境污染越来越严重了。前环保部长周生贤在谈到工业生产中的高碳发展方式时，说过一句通俗易懂的名言。他说："什么是发展？发展就是燃烧，燃烧自然资源，留下的是污染，产生的是 GDP。"那么，怎么解决呢？很简单，就是要"低碳经济""低碳发展"。具体来讲，针对前者——燃烧资源来说，就要资源节约型；针对后者——环境污染来说，就要环境友好型，加在一起就是"资源节约型、环境友好型"，就是"两型社会"建设。

所以，"两型"也就是低碳化。低碳生活和低碳经济简洁明了地表达了"资源节约型、环境友好型社会"的本质，"资源节约型、环境友好型社会"是对低碳生活和低碳经济的人文形象的诠释。

3.9.2 发展低碳经济、推行低碳生活是实现"两型社会"的关键

低碳与"两型社会"既然是两个概念，就一定存在着某种差异。诚如与生态环境保护的其他概念一样，如绿色经济、生态经济、循环经济，以及生态文明、节能减排等，它们有着相似性，也有着差异性。它们强调的重点和指标是有区别的。人们从不同的视角来理解、把握、分析与界定，有助于更好地解决生态环境问题，更好地实现人与自然的和谐发展与可持续发展。

有人认为，绿色经济、生态经济、"两型社会"这些都是大概念，可以说是一些描述性的、无所不包的大外壳，是对可持续发展的一种描述。具体来讲，"两型社会"包括整个社会的生产过程、流通过程、建设过程、消费过程等，它的覆盖面是全社会的经济社会活动，甚至包括每一个单位、每一个家庭。

而"低碳"说的是可持续发展的本质、核心、灵魂，是一个抓手，是可以量化的核心的指标，可以用于比较评估之中。比如，在生态评估中，对于都是发展循环经济或"两型社会"的不同地区，谁做得最好呢？这时就可以用到"碳"和低碳经济、低碳生活。谁更低碳，谁就更好；谁的低碳经济效益好，谁的可持续发展也就

更好。

很明显，"低碳"是"两型社会"的重要内涵，是它的核心与关键。低碳有利于资源节约，更有利于环境友好。反过来，"两型社会"建设本身也包含着发展低碳经济和低碳生活。

因此，我们应该把发展低碳经济和低碳生活摆在"两型社会"建设的第一位置上，凡是有利于"两型社会"建设的政策措施，包括制定直接的或者间接的政策措施，都要同时有利于低碳发展。比如，节地，虽与能源没有直接关系，但有紧密的间接关联，要节约用地就必须升级产业结构，就必须大力发展"两型产业"，也就是低碳产业，就要节约能源，它起着促进低碳经济发展的作用。

3.9.3　低碳生活与资源节约

低碳生活的核心是节能减排，节能减排首先是资源节约。中国自古就有节俭的美德，古代节约主要是因为物质财富贫乏。现代社会仍要提倡节约，从低碳角度看，主要是节约能源，减少碳排放。少乘车，少开空调；多步行和骑自行车，多利用自然风，是低碳生活的应有之义，达到资源节约的目的。

政府提倡并带头实施资源节约，可以促进低碳生活方式的普及和推广。政府作为国家的管理者和政策的制定者，要为低碳生活营造更好的软硬件条件，如大力发展和建设公共交通，实施阶梯电价，营造节能和低碳氛围等。同时，政府机关、事业单位等要带头节约用水用电、节约用纸、节能减排，带头履行低碳义务。

3.9.4　低碳生活与环境友好

低碳生活和节能减排有利于环境友好。目前大量使用的化石能源从经济和技术上讲十分优越，但对环境的破坏较大，一方面产生大量二氧化碳，导致全球气候变暖；另一方面还会产生硫氧化物、氮氧化物、碳氢化物、粉尘等大气污染物。大量砍伐树木、破坏森林一方面会减少对二氧化碳及其他有害气体的吸收，另一方面还会造成水土流失、土地荒漠化等生态环境问题。所以，在日常生活中，减少含碳能源的使用，少消费木材，多使用清洁能源，多植树种草，对遏制气候变暖和保护生态环境都具有十分重要的意义。

低碳生活就是要求人们在生活作息时,尽量少耗用能量,有效降低碳特别是二氧化碳的排放量,进而减少对大气的污染。建设"两型社会",就是要在保证经济又好又快发展的同时,实现由高投入、高能耗、高污染、低产出向低投入、低能耗、低污染、高产出转变,其核心是实现人类生产和消费与自然生态系统协调可持续发展。因此,倡导低碳生活,对于促进"两型社会"建设具有十分重要的意义。

第 **4** 章
我国居民低碳生活引导策略

践行低碳生活，牵涉我们日常生活的诸多方面，应贯彻低碳理念，加强低碳引导，重点推进低碳餐饮、低碳服饰、低碳人居、低碳出行、低碳购物、低碳旅游、低碳家居、低碳办公、低碳休闲等引导策略，反对奢靡浪费，崇尚勤俭节约，推进绿色低碳社会建设。

4.1 生活中的碳循环和低碳引导

4.1.1 碳循环

碳是构成生物原生质的基本元素，虽然它在自然界中的蕴藏量极为丰富，但绿色植物能够直接利用的仅仅限于空气中的二氧化碳。自然界的碳循环过程是指大气中的二氧化碳被陆地和海洋中的植物吸收，然后通过生物或地质过程以及人类活动，又以二氧化碳的形式返回大气中。生活中的碳循环在自然界的碳循环基础上加入了人类活动以及商品社会中因劳动而凝结在商品中的碳消耗，直接或间接地促成了碳循环。

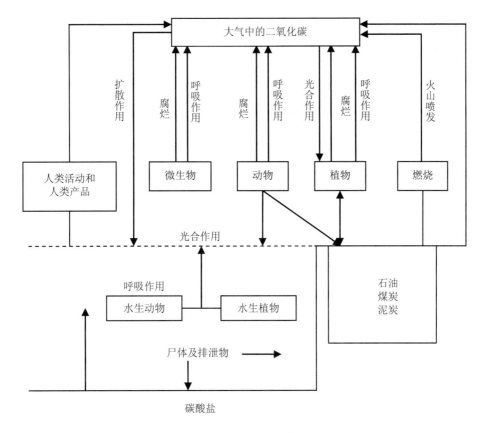

图 4-1　碳循环示意

（1）碳元素的分布。从全球的角度讲，碳元素分布于地球各圈层若干主要的储库中。碳元素有着巨大的不活动的地质存储库（如岩石圈等）和较小的但在生态学上活动积极的大气圈库、海洋库和生物库。碳的化学形态常随所在库的不同而变化。在岩石圈中以有机碳和无机碳酸盐的形态存在；在大气圈中以二氧化碳、CH_4、CO 和烃类气体的形态存在；在海洋中也以有机碳、无机碳的多种形式存在；而在生物库中则存在着几百种被生物合成的有机物质。这些物质的存在形态受到各种因素的调节。

（2）大气圈。大气中所含碳元素最少，主要是 CO、CH_4 和二氧化碳气体。二氧化碳是最主要的温室气体，工业革命以来，人类活动使大气中二氧化碳浓度持续增长，导致了全球气候变暖、海平面上升等后果。

（3）水圈。通常大洋碳储库被分为表层和深层两个储库来研究。表层海水与大气圈存在活跃的交换，广阔的大洋水体中溶解了大量的二氧化碳，浮游生物也会通过制造自身的骨骼壳体而将碳元素固定下来。表层碳储库较之深海储库储量较小，但它的重要性不容小觑，它不仅是海-气相互作用的主要场所，还是进入深海的通道。深海碳库得益于大洋表层水的"泵"作用：生物泵——海水表层溶解的二氧化碳被浮游生物利用制造成有机质和碳酸钙质的骨骼，生物死亡后沉到海底进入海洋沉积，退出海洋和大气的碳循环；碳酸盐泵——表层海水对碳酸盐过饱和，不断地有碳酸盐矿物晶体形成，在沉入深海的过程中随着压力的升高和温度的降低逐渐溶解，至补偿深度（CCD）碳酸盐全部消失。

（4）陆地生物圈。2000年IPCC发表的报告估计，全球陆地生态系统碳储量约24 770亿t，其中植被4 660亿t，土壤20 110亿t。值得一提的是森林生态系统，作为陆地生态系统中最大的碳储库，森林植被的碳储量约占全球植被的77%，森林土壤的碳储量约占全球土壤的39%，而单位面积的森林储存的碳是农田的20~100倍。

（5）岩石圈。储量最大的岩石圈储库包括大陆碳酸盐岩、海床碳酸盐岩、有机碳油母质及地幔物质，与其他圈层碳交换较少。地幔中有大量的溶解于橄榄岩等熔岩里的碳，"地下海洋"看似波涛不惊，一旦发生大规模的岩浆喷发，蕴藏于地幔中的碳酸盐类将以二氧化碳的形式进入地表的大气与海洋，其所造成温室效应的规模将远超过我们的想象。

（6）碳素的滞留时间。碳元素在储库之间通过物理的、化学的和生物的过程相互交换，保持一种长期的动态平衡。根据公式：滞留时间=总量/速率，我们不难得出碳在各个储库的滞留时间。大储库的周转较之小储库速度要慢得多。

（7）不同时间尺度的碳循环。地球上的碳循环至少有3个层次：生物圈与大气圈间的二氧化碳循环是季度到百年尺度的周期；涉及深海的碳酸盐沉积与溶解，碳循环的时间尺度就长达万年级；而板块运动中岩石圈的碳循环则长达千万年以上。

（8）碳源和碳汇。任何释放碳素的过程谓之"源"，固定碳素的过程称为"汇"。碳源和碳汇都是以大气圈为参照系，以向大气中输入碳或从大气中输出碳为标准来确定。最终决定一个体系是源还是汇的是碳的净收支。因为大气二氧化碳浓度对于人类的影响最为直接，"一万年太久，只争朝夕"，人类最为关心的莫过于短时间尺度上的碳源和碳汇的变化。对于几年到几百年的时间尺度，全球碳循环主要是以二氧化碳的形式在生物圈、海洋和大气圈中进行。植物光合作用吸收大气中的二氧化碳，把碳元素用于生长，从而完成将大气中的二氧化碳固定到陆地生物圈的过程；海洋的透光层中也存在相似的光合和呼吸作用。海洋的非生物物理化学过程也在不断地吸收和释放二氧化碳，大气中的总碳量每年约有 10%的收支，其中一半是与陆地生物群落交换，另一半则通过物理和化学过程穿过海洋表面。陆地、生物圈和海洋含碳量远大于大气中的含碳量，所以，这些大的碳库的很小的变化都可以对大气二氧化碳浓度有很大的影响。人类活动就是通过改变这些"源"和"汇"从而影响碳循环的。

4.1.2　人类活动对碳循环的影响

在过去的几千年中，海洋和陆地生态系统等自然碳源排入大气的大量二氧化碳已通过光合作用和海洋吸收等自然过程的清除作用几乎完全平衡。工业革命以前，大气中的二氧化碳浓度平均值约为 $280×10^{-6}$，变化幅度大约在 $10×10^{-6}$ 以内，平均而言，这一时期的自然碳收支处于很好的平衡态。工业革命之后的几百年里，大气中的二氧化碳浓度增加 31%，1995 年大气中的二氧化碳浓度达到 $360×10^{-6}$。人类活动造成的碳收支失衡不断增长、积累，碳循环的平衡开始被破坏。这种非平衡态导致了大气中多余二氧化碳的累积。

综合来说，人类活动对全球碳循环的影响体现在 3 个方面：一是人为增加碳源；二是人为减少碳汇；三是气候变暖的反馈作用。虽然这种反馈通过自然作用完成，不是人类的直接行为，但是终究气候变暖是人类过度排放温室气体的后果，所以，将其归因于人为因素并不为过。

（1）化石燃料的燃烧。化石燃料的燃烧和工业排放是人为增加的最大碳源。化石燃料的原料大多是数百万年甚至数亿年前埋在地下的有机体，经长期的高热高压作用而以气体、液体或固体的形式贮存于地层中，都是具有高碳量的物质。通过燃烧化石燃料获取能源，人类每年向大气排放约 220 亿 t 的二氧化碳，占人类活动总排放量的 70%～90%。从全球尺度来看，火山排放的二氧化碳还不及人类活动排放量的 1%。况且，火山排放的和动植物呼出的二氧化碳一直以来都是自然碳循环的一部分，已达到了近乎平衡的状态，对大气二氧化碳浓度变化几乎没有影响。事实上，人类透支了岩石圈的驻留碳素，"人类利用化石燃料改变了碳的天然循环，把沉积圈中的还原碳过早地释放到大气中，人为地加快了沉积圈和其他圈层的碳交换"。这无异于打开了潘多拉魔盒，可能造成如同自然岩浆喷发一样的碳循环突变。

（2）土地利用方式的改变。陆地生态系统是最活跃的碳循环因素，具有很大的不确定性。按照生态类型划分，全球的碳有46%贮存在森林，23%贮存在热带及温带草原，其余贮存在耕地、湿地、冻原、高山草地及沙漠半沙漠中。不同的土地利用方式改变了地表植被和土壤的分布，导致二氧化碳释放量与吸收量的变化，即改变了自然碳源和碳汇。

（3）森林生态系统的变化。人类的生存有赖于农业，发展依附于工业。为了进行这两项满足自身需要的活动，人类不断地砍伐森林，在温带和亚热带森林大面积破坏之后，热带森林也开始遭受毁灭。全球森林和海洋是大气二氧化碳的两个最主要的汇。森林面积的减少、树木的砍伐及枯叶腐殖层的破坏使得森林作为大气二氧化碳汇的功能变弱甚至消失。形象地说，森林如同二氧化碳的银行，兼具吸收、贮存、释放二氧化碳的机能。轻易动用银行的外汇储备是十分危险的事情，同样的，森林碳汇也应该具有一定的长期稳定性。现在，人造林的增加部分补偿了原始森林碳汇的消失。但是，森林一般需要上百年的时间才能达到最佳的碳吸收状态。人工造林是亡羊补牢的做法，控制地球天然林的减少才是根本。碳汇是地球上可暂时或长期吸取大气中二氧化碳并以不同形式贮存在吸收体中的碳汇聚物，森林实际上是一个缓冲碳汇，减缓了二氧化碳在大气中的累积速度，延迟了其对气候的影响。其次，农业用地的管理不善和草场对碳的吸收量也不容小觑，它与森林的作用同等重要。处在高寒地区的青藏高原的草地生态系统温度低，碳的吸收量大而排放量小，即碳固定大于碳排放，表现为碳汇，对全球二氧化碳吸收的贡献是很大的。然而，过度放牧、开垦耕地致使草场退化和土地荒漠化，人为地破坏了草地碳汇。

（4）气候变暖的反馈作用。全球变暖导致海平面上升，大气湿度增加，植被带发生迁移。热带雨林和寒温带落叶阔叶林面积的增加引起生物库和土壤库的碳储量增加；沙漠、半沙漠寒温带常绿针叶林和冻原面积的减少使得土壤碳库相应缩减，但其减少量远小于前两者生物库增加的量。

4.1.3　生活中的低碳引导

低碳生活方式是指以生态价值观为指导，在日常生活中主动积极地约束自己的行为，尽量避免使用排放二氧化碳的商品和接受二氧化碳排放的服务，节约自愿、保护环境从而减少碳排放的一种简单、简约、健康的绿色生活行为模式。低碳生活是一种态度而非一种能力，尊重自然、崇尚简朴、追求本真，把生态责任、消费责任对后代环境责任内化为一种道德，从生活中的衣食住行做起来约束自己的行为，让低碳生活就在我们的身边。生活中的低碳引导可以从以下几方面着手：

（1）树立低碳意识。通过政府倡导、广泛宣传，要让每一位公民对低碳生活都有正确的理解和认识，让人们在点滴中认识到低碳生活是一种资源节约型、环境友好型生活方式，是一种文明、健康的生活方式，是一种实现人与社会、人与环境可持续发展的生活方式，更是一种保护环境、节约自愿、为后代负责的责任和义务，自觉抵制"过度性消费""炫耀性消费""一次性消费""便捷消费"等生活习惯的培养，坚决抵制浪费行为。

（2）引导低碳消费。提高消费者的意识，通过宣传和引导，让消费者了解文明消费、低碳消费的内涵，树立绿色消费意识，让绿色消费成为一种习惯，一种自觉；要倡导绿色购买、绿色处理，积极引导规范人们的消费行为，发展绿色产品市场，将绿色产品作为消费产品的主要构成部分，鼓励消费者绿色购买，拒绝一次性消费和白色污染，实施绿色处理，对消费的废弃物要进行循环利用与绿色处理，拒绝传统的"抛弃式"的简单处理，提升消费的文明程度，实现人与自然的和谐统一。

（3）推广绿色产品。依据低碳生活"低能耗""低污染""低排放"的原则，大力支持低碳技术产品的研发、推广建筑节能产品、燃煤燃气产品、绿色照明产品、节水产品和技能产品的使用，如节能灯、太阳能热水器、公交车代替私家车等。大力开展低碳技术的研究，在包括工业、建筑、交通、能源各方面践行节能技术、发展核电、可再生能源和天然气，以及清洁高效的煤发电等一系列措施，促进低碳生活在实际层面具有可操作性。

（4）营造低碳氛围。低碳并不是仅仅依靠某个人的努力坚持就可以完成的，低碳生活需要全社会人共同响应，才能达到保护环境的最终目的。因此，社会各界应该积极宣传低碳理念，建设低碳城市、低碳社区和低碳基础设施，从根本上提升居民低碳生活社会大环境，让身边每一个人都感受到低碳环保的生活，从身边的每一件小事做起，从一个个坏习惯的改变、一个个好习惯的养成开始，营造良好的低碳氛围。

4.2 低碳餐饮引导策略

食物在生产过程中会产生大量的二氧化碳，食物种类不同，生产它们产生的碳排放量也不同。另外，食物在运输、包装、储存、烹饪等各个环节都会排放二氧化碳。有资料显示：一个成年人平均每年大概要吃掉 88 kg 肉，相当于排放 3 212 kg 二氧化碳；113 kg 鸡蛋，相当于排放 678 kg 二氧化碳；270 kg 奶制品，相当于排放 253.8 kg 二氧化碳；90 kg 面粉和谷物，相当于排放 72 kg 二氧化碳；以及 320 kg 水果和蔬菜，相当于排放 1 312 kg 二氧化碳；把这些食物加到一起，一个成年人一年要吃掉近 881 kg 食物，大约排放 5 527.8 kg 二氧化碳。目前，全球人口已突破 65 亿。如果按照 5 000 亿 t 二氧化碳可让地球升温 1℃ 计算，大约不到 14 年就可使全球升温 1℃。因此，低碳餐饮的引导和推广势在必行。

4.2.1 选择本地食品

居民食用的食物中，很大部分并不来自于本地，而是通过不同的方式从外地运输来的。运输方式因使用火车、汽车、飞机等的不同而产生不同的二氧化碳排放量，相同里程的飞机所排放的二氧化碳是汽车运输的 3 倍左右。因此，居民应尽量选择本地生产的食品，少买从国外或地区外空运的食品，以减少食品运输中排放的二氧化碳。有条件的话，可以选择自己种植水果和蔬菜。例如，生产 1 kg 本地水果相应排放的二氧化碳为 0.7 kg 左右，而如果选择来自热带的水果则会排放 3.3 kg 左右二氧化碳，相当于本地水果碳排放量的 4～5 倍。

4.2.2 减少肉类消费，多吃水果和蔬菜

食物种类不同，生产它们产生的碳排放量也不同。饲养的动物经常食用植物，由于植物养料转化为动物身体组织的过程中有能量的损失，因此生产动物食品往往比生产植物食品消耗更多的能量、排放更多的二氧化碳。而在肉类食物中，以生产牛肉、羊肉所排放的二氧化碳最多，其次是猪肉和鱼肉，而水果和蔬菜都在二氧化碳排放量最少的食物之列，并且其生长周期相比肉类来说短很多。一个人如果一周

内少吃 1 kg 猪肉，转而食用蔬菜，将减少 0.7 kg 二氧化碳排放，一年减少的二氧化碳排放量将达到 36.4 kg。此外，水果可以直接食用，而蔬菜相对于肉类来说，烹饪方式简单、烹饪时间较短，也因此减少了一部分二氧化碳排放。

4.2.3 选择当季水果和蔬菜

反季节水果和蔬菜一部分在温室中种植，另一部分从其他地区引进。温室种植往往需要消耗更多的能源，会排放大量的二氧化碳，从其他地区引进则会在运输过程中产生碳排放。例如，生产 1 kg 当季蔬菜只排放 0.7 kg 左右的二氧化碳，而生产 1 kg 温室蔬菜的二氧化碳排放量约为 6.6 kg，大大超过了当季蔬菜。此外，反季节食品价格贵，营养价值相对较低，生产过程中使用的农药、化肥和生长素相对较多，对健康危害较大。可见，购买当季水果和蔬菜不仅原汁原味，减少许多不必要的食品安全担忧，而且能减少生产过程中的碳排放。

4.2.4 选择简单包装的食物

在超市中购买的食品绝大多数都有外包装，包装材料包括塑料、纸、铝制品等。在这些包装材料中，铝制材料是生产过程中排放二氧化碳最多的，每生产 1 kg 铝材料需要排放 24.7 kg 二氧化碳。每生产一个塑料袋也会排放 0.1 g 二氧化碳，虽然生产单个塑料袋的碳排放量很小，但塑料袋使用量极大，积少成多，总的排放量也不可小看。因此，选择简单包装的食品，拒绝铝制品包装的饮料，如易拉罐的可乐、啤酒等，可以显著减少碳排放。

4.2.5 学习低碳烹饪

（1）选择简单的烹饪方式。烹饪食物使用的能源种类不同，其排放的二氧化碳量也有所不同。使用 1 度电（火力发电）烹饪食物要排放约 1 kg 二氧化碳，但如果改用天然气，获得相同的热量却能减少 0.8 kg 的二氧化碳排放。烹饪方式有蒸、煲、炒、煎、凉拌等，其中煲汤、煮粥等都要花费几个小时，相当费电。而凉拌食品不仅爽脆可口，准备时间短，操作简单，而且几乎不消耗烹饪能源。因此，在每次用餐时，如果已经有了其他方式烹饪的菜，可以多准备几个凉菜，既可以品尝不同的味道，又可以减少能源的浪费，还减少了二氧化碳排放量。另外，由于烧烤的碳排放量比其他烹饪方式高出许多，烧烤一次排放要 4 kg 左右的二氧化碳，因此应尽量减少烧烤次数。实在不能避免，则应尽量拼桌和结伴烧烤，以减少人均消耗。

（2）选择低碳烹饪用具。一是优先选用微波炉，微波炉的能源利用率普遍高于一般电饭煲，使用 900 W 的电饭煲烹饪食品 20 min，要排放 0.3 kg 二氧化碳，而使用 700 W 的微波炉仅需 7 min 左右，二氧化碳排放量少于 0.1 kg。二是选用节能电饭煲。如果偏好使用电饭煲煮饭，则可选择节能电饭煲。对同等重量的食品进行加热，节能电饭煲比普通电饭煲省电约 20%，每台每年省电约 9 度，相应减排二氧化碳约 9 kg。

（3）养成低碳的烹饪习惯。做饭时应先将食物放在锅上再点火，避免烧空灶，浪费燃气；煮饭时，提前淘米并浸泡 10 min 左右，然后再用电饭煲煮，可大大缩短烹饪时间，每户每年可因此减排二氧化碳达到 4.3 kg；用电饭煲煮好后应及时拔掉电源，利用余热来加热米饭；不要使用电饭煲烧水，同样功率的电饭煲和电水壶烧一瓶开水，电水壶仅需要 5～6 min，而电饭煲却需要 20 min 左右，白白浪费能源；用微波炉加热食品时，在碗外面套上专用的保鲜膜，可以缩短加热时间，达到省电效果，而且食物水分不会散失，味道更加鲜美；烹饪食物多用中火，而不是大火，可节省燃气；保持厨房良好的通风环境，防止燃气燃烧缺少充足的氧气，增加耗气量；合理安排抽油烟机的使用时间，避免空转耗能。如果每台抽油烟机每天少空转 10 min，一年可减少二氧化碳排放 11.7 kg。

（4）养成良好的饮食习惯。现代社会，工作与生活节奏加快，人们感受到各方面压力增大，因此许多人将精神寄托于烟酒，甚至发展到烟酒不离身，不但损害身体健康，还造成对气候的破坏。多喝一瓶啤酒将增加 0.2 kg 二氧化碳排放，多喝一两白酒将增加 0.1 kg 二氧化碳排放，而每天多抽一支烟，每人每年将因此增加二氧化碳排放约 0.4 kg。因此要少抽烟或不抽烟，如果我国的烟民都能每天少抽一支烟，那么每年可减排二氧化碳 13 万 t；适量饮酒，忌盲目劝酒和嗜酒，提倡健康酒文化，既减少碳排放，又有益健康。另外，要减少一次性餐具的使用。许多发达国家已经不主张使用一次性餐具，因为它消耗的资源十分惊人，例如一次性木筷子的使用就消耗了大量的林业资源。据测算，每加工 5 000 双木制一次性筷子要消耗一棵生长 30 年的杨树，我国每天生产的一次性木制筷子要消耗森林 100 多亩，一年下来总计 3.6 万亩。如果减少 10% 的一次性筷子使用量，那么相当于每年可减少二氧化碳排放约 10.3 万 t。用泡沫塑料制成的一次性餐盒也曾到处泛滥，被称为"白色污染"，虽然政府已在大力推广可降解餐盒，但生产这种餐盒仍要耗费一定的资源。因此，民众可养成随身常备筷子、勺子，上班族、学生自备饭盒的习惯，尽量避免使用一次性餐具。

（5）杜绝浪费食物的现象。每浪费 0.5 kg 粮食（以水稻为例），将增加二氧化碳排放量约 0.5 kg。而浪费畜产品要比浪费粮食造成更多的二氧化碳排放，例如，每浪费 0.5 kg 的猪肉，将增加二氧化碳排放量 0.7 kg。这些被浪费的食物在掩埋后，有可能继续排放大量的二氧化碳和甲烷等温室气体。浪费水的行为，同样会带来不必要的二氧化碳排放。每浪费 1 kg 自来水，将增加约 50 g 二氧化碳排放。如果被浪费的是开水，又将额外增加约 35 g 二氧化碳排放。而这些被浪费的水往往最后混入了生活污水，又增加了污水处理环节的二氧化碳排放量。因此，要适量烹饪和选购食物，按照实际情况确定食物的数量，减少剩饭剩菜。外出就餐时，应根据人员情况点菜，做到适可而止。用餐结束后，将吃不完的饭菜打包回家，避免食物浪费。适量烧开水，第二天没用完的开水用来煮饭或者洗漱。每天节约 1 kg 开水，每户家庭每年可减排约 31 kg 二氧化碳。

（6）节约厨房用水。厨房废水的处理过程会耗费大量的能源，导致二氧化碳的排放。因此，节约厨房用水可有效减少二氧化碳排放。一是将水果和蔬菜放在盆里洗，用盆接水洗菜代替直接冲洗，每户家庭每年可以节约用水 1.6 t，相应减排二氧化碳约 0.7 kg。二是控制水龙头流量，改洗菜时不间断冲洗的方式为间断冲洗方式。有条件的家庭可以用感应水龙头替换普通水龙头。使用感应水龙头比普通水龙头节水 30% 左右，每户每年可因此减少二氧化碳排放 24.8 kg。三是淘米水可用来洗碗，去污能力强，也可以用来浸泡干菜。四是清洗蔬菜时，按照肮脏程度安排清洗顺序。例如先洗有根有皮的蔬菜，再洗叶类蔬菜，最后洗茎类蔬菜。五是用陈玉米面洗碗，不伤手，而且容易去油，既可以减少洗涤剂用量，又可以节约用水。六是炊具、餐具上的油污，先用纸擦出，再用水洗涤，可减少洗涤用水量。

4.3 低碳服饰引导策略

由于原料生产、成衣加工等都需要消耗能源，因此衣物服饰在生产环节中造成二氧化碳排放。进入消费环节后，日常生活中与衣物有关的碳排放主要源于衣物的清洗和干燥，一件衣服从被买回来到被丢弃，共排放约 4 kg 二氧化碳，其中 60% 发生在洗衣与烘衣过程中。服饰的碳链如图 4-2 所示，包括服饰生命周期全过程的碳排放集中在：原材料种植的碳释放，纺织纤维、面料生产和服饰加工的碳释放；服饰使用中洗涤、熨烫的碳释放，服饰运输过程的碳释放，以及服饰废弃后回收处理的碳释放几个阶段。因此，从企业角度，应该减少服饰生产过程的碳释放量；从消费者角度，应该减少服饰购买、使用中的碳释放量；从环境保护角度，应该减少服饰废弃后回收处理的碳释放。这样才能实现服饰生命周期全过程的低碳生产和低碳消费。

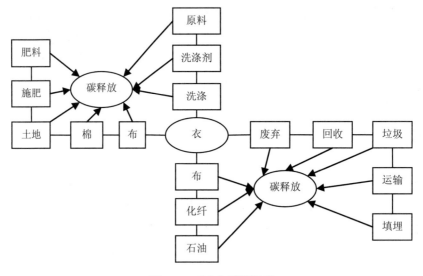

图 4-2 "衣"碳链示意

（1）少买不必要的衣服。服装在生产、加工和运输过程中，要消耗大量的能耗，同时产生废气、废水等污染物。研究证明，服装在生产使用过程中产生的碳排放不容小觑。在保证生活需要的前提下，每人每年少买一件不必要的衣服，可节能约 2.5 kg 标准煤，相应减排二氧化碳 6.4 kg。如果全国每年有 2 500 万人做到这一点，就可以节能约 6.25 万 t 标准煤，减排二氧化碳 16 万 t。因此，要树立正确的生活观念，合理消费，不跟风，不攀比，可多购买一些经典款式的服装，这样就不必为赶潮流而不断购买新衣。

（2）棉、麻衣物最低碳。衣服不可以不穿，但在面料选择或者使用方法上稍加改变也是可以帮助减排的，因为不同面料的衣服，碳排放量不同。一般来说，化纤类面料是利用石油等原料人工合成的，需要耗费大量的能源和水。化纤面料不易降解，服装废弃后，要经过专门处理，消耗更多的能量，再一次加大了碳排放量。动物皮革制成的衣服也不环保，皮革在加工过程中要耗用大量的能源和水，并产生相当数量的肥料；经过鞣质后的皮革也不能被降解，对环境有害。棉、麻等天然纤维最为低碳，棉、麻织物在生长时就已利用光合作用吸收二氧化碳，棉、麻面料在制作过程中消耗的能源与水也比化纤、动物皮草少很多，而且穿着柔软、透气、不刺激皮肤，绝对是环保的首选。棉和麻之间，又以麻布料更为环保。澳大利亚墨尔本大学的研究表明，麻布料对环境的影响比棉布少 50%。因此，多选棉、麻和丝绸为面料的衣服，不仅环保、时尚，而且优雅、耐穿。

（3）少穿羊绒衫。羊绒衫一般都是由从山羊上取下的细小绒毛织成的。羊绒的产量很低，被人们称为软黄金，4 只山羊产的绒才能编织出一件羊绒衫。一只山羊对草场的破坏力相当于 20 只绵羊，而草场是我们生存环境的天然保护者，因为植物的生存是靠吸收二氧化碳生成营养物质来维系的。所以，少穿羊绒衫，就等于保护我们的地球。

（4）旧衣改造。一件衣物从生产到运输，再到销售，会消耗许多能量。国外有机构做过调查，一件约 400 g 的 100%涤纶裤子在经过辗转各国的原料采集、生产制作、销售，直到在消费者手中的多次洗涤、烘干、熨烫，其全部耗电量约为 200 度，如果电能由煤提供，就会排放出约 47 kg 的二氧化碳，相当于裤子本身重量的 117 倍。因此，应多穿旧衣，加强旧物利用。而这其中，旧衣翻新不失为一种很好的方式，既可以避免衣物的丢弃和限制，又可以增加衣物的利用率，从而减少碳排放。例如，可以将旧衣物修修改改，增添个性化元素，变身为时尚新潮服装；还可以将旧衣服改造成使用小物件，像沙发坐垫、靠垫、围裙、护膝、零钱袋、化妆包、环保袋等；穿旧的内衣用开水煮过、剪开，还能给婴儿当尿布，既经济又好用，实现旧衣循环再利用。

（5）小件衣物用手洗。随着人们物质生活水平的提高，洗衣机已经走进千家万户。虽然洗衣机给生活带来很大的帮助，但只有两三件衣物就用机洗，会造成水和电的浪费。如果每月一次以手洗代替机洗，每台洗衣机每年可节约 1.4 kg 标准煤，相应减排二氧化碳 3.6 kg。如果全国有 1 亿台洗衣机做到每月少用一次，那么每年可节能 14 万 t 标准煤，减排二氧化碳 36 万 t。

（6）少用洗衣粉。洗衣粉是生活必需品，每年消耗的洗衣粉约占洗涤用品的一半以上。在我国，生产洗衣粉主要采用高塔喷粉的生产工艺，这种工艺能耗较高，因此，除了改进工艺以外，合理使用洗衣粉也可以节能减排。比如，少用 1 kg 洗衣粉，可节能约 0.28 kg 标准煤，相当于减排二氧化碳 0.72 kg。如果全国有 1 亿个家庭平均每年少用 1 kg 洗衣粉，1 年可节能约 2.8 万 t 标准煤，减排二氧化碳 2 万 t。另外，购买洗衣粉时，应尽量选择无磷洗衣粉，减少对环境的污染，间接减少了碳排放。

（7）机洗注意节水节电。使用洗衣机清洗衣物时，选择一些节水节电的小窍门，可以减少碳排放。一是选择节能洗衣机。节能洗衣机比普通洗衣机节电 50%、节水 60%，每使用一次平均减排 0.15 kg 二氧化碳。二是先用少量水加洗衣粉将衣物充分浸泡一段时间，再手洗去除比较严重的污渍，最后用机洗，能够减少更多碳排放。三是选择合理的洗衣模式。同样长的洗涤时间，"轻柔"模式比"标准"模式叶轮转向次数多，电机会增加反复启动的次数，因此"轻柔"模式更费电。四是洗衣后脱水 2 min 即可。洗衣机在转速为 1 680 r/min 的情况下脱水 1 min，衣物的脱水率就可达 55%，延长脱水时间对提高脱水率作用很小。五是漂洗用水再利用。漂洗后的水可以作为下次洗衣的洗涤用水，或用来擦地、冲厕所等。

（8）洗衣自然晾干。研究表明，一件衣服 76% 的碳排放来自使用中的洗涤、烘干等环节，如果采用自然晾干的方式，可以减少 60% 左右的碳排放。因此，衣服洗净后，挂在晾衣绳上自然晾干，不要放进烘干机里。

（9）使用电熨斗注意节电。首先是合理选择电熨斗。选择功率为 500 W 或 700 W，并且可以自动断电的调温电熨斗，不仅节约电能，还能保证熨烫衣服的质量。其次是分时熨烫衣物。在通电初始阶段先熨耐温较低的衣物，待温度升高后再熨耐温较高的，断电后用余热再熨一部分耐温较低的衣物。

4.4　低碳人居引导策略

人居环境是人类生存活动密切相关的地表空间，也是一个多层次的空间系统，是人类赖以生存和发展的物质基础、生产资料和劳动对象。人居环境质量的优劣不仅直接关系到人类身心健康，也是衡量居民生活质量高低、社会进步与文化发展的重要标志。我国城乡居民生活逐渐从温饱型向舒适型转变，对居住面积、住宅室内环境、舒适度等的要求逐渐提高。而建筑材料、装修材料等在生产、运输过程中会造成大量碳排放，另外室内取暖制冷、使用家用电器等也会排放大量二氧化碳。因此，树立良好的居住理念，养成良好的低碳生活习惯是非常重要的。

4.4.1　与居住有关的碳排放

（1）生产住宅建筑材料。建造住宅的主要建筑材料包括钢材、水泥、木材、砌体、中粗砂和商品砼等，将生产这些材料的碳排放量综合起来，每生产建造 1 m² 的住宅所消耗的建筑材料需要排放 330～370 kg 的二氧化碳，其中，钢材消耗产生的碳排放量为 64.2～142.8 kg（因住宅结构和楼层高度而异），水泥消耗产生的碳排放量为 99.2～118.0 kg，木材及其他建材消耗产生的碳排放量为 127.4～167.4 kg。而且，高层住宅（9～14 层，建筑面积为 6 000～10 000 m²）单位面积消耗建材的碳排放量最少，而超高层住宅（15 层以上，建筑面积 10 000 m² 以上）单位面积消耗建材的碳排放量最多，大约为高层住宅的 112%（表 4-1）。

表 4-1　建造 1 m² 不同类型住宅主要建材消耗所产生的碳排放量

类型	层数	建筑面积/m²	碳排放量/kg
低层及多层住宅	6 层以下	<3 000	349.6
小高层住宅	7～8 层	3 000～6 000	340.2
高层住宅	9～14 层	6 000～10 000	329.7
超高层住宅	15 层以上	>10 000	369.4

（2）生产住宅装修材料的碳排放。装修住宅的材料多种多样，但主要包括地面用砖、顶棚用板、包门材料、壁纸、地板用材、贴墙材料、涂料等，将生产这些材料的碳排放量综合起来，每装修 1 m² 的住宅需要排放 420～1 600 kg 二氧化碳（因装修材料不同而差异较大）。按全国城镇住宅面积 10.79 亿 m² 计算，仅家庭装修一项带来的碳排放量就接近 17.31 亿 t。

（3）住宅取暖制冷的碳排放。目前，夏季住宅制冷主要通过空调实现。如果使用空调为 100 m² 的住宅制冷，那么夏季 3 个月（6—8 月）将因此排放约 4 400 kg 二氧化碳。由于我国南方地区冬季（12 月—来年 2 月）的住宅取暖也主要通过空调实现，因此对应的二氧化碳排放量与此相当。另外，我国北方城市的冬季住宅取暖主要通过集中供热系统结合空调实现。以 100 m² 的住宅为例，冬季 4 个月取暖排放的二氧化碳为 7 000～8 000 kg。按全国城镇住宅面积 10.79 亿 m² 计算，仅取暖制冷一项带来的每年二氧化碳排放量就超过 7 000 万 t。

（4）使用家用电器的碳排放。家用电器种类繁多，但终归要依靠电力运转，而每使用 1 度电（火力发电），排放的二氧化碳约为 1 kg。资料显示，2010 年全年全社会居民生活用电量为 5 125 亿 kW·h，对应一年二氧化碳排放量超过 4.2 亿 t，按照人口总数 13.41 亿（2010 年年底数据）计算，则每人每年用电排放的二氧化碳大约为 310 kg。

4.4.2 低碳人居引导策略

（1）减少人居资源浪费。现阶段，许多机关、企业、学校、宾馆、医院等场所的节能意识不够强，能源资源浪费现象还比较常见。消费市场中，讲排场、慕虚荣、图方便，"一次性消费""便利消费""面子消费"等现象大量存在。应在政府和民众中树立绿色人居观念，从建设上减少资源浪费，严格控制新建房屋数量；从装饰上杜绝铺张和攀比，严格把关房屋内部质量。

（2）选择面积适宜的住宅。住宅面积越大，建筑材料和装修材料的使用量越大，取暖制冷的能耗也越大，二氧化碳排放量随之增长。因此，选择面积适宜的住宅，具有明显的二氧化碳减排效果。同时，超高层住宅单位面积消耗建材的碳排放大约是高层住宅的 112%，因此，根据需要合理选择非超高层住宅也有助于减少建材消耗带来的碳排放。

（3）选择节能砖建造住宅。如果地面用砖为实心砌体，则 100 m² 住宅地面用砖对应排放的二氧化碳约 5 460 kg。而选择空心节能砖，不仅可以起到更好的保暖作用，还可以降低二氧化碳排放量。例如，使用节能砖建造 1 座农村住宅，可减排二氧化碳 14.8 t。

（4）装修风格简约大方。近几年来，简约的设计风格渐渐成为家庭装修中的主导风格，而简约的风格恰恰就是家装节能中最为合理的关键因素。当然，简约并不等于简单，只要设计考虑周全，简约的风格是很适宜现代装修，特别是年轻人的装修来使用，而且这样的设计风格能最大限度地减少家庭装修当中的材料浪费问题。通透的设计也慢慢被越来越多的业主所接受，而这样的设计在保持通风和空气流通的同时，也很大程度上减少了能源浪费。

（5）色彩回归环保自然。以前的家总是千篇一律的白色，随着化工产业的发展，家具的颜色越来越多。其实色彩的运用也是关系到节能的，过多使用大红、绿色、紫色等深色系也会浪费能源。特别是高温时节，由于深色的涂料比较吸热，大面积设计使用在家庭装修墙面中，白天吸收大量的热能，晚上使用空调会增加居室的能量消耗。

（6）绿色建材铸就低碳生活。在装修过程中，其实可以更多在一些不注重牢度的"地带"使用类似轻钢龙骨、石膏板等轻质隔墙材料，尽量少用黏土实心砖、射灯、铝合金门窗等。而在一些设计上也可以考虑放弃，比如绝大多数家庭只是偶尔使用的射灯和灯带，其实是造价不菲的设计，很可能成为一大浪费。可以通过材质对比、色彩搭配等各种手段，替代射灯和灯带。

（7）减少装修铝材使用量。铝的生产企业是耗能大户，也是排碳大户。每使用 1 kg 装修用铝材，对应排放二氧化碳约 24.7 kg。如果包门材料使用铝材，装修 1 m^2 住宅的二氧化碳排放量将高达 1 600 kg，但如果改用其他材料，排放量可最低降至 420 kg。

（8）减少装修木材使用量。木材是住宅装修中使用量较大的建材，这不但使得大量木材原有的固碳功能丧失，还在其生产、运输过程中额外增加了二氧化碳排放。综合起来，少使用 0.1 m^3 木材，可相应减排二氧化碳 64.3 kg。

（9）充分利用可循环材料。在家居装修中，在选择木材、棉花、金属、塑料、玻璃、藤条时，要尽可能地使用可循环利用的材料，合理利用废旧物品对于营造"低碳"的生活环境同样意义重大。比如，将喝过的茶叶晒干做枕头芯，不仅舒适，还能帮助改善睡眠；用废纸壳做烟灰缸，随用随扔，省事且方便。这些毫不起眼的废物经过精心的 DIY，都可以变废为宝，让自己的家变得更环保、更温馨，又充满实现创意的欢乐。

（10）合理使用空调。通过改变衣着适应冬季和夏季的温度环境，来适当减少使用空调的时间。这样一来，既降低了家庭能耗，又减少了二氧化碳的排放。在无人在家的情况下，将空调、电暖气等高耗能电器关闭，或者在出门前提前几分钟关闭空调，都可以起到碳减排的作用。目前，国家提倡夏季室温不低于 26℃。如果在此基础上再调高 1℃，全国每年将减少二氧化碳排放约 317 万 t。选用节能空调，保守估计每个家庭每年可以减少二氧化碳排放 23 kg。

（11）合理采暖。无论是采用空调采暖、集中供热取暖，还是电暖器取暖，都因为能源消耗较大而不可避免地产生较多的二氧化碳排放。在提倡调整供暖时间、强度以及采取分室供暖等措施的同时，采用新能源（太阳能、地热能等）取暖也是新型的低碳取暖方式。如果我国农村每年有 10%的新建房屋使用被动式太阳能供暖，全国可以减少二氧化碳排放大约 310 万 t。另外，进行家庭装修时，在门腔、吊顶和地板内适量填充玻璃棉或矿棉等防火保温材料，可以提高住宅的保温性能，减少取暖所需的能耗和造成的碳排放。

（12）家庭节约用电。家庭节约用电的方法多种多样，在细节处经常会有新的发现。采用节能代替白炽灯、随手关灯、尽量利用自然采光等方法已不稀奇，关键还是要在日常生活中养成这种节约用电的习惯。如果我国每个家庭都能做到随手关灯，那么每年可减少排放二氧化碳约 188 万 t。

4.5　低碳出行引导策略

日常出行产生的碳排放，主要来自于交通工具的使用，特别是含碳化石燃料燃烧产生的碳排放，如汽油、柴油、液化石油气、液化天然气等。每升液化石油气和液化天然气燃烧产生的碳排放量分别为 3.3 kg 和 2.3 kg。

4.5.1　与出行有关的碳排放

（1）乘坐公共汽车的碳排放。公共汽车是城市居民出行的主要代步工具。资料显示，北京公交车的平均耗油量为 4 km/L，平均每辆车 30 人。如果每天上下班都乘坐公共汽车，以每天上下班乘坐公交车的历程为 30 km 估算，那么每人每天因此产生约 0.6 kg 二氧化碳排放。

（2）乘坐地铁的碳排放。随着城市的发展和人口的增长，地铁在人们出行中担任着越来越重要的角色。现阶段，一些沿海发达城市基本已普及地铁，而内陆部分城市也在紧锣密鼓的建设中，总之，地铁已成为市民不可或缺的公共交通选择方案之一。如果每天上下班都乘坐地铁，假设地铁每节车厢平均有 100 人，则每人每站将消耗 0.125 度电。以每人每天乘坐地铁上下班总共 18 站估算，那么每人每天因此产生约 2.3 kg 二氧化碳排放。

（3）乘坐轿车的碳排放。随着经济的快速发展，私人轿车已经逐渐进入寻常百姓家，尤其是我国部分超大城市，轿车保有量一直在持续增加。北京市交管局资料显示，截至 2008 年年底，北京市机动车保有量超过 476 万余辆，其中大约有 370 万辆为私人汽车。如果每天上下班都乘坐轿车（包括出租车和私家车），以每天上下班驾驶汽车或乘坐出租车的里程为 30 km 计算，平均油耗为 12 km/L，那么每人每天因此产生约 5.9 kg 二氧化碳排放。

（4）骑摩托车的碳排放。我国部分城市，尤其是南方山区城市，摩托车也是人们出行的重要代步工具。如果每天上下班都骑摩托车，同样来回 30 km 的路程，以平均油耗为 40 km/L 估算，那么每人每天因此产生约 1.8 kg 二氧化碳排放。

4.5.2　低碳出行引导策略

（1）尽量选择步行或骑自行车。步行和骑自行车的出行方式不需要消耗化石能源，是真正的低碳出行方式。在路途不是很远的情况下，尽量选择这两种出行方式，可明显减少燃油交通工具的碳排放。有资料显示，如果有 1/3 的人用骑自行车替代开车出行，那么每年将节省汽油消耗约 1 280 万 t，相当于一家超大型石化公司全年的汽油产量。

（2）多乘公交车。各种交通工具产生的二氧化碳占温室气体排放量的30%以上。减少此类排放量的最好办法之一是乘坐公交车。这是因为，无论从人均消耗能源数量来看，还是就人均排放二氧化碳的量而言，乘坐公交车都要比私家车更环保。在市区同样运送 100 名乘客，使用公共汽车与使用小轿车都可完成任务，但是前者的道路占用长度仅为后者的 1/10，油耗约为后者的 1/6，排放的有害气体更可低至后者的 1/16。

（3）远路多乘轨道交通工具。乘坐交通工具，路越远，能源消耗也越大。选择能源消耗小的公共交通工具，等于减少了碳排放。有人计算，如果要去 8 km 外的地方，乘坐轨道交通工具可以比乘汽车减少 1 700 g 的二氧化碳排放量。开车出门的朋友，每千米就大约会排放 0.22 kg 的二氧化碳。因此在出门时，我们可以优先乘坐轨道交通工具，如果迫不得已要开车前往，可以提前做好出行计划。

（4）选择低碳汽车。汽车的碳排放主要来自燃料的消耗，因此，选择低碳燃料可以显著降低碳排放量。例如，选择电动汽车，直接碳排放量可降为零；选择混合动力汽车，每年也可减排二氧化碳 830 kg。另外，除了燃料的燃烧，汽车的大小、外形、内饰等也会影响碳排放量的多少。一般来说，家用中小型汽车比运动型汽车和跑车都省油，大型 SUV 汽车和豪华汽车的二氧化碳排放量则比其要高出一倍以上；在外形上，选择造型圆润流畅的车型，车身风阻系数小，油耗会显著下降；选择较浅的车身颜色和内装饰颜色，可以减少车内热量的吸收，降低空调负荷，从而降低油耗和二氧化碳排放量。而在挡位选择上，手动挡汽车比自动挡汽车更省油。自动挡汽车装备有自动控制装置，行车中可根据车速自动调挡，无须人工操作，省去了许多换挡和踩踏离合的工作。不过，自动挡汽车的价格和维修费用都比手动挡的高，且使用起来比手动挡的费油。因为自动变速器的动力传递是通过液压来完成的，在工作中会造成动力损失，尤其是低速行驶或堵车中走走停停时，油耗会更大。据测算，手动挡汽车比自动挡汽车省油 6%～10%。

（5）养成低碳驾车习惯。由于各种车辆的耗油量不相同，因此碳排放量也会有差异。但即使是同一辆车，也会因为司机驾驶习惯的不同，导致耗油量和碳排放量不同。开车族如果做到以下几点，将会让驾驶变得更加"绿色"。一是避免冷车启动和突然加速。驾车时匀速行驶，避免急踩刹车和猛踩油门等，都可以减少油耗，降低碳排放。二是减少怠速时间，避免过分使用空调。汽车怠速空转、空调过分使用都会增加油耗和碳排放。交通堵塞时，停车即熄火，可减排约 40 g 二氧化碳；夏天刚上车时先开窗让车内热空气散去，再关窗开启空调，并尽可能将车停放在阴凉处。三是选择合适的车速与挡位。市区行驶时速 40～50 km、高速公路行驶时速 90 km 最省油（高速行驶时，90 km 时速较 110 km 时速省油 20% 左右）。上下坡时应考虑汽车的负重和路面的斜度，避免一次耗油过多。下坡时选择低速挡辅以制动，可以减低对制动的损耗。四是高速行驶时不要开窗。高速行驶时关上车窗，可以减少风阻，节省汽油。五是避免车辆超载。超过汽车额定载重量，每增加 1 kg 的负荷，每千米将增加 0.01 L 的油耗。

（6）注意保养汽车。车辆在行驶到一定时间或历程后，应到修理厂进行保养，这样可使车辆的各项性能更有保障，从而节省修理费用，降低汽车油耗。在保养中，及时更换"三滤"很重要。"三滤"即空气滤清器、汽油滤清器和机油滤清器。空气滤清器一般每行驶 5 000～25 000 km 就需要更换。汽车长期行驶很容易造成空气滤芯的堵塞，使发动机进气不畅，影响汽油和空气的混合燃烧，导致汽油燃烧不充分，降低燃油效率。除定期更换外，最好一个月自行清洁一次空气滤芯。为确保机油的清洁，发动机润滑系统中装有机油滤清器。许多轿车装有旋转式机油滤清器，当更换润滑油时也必须将这种一次性的滤清器更换掉。在机油回油管内安装超长寿命吸附式机油滤清器，能有效延长发动机的使用寿命，节约机油和燃油。汽油滤清器可将汽油内的杂质过滤掉，目前多数发动机上安装的是一次性滤清器，更换周期一般为 1 万 km。

（7）尽可能为爱车"减负"。许多人会不经意地往汽车后备箱里放矿泉水、衣物以及其他杂物，不仅加重了汽车的负担，耗油量也相应增加。要想减轻负荷，一是要经常清理后备箱的物品，车内脚垫最好采用化纤、棉毛等制品，不要用沉重的地胶。一套地胶重 10～15 kg，增加的油耗是显而易见的。二是如果在市内行驶，路况尚好，可以把备用轮胎卸下，一个备胎几十千克重，没必要每天载着，可在后备箱存一些工具以防万一。三是汽车底盘的泥土不要久留，经常清理，以最大限度地减少自重。

（8）提倡顺风车。顺风车，也称为拼车，是指私家车上下班途中在不影响自己行进方向的情况下，顺路捎带他人到达目的地。一般来说，顺风车不以盈利为目的，只收取少量成本。拼车出行可有效减少机动车使用，节省燃油，减少废弃排放。

（9）每周少开一天车。全国许多城市设置了无车日。每到这一天，那里的交通状况都会大大改善，就连空气也都会比平日清新了许多。假如每个有车族每周少开一天车，每次节约 3～4 L 油，每辆车每年可节油约 190 L，相应减排约 430 kg 二氧化碳。

4.6 低碳购物引导策略

低碳，是生活方式，更是生活态度。低碳购物，作为低碳生活的重要组成部分，成为了当下时髦的行为方式。其实，购物也可以是一件环保的事，选择低碳的出行方式、到绿色商场购物、选购环保产品等。

（1）合理安排开车购物。去超市购物时，开车也是一项大的二氧化碳排放来源。在某些大城市，平均每个家庭每年要行驶 600 km 去超市购物，而每辆车每行驶 1 km 要排放约 0.18 kg 二氧化碳。因此，开车外出购物前，预先制订购物计划，尽可能一次购足，并提前安排好行车路线，既能减少行车次数，又能减少不必要的行车里程，从而减少碳排放。上班族还可以选择在下班回家途中购物，不仅省时，还减少了专门外出购物可能带来的二氧化碳排放。

（2）选购低碳商品。购买本地产品，能减少外地产品，特别是从国外空运或海运的产品在运输过程中产生的大量二氧化碳排放。购物时考虑产品使用过程中的二氧化碳排放情况，如在选购电子产品时，尽量选择功率小的产品或者节能产品。减少使用塑料制品，就能减少塑料的生产，也就能减少废气的排放。尽管少生产 1 个塑料袋只能节约 0.04 g 标准煤，相应减排二氧化碳 0.1 g，但由于塑料袋日常用量极大，如果全国减少 10% 的塑料袋使用量，那么每年可以节能约 1.2 万 t 标准煤，相应减排二氧化碳 3.1 万 t。所以，无论是去超市还是菜市场，都别忘记自备环保袋。

（3）用手帕代替纸巾。用手帕代替纸巾，每人每年可减少耗纸约 0.17 kg，节能 0.2 t 标准煤，相应减排二氧化碳 0.57 kg。如果全国每年减少 10% 的纸巾使用量，那么可减少耗纸 2.2 万 t，节能 2.8 万 t 标准煤，相应减排二氧化碳 7.4 万 t。因此，要鼓励大家都用手帕擦汗、擦手，减少购买卫生纸、面纸。

（4）减少使用过度包装物。购买包装简单的产品，少买独立包装的产品，多买家庭装或补充装，不使用一次性塑料袋，都能减少商品包装产生的二氧化碳排放。例如，减少使用 1 kg 过度包装纸，可相应减排二氧化碳 3.5 kg。

（5）使用环保购物袋。众所周知，在购物中使用的塑料袋，是"污染"制造者，不少国家如加拿大、孟加拉国都已经禁用塑料袋。减少塑料袋的使用是低碳购物的重要环节，不过，低碳购物绝不仅仅是减少使用塑料袋，推广环保购物袋也是一种践行低碳生活的很好的方式。一方面，环保购物袋取材讲究环保系数，最大限度减少生产时的碳排放和环境污染；另一方面，作为塑料袋的替代品，它的经久耐用改变了塑料袋的"一次性消费"带来的浪费；另外，现在的购物袋不仅仅用于购物，它还体现了一种时尚。现在市面上的购物袋设计多样，造型新颖，迎合了当下人们的审美标准和追求时尚的心态。

（6）绿色低碳网购。网购也是一种低碳生活方式。网购不用外出乘车，减少了外出购物带来的汽车尾气排放和交通压力，更能省去路上来回的时间。在网上购物、订购电子机票、为手机充值，轻点鼠标，实现无纸化购物、高效购物的同时，碳的消耗和排放量几乎为零，是低碳消费、低碳生活的良好表现。

以环保袋促进购物的低碳化

随着低碳环保理念逐渐地深入人心，如今越来越多的生活创意也被纳入环保这一概念中。新型环保袋的出现无疑是环保中最重要的组成部分。每天出门购物，日常使用的普通塑料袋子无数，产生的污染已经给我们的环境带来了非常严重的危害。而新型环保袋的出现无疑是给我们的环境带来了福音。

从超市不再提供免费塑料袋时起，环保袋开始被人们认知。随着人们日常的使用，可以发现其实环保袋的优越性是非常明显的。首先从环保袋的材料来看，其种类非常多，而且结实耐用度非常高，比一次性塑料袋能容纳更多的物品。

比较流行的无纺布制环保袋在当下正热门，包括明星在内都有很多人提倡使用这类的环保袋。与传统的购物袋相比较，无纺布制的环保袋更加耐磨，而且其防水性也是极高的。随着环保袋的不断更新升级，现在市场上的环保袋在制作上也越来越精致，已经实现了众多形式时尚的图案，手感也非常好，对于追求时尚的年轻人来说也是非常合适的选择。

稍微统计了一下，在大大小小的环保袋中，最常见的是无纺布袋子，而且各大商场、商家都选择把它提供给没有带环保袋的人群。而让商家和消费者青睐的无纺布袋子，不仅购买成本低、重复使用次数多、清洗方便、携带便利，而且它的样式和印花也是各式各样的，满足了不同人群对环保袋的完美要求。

于是，在大街小巷里，可以看到人们轻松自然地拎着各式各样的无纺布环保袋，在菜市场、超市、商场、路边摊等地穿梭着，这样，没有了塑料袋乱飞的街道，一切都是那么和谐。

环保袋不仅低碳环保，而且还非常实用，在当下出门购物使用环保袋也已经形成了一股时尚风潮，不管是出门购物还是普通的家用，选择一款做工精细且材质耐用的环保袋是非常实用的。不仅仅简单环保，也给个人的生活免去了很多烦恼。为了我们的美好生活，人人都应该尽心尽力地做一点事。

（7）提倡"无纸化"拜年。拜年是我国人民的传统习俗。人们在拜年时常会寄送贺卡，随着大量贺年卡的诞生，大片的树林消失了。据了解，一张普通的贺卡要消耗 10 g 优质纸张，每 10 万张贺卡就要消耗 1 t 优质纸张，这意味着要砍掉近 3 000 棵 10 年生的树木，而且生产纸浆排放的废水也会使江河湖泊受到严重污染。因此，应鼓励放弃传统纸质贺卡，改用短信、QQ、电子贺卡传递祝福，提倡"无纸化拜年"。

（8）清明节"低碳祭祀"。清明节祭扫，悼念逝者、寄托哀思、缅怀先人，是中华民族的传统习俗。以往，许多人在祭扫时都会燃香烛、烧纸钱、放鞭炮，这种祭扫方式不仅造成资源浪费、环境污染，还存在安全隐患，极易引发烧山毁林事故。近年来，随着环保理念的不断深入，传统的祭祀活动也注入了环保新概念。实际上，采取送一束花、植一棵树、诵一篇祭文或进行网上追思等"低碳"方式，也同样能表达对逝者的哀思。此外，在祭扫的出行方式上，也应倡导"低碳"理念，近的地方可徒步或骑自行车，较远的地方可乘坐公交车，尽量做到自己不开车。这样，既有益于人的身心健康，又节能环保，还能减轻交通压力。

4.7 低碳旅游引导策略

旅游作为一种综合性的人类活动，是社会文明进步的产物。旅游涉及"行、住、食、游、购、娱、营销、环境"等诸多层面，是人类体验物质文明、精神文明与生态文明成果的综合性大舞台，具有响应低碳生活方式理念、推行碳汇机制、运用低碳技术成果的先天优势，也必然成为实践低碳经济发展模式的前沿阵地。

低碳旅游是指在旅游发展过程中，通过运用低碳技术、推行碳汇机制和倡导低碳旅游消费方式，以获得更高的旅游体验质量和更大的旅游经济、社会、环境效益的一种可持续旅游发展新方式。低碳旅游作为低碳生活的一部分，通过旅游吸引物的构建、旅游设施的建设、旅游体验环境的培育、旅游消费方式的引导中，运用低碳技术，融入碳汇机理，倡导低碳消费，来实现旅游低碳化的发展目标。

旅游对低碳经济的响应具体体现在旅游吸引物、旅游设施、旅游体验环境和旅游消费方式对低碳技术、碳汇机制、低碳消费方式的响应上。构建旅游吸引物，既可以运用低碳技术创新旅游吸引物的类型，也可以直接将低碳技术含量高的高科技产品包装成为直接的旅游吸引物；旅游各项基础设施、服务设施既可以通过运用各种节能、减排低碳技术，提高其设施水平，更应该直接使用低碳技术旅游装备，达到节约旅游运营成本、实现更大的旅游经济效益；在旅游体验环境的培育中，既要大力提高环境的生态化含量，增加绿色环境对碳的高吸收、高贮备能力，更应该通过高碳汇机制的创新，提高旅游体验环境质量，实现更大的旅游环境效益；在引导旅游者的消费过程中，既要降低个人的旅游碳足迹，更要倡导生态文明的新生活方式，实现旅游发展的社会效益。

作为一种实实在在的旅游发展方式，低碳旅游发展方式的实现必须基于政府、旅游企业、旅游者等旅游各相关利益者的视角，围绕旅游吸引物、旅游设施、旅游体验环境以及旅游消费方式等旅游发展的过程要素，通过营造低碳旅游吸引物，建设低碳旅游设施，倡导低碳旅游消费方式，培育碳汇旅游体验环境来加以实现。

4.7.1 营造低碳旅游吸引物

低碳旅游吸引物是指用来吸引旅游者前来旅游的一切有形的、无形的，物质的、非物质的，自然的、人工的低碳旅游吸引要素，既可以是各种自然低碳景观，如湿地、海洋、森林等自然旅游资源，也可以是人工创造的低碳设施景观，如低碳建筑设施、低碳产业示范园区，还可以是多样化的低碳旅游活动产品，如运动休闲活动、康体活动。

营造低碳旅游吸引物的主要措施途径：①通过科学的旅游开发模式（生态标签地行动，如建设国家森林公园、国家湿地公园、国家风景名胜区、国家地质公园、生态旅游区等），充分挖掘森林、海洋、湿地、海塘、湖泊、江河等自然高碳汇体资源的旅游价值，提升自然旅游吸引物的质量。②策划以低能耗、低耗损为主的低碳旅游活动产品。③将低碳产业园区、低碳社区（低碳街区、低碳城镇、低碳乡村等）以及相应低碳港区、低碳校区包装转化为低碳旅游吸引物。④通过生态化的技术手段，修复受损湿地（湖泊、河流源地）、受损土地（矿山、油田）营造自然与人工结合的综合型低碳旅游吸引物。

4.7.2 配置低碳旅游设施

低碳旅游设施是基于低碳技术改造或直接使用低碳技术产品所建造的用以提供旅游接待服务的基础设施和专用设施。低碳旅游基础服务设施主要包括低碳道路交通设施、低碳环境卫生设施、低碳能源供应设施等；低碳旅游专项服务设施主要包括低碳旅游住宿餐饮设施、低碳旅游购物设施、低碳旅游娱乐设施以及低碳旅游游憩设施。

低碳旅游设施的建设途径主要包括：①通过建设生态停车场，使用电瓶车、新型能源车等低碳旅游交通工具，以及建设低碳旅游道路等途径，发展低碳旅游交通设施。②通过在旅游景区的建设过程中，使用循环污水处理装置，建设生态厕所，使用生态垃圾桶等方式，发展低碳旅游环境卫生设施。③通过利用太阳能、风能、水能等可更新能源技术，建设新型的低碳旅游能源供应系统。④通过使用低碳建筑，来建设低碳旅游住宿、餐饮、购物、娱乐设施，如低碳酒店、低碳商贸建筑。⑤通过使用新能源观光游览车、低碳旅游休闲设施（如运动、健身设施）、低碳旅游观光设施、低碳娱乐体验设施，来发展低碳游憩观光设施。

4.7.3 倡导低碳旅游消费方式

低碳旅游消费方式是指旅游者在旅游消费的过程中，通过各种方式和途径来减少旅游者的个人旅游碳足迹。在同一旅游过程中，不同的旅游消费方式的旅游者个人的旅游碳足迹差异明显。以旅游交通为例，在跨国旅行活动中，以距离衡量，航空旅游虽然只占17%的旅游行程，却占了54%～75%的旅游碳排放量；相反，公共汽车交通和铁路虽然占到了所有旅游运输量的16%，但却只占了1%的碳排放量。在瑞典，1 000 km的旅游距离，如果选择使用风和水能源的铁路交通，旅游者的人均碳排放量为10 g；如果选择航空交通，碳排放量为150 kg。因此，倡导低碳旅游消费方式，对实现低碳旅游发展目标具有重要的实践意义。

倡导低碳旅游消费方式，主要包括：①倡导低碳旅游交通方式。旅游者在进行旅游交通方式的选择中，应尽量以徒步、自行车、公共汽车、铁路等相对低碳的旅游交通方式取代自驾车、航空等高碳交通方式。旅游者在选择同一类型的旅游线路时，尽量选择个人旅游碳足迹相对少的旅游线路。②倡导低碳的旅游住宿餐饮方式。旅游者在选择旅游住宿餐饮服务时，尽量选择带有绿色标签的旅游酒店，在进行餐饮食物的选择时，应优先考虑各种绿色食品、生态食品，不使用一次性餐饮工具。③优先选择低碳旅游活动。旅游者在选择旅游活动时，应优先选择体育、运动、康体等低碳旅游体验活动。

4.7.4 培育碳汇旅游体验环境

碳汇旅游体验环境应该是基于自然碳汇机理所形成的一种和谐、高质量的旅游体验环境。旅游者以及社区居民是重要的碳排放体，这些排放的碳最好能通过景区或目的地的碳汇机制予以吸收和储备，实现碳中和或碳平衡，不仅成为"零排放"的旅游景区，还是区域性的碳汇地。碳汇旅游体验环境综合了各种形成和影响低碳旅游体验的自然和人文社会因素。主导作用是景区自然碳汇机制的强化、弱化或者最大程度降低旅游活动过程中的碳排放强度。营造碳汇旅游体验环境是低碳旅游发展的最基本层面。

培育碳汇旅游体验环境主要通过政府、旅游企业、旅游社区以及旅游者的共同努力才能实现。①政府要通过推行旅游碳汇机制，制定碳汇旅游体验环境的评估指标和监督机构，不断增强旅游目的地或旅游区的碳汇能力，消除碳排放的消极影响，培育高品级的碳汇旅游体验环境。②旅游企业要引入碳汇机制的旅游环境培育理念，注重提供企业生态文明建设，尽快实施低碳技术装备和服务方式转型，打造低碳旅游企业。③旅游社区要积极参与旅游环境的建设与维护，实施低碳社区行动，构建和谐畅爽的低碳旅游社区环境。④旅游者要自觉规范自身的旅游行为，树立"碳中和"的旅游消费理念，实行"碳补偿"或"碳抵消"的旅游消费方式。由此，共同实现旅游体验环境优化，最大限度地提高旅游环境的碳汇能力。

旅游减碳技巧
计算你的碳排放量；绿色行车；正确的航空之旅；拒绝包装；穿上套头衫；算算有多少垃圾；计算食物里程；和农民交朋友；请做素食者；隐身大自然；收获阳光；骑自行车；拼车；接雨水；认识标签；乘火车；说服你入住的酒店停止使用一次性筷子等；准备救生包；战高温；学会以货易货；出行多乘公交车；徒步旅行。

4.8　低碳家居引导策略

（1）采用节能的家庭照明方式。一是家庭照明改用节能灯。以高品质节能灯代替白炽灯，不仅减少耗电，还能提高照明效果。一个 11 W 的节能灯的照明效果，相当于 60 W 的普通灯泡，而且比普通灯泡节电 80%。按每天照明 4 小时计算，使用 11 W 的节能灯代替 60 W 的白炽灯，1 年可节电约 71.5 度，相应减排二氧化碳 68.6 kg。二是养成在家随手关灯的好习惯，每户每年可节电约 4.9 度，相应减排二氧化碳 4.7 kg。另外，白天可以干完的事不留到晚上做，洗衣服、写作业在天黑之前做完。早睡、早起有利于身体健康，又环保节能。

（2）合理使用冰箱。一是选择节能冰箱。一台节能冰箱可比普通冰箱每年节省约 100 度电，相应减少二氧化碳排放约 100 kg；二是减少冰箱开门时间。多开一次冰箱门，冰箱内冷气往外发散，使压缩机要多运转数分钟，才能恢复冷藏温度；三是及时给冰箱除霜，每年可因此节电约 180 度，相应减少二氧化碳排放约 180 kg。对水果、蔬菜等水分较多的食品，先洗净沥干，用容器放好，再放入冰箱中，可避免霜层加厚，也节约了电能；四是冰箱存放食物要适量。冰箱中的食物不要过多过紧，以免影响冰箱内的空气对流，妨碍食物散热，增加压缩机的工作时间和电能消耗。对于大体积的食物，可根据家庭每次使用的量分开包装，每次只取出一次使用的量，避免由于反复取放导致的反复冷冻而浪费电能。

（3）合理使用电视机。一是每天少开半小时，每台电视机每年可节电约 20 度，相应减排二氧化碳 19.2 kg。如果全国有 1/10 的电视机每天减少半小时可有可无的开机时间，那么全国每年可节电约 7 亿度，减排二氧化碳 67 万 t。二是调低电视屏幕亮度。将电视屏幕设置为中等亮度，既能达到舒适的视觉效果，还能省电，每台电视机每年的节电量约为 5.5 度，相应减排二氧化碳 5.3 kg。如果对全国保有的约 3.5 亿台电视机都采取这一措施，那么全国每年可节电约 19 亿度，减排二氧化碳 184 万 t。白天看电视拉上窗帘避光，可相应调低电视机亮度。看电视时，音量也应该尽量调小，因为电视机的耗电量与音量大小成正比，声音越大，耗电越多。三是看完电视最好给电视机加盖防尘罩，这样既可以防止电视机吸进灰尘，灰尘多了可能发生漏电现象，不仅浪费电，还会影响图像和声音的质量。

（4）合理使用电风扇。虽然空调在我国家庭中逐渐普及，但电风扇的使用数量仍然巨大。电风扇的耗电量与扇叶的转速成正比，同一台电风扇的最快挡与最慢挡的耗电量相差约 40%。在大部分的时间里，中、低挡风速足以满足纳凉的需要。以一台 60 W 的电风扇为例，如果使用中、低挡转速，全年可节电约 2.4 度，相应减排二氧化碳 2.3 kg。如果对全国约 4.7 亿台电风扇都采取这一措施，那么每年可节电约 11.3 亿度，减排二氧化碳 108 万 t。因此，在使用风扇时，尽量使用中挡或慢挡，或先开快挡，等凉下来后再用慢挡。在使用时，风扇最好放置在门、窗旁边，便于空气流通，提高降温效果，缩短使用时间，减少耗电量。

（5）合理使用空调。空调是耗电量较大的电器，设定的温度越低，消耗能源越多。其实，夏季通过改穿长袖为短袖、改穿西服为便装，适当调高空调温度，并不影响舒适度，还可以节能减排。如果每台空调在国家提倡的 26℃ 基础上调高 1℃，每年可节电 22 度，相应减排二氧化碳 21 kg。如果有 1.5 亿台空调采取这一措施，那么每年可节电约 33 亿度，相应减排二氧化碳 317 万 t。选用节能空调，一台节能空调比普通空调每小时少耗电 0.24 度，按全年使用 100 小时的保守估计，可节电 24 度，相应减排二氧化碳 23 kg。如果全国每年有 10% 的空调更新为节能空调，那么就可节电约 3.6 亿度，相应减排二氧化碳 35 万 t。出门提前几分钟关空调。房间里的温度并不会因为空调关闭而马上升高，出门前 3 分钟关空调，按每台每年可节电约 5 度的保守估计，相应减排二氧化碳 4.8 kg。如果全国有 1.5 亿台空调采取这一措施，那么每年可节电约 7.5 亿度，减排二氧化碳 72 万 t。安装空调后，需要定期清扫滤清器，因为灰尘会堵塞滤清器网眼，降低冷暖气效果。开启空调时，尽量少开门窗，可以减少房内外热交换，利于省电。

（6）适时将电器断电。据统计，大多数饮水机每天真正使用的时间约为 9 个小时，其他时间基本闲置，近 2/3 的用电量因此被白白浪费掉。在饮水机闲置时关掉电源，每台机器每年节电约 366 度，相应减排二氧化碳 351 kg。如果全国保有的约 4 000 万台饮水机都采取这一措施，那么全国每年可节电约 145 亿度，减排二氧化碳 1 405 万 t。另外，及时拔下家用电器插头也有利于降低碳排放。电视机、洗衣机、微波炉、空调等家用电器，在待机状态下仍在耗电。如果全国 3.9 亿户家庭都在用电后拔下插头，每年可节电约 20.3 亿度，相应减排二氧化碳 197 万 t。

4.9 低碳办公引导策略

我们已经进入了高速信息化时代。信息技术在极大提高办公效率的同时，也在不断地消耗我们的能源和资源。据有关资料显示，随着办公设备的现代化，仅2007年我国IT产品的总耗电量在300亿～500亿度，几乎相当于三峡电站1年的发电量。能耗、辐射、噪声、废弃等问题明显地在挑战着我们的办公环境。

低碳办公，是指在公务活动及日常办公中尽量减少能量的消耗，减碳环保做到材料的合理利用和耗材的合理使用，注意使用可回收利用的产品等。广义上的"低碳办公"包含的内容相当广泛，如办公环境的清洁、办公产品是否安全、办公人员的健康、员工的身体健康等。据一项调查发现，如果有10万用户在每天工作结束时关闭电脑，就能节省高达2 680度的电，减少3 500 t的二氧化碳排放量，这相当于每月减少2 100多辆汽车上路。

4.9.1 与办公有关的碳排放

（1）使用电脑的碳排放。现代办公离不开电脑，电脑运行所耗费的电成为办公用电的重要组成部分。据估算，台式电脑主机每正常工作1小时，将因耗电产生0.17 kg的碳排放，而笔记本电脑工作1小时的碳排放量约为0.01 kg。而作为电脑的显示设备，电脑显示屏也需要耗电并排放二氧化碳。一般电子射线管显示器（CRT）的功率在100 W左右，1小时耗电约0.1度，相应排放二氧化碳约0.1 kg，而液晶显示器（LCD）的功率一般在40 W左右，1小时耗电约0.04度，排放二氧化碳约0.04 kg。

（2）使用纸张的碳排放。办公使用的纸张，从砍伐树木到生产纸浆、纸张使用后的废纸处理，都会产生二氧化碳排放，而且这还不包括砍伐树木而减少的二氧化碳吸收量。据推算，生产1张A4纸将排放约0.1 kg二氧化碳，每处理1张A4大小的废纸将排放约0.12 kg二氧化碳。

（3）乘坐飞机出差的碳排放。据估算，乘飞机从巴黎到纽约来回平均每人排放3 670 kg二氧化碳。也就是说，每飞行1 km，平均每位乘客排放约0.3 kg二氧化碳。此外，曾有计算表明，不同舱位的乘客，因占用的飞机机舱体积大小不同等原因，而排放不同数量的二氧化碳。飞机每飞行 1 km，平均每位乘客所排放的二氧化碳量分别是：头等舱 0.75 kg 左右、商务舱 0.50 kg 左右、经济舱 0.25 kg 左右。

4.9.2 低碳办公引导策略

（1）合理选择电脑配件。选择电脑配件时，应根据所从事的工作有针对性地进行选择，避免配置过高造成浪费。例如，选择电脑的中央处理器（CPU）时，应选择热设计功耗（TDP）较小的 CPU。TDP 是指 CPU 散热时需要驱散的热量最大值，这个数值越小，说明 CPU 越节能。此外，如果只是一般工作使用，对显卡没有特殊的要求，则不要选择高性能的显卡，因为高性能显卡的发热量比中性能显卡多，需要消耗更多电能来散热。

（2）合理使用电脑。比如，为电脑显示屏设置合适的亮度，并为其设置合理的电源使用方案，进一步减少显示器耗电量；电脑屏保画面要简单，并在电脑不用时及时关闭显示器；在听音乐时，尽量使用耳机，减少音箱耗电量；将不需要使用的程序关闭，避免不必要的电耗。

（3）合理使用纸张。尽量使用再生纸；打印时尽量使用小号字体；尽量采用双面复印和打印。不过，要大规模减少办公用纸，还在于尽可能阅读电子文档。

（4）选择低碳公务出行方式。随着电子通信科技的发展，以前的出差、会议等活动，现在多可用电话会议或视频会议替代。这样不仅节省时间和金钱，还减少了因外出使用交通工具和住宿所产生的二氧化碳排放。即使必须在国内出差，也应尽量减少乘坐飞机的次数，改乘火车、汽车等交通工具。据估算，短距离空中旅行所产生的二氧化碳排放，是乘坐火车的 3 倍以上。如果到国外出差，尽量乘坐直航航线，而不是需转机或是中途经停的航线，并选乘经济舱。

（5）选择低碳办公方式。办公室、会议室等采用自然光照明和自然通风，而非长时间使用电灯和空调；重复使用公文袋，并减少办公室内一次性物品（如一次性纸杯）的使用；夏天办公室内空调可适当调高温度；在较低楼层（如 1～4 层）办公的人员，尽量减少电梯的使用。

低碳办公小窍门

纸请确保双面使用，因为多使用一面，就相当于少砍了50%本应该被砍伐的树木，而你就成为森林的卫士。

使用经济打印模式。喷墨打印机如果有"经济打印模式"功能，尽量使用，可节约至少30%的墨水，并能大幅度提高打印速度。

尽量集中打印。打印机每启动一次，都要进行初始化、清洗打印头并对墨水输送系统充墨，这个过程要对墨水造成浪费。所以，如果能够合理设置页面排版，然后再结合经济模式，既保养了机器，又能节约墨水。

传真和邮件请尽量在网络上完成，同样的道理，可以减少纸张使用，还可以让你提高工作效率。

打印机、饮水机、复印机等电器，请开启休眠功能；下班或者需要离开的时候请顺手关掉你的显示器电源，因为你的电脑在工作时是会"呼吸"的，关掉它可以省电，还可以减少二氧化碳产生量。

尽量使用降耗环保的OA办公系统，因为这样不仅不会消耗大量的耗材、电力，还可防止耗材释放出污染空气和对身体有害的气体，危害健康。

办公室内可种植一些净化空气的植物，如吊兰、非洲菊、无花观赏桦等主要可吸收甲醛，也能分解复印机、打印机排放出来的苯，并能咽下尼古丁的绿色植物。

把不想要的办公用品转卖交易给旧货商店，或赠送给社区、学校、慈善机构，而不是当成废品扔掉。对于收集的传单纸张请分类管理，如果不用请卖掉，尽管卖掉它们并不能为你的公司赚取多少钱，但是你帮助它们进入了再循环。

购买办公用品请考虑环保因素，选择可回收的那种。如在制作名片、宣传册或公司礼品时，考虑使用环保纸或回收纸制作的产品或包装。这样不仅是为公司降低长期成本，更重要的是你将为自己创造一个绿色环境。

办公室里的空调请确保在夏天不要低于26℃，冬天不要高于20℃，否则将会大幅增加能源损耗，而且对你的舒适度也并没有多大帮助。

办公室的空调和制冷设备请定期清理，这样做之后空调制冷、省电性能和房间空气都改进了。

除非必要，尽量不要浪费一次性纸杯等用品，特别当你是本公司人员的时候，这样不仅环保，也更为卫生。

用节能型灯泡代替常用的白炽灯。在白天及时调整窗帘和百叶窗，尽可能多地采用自然光照明。每次长时间离开房间时记得关灯。

饮水机在全天 24 小时开机的情况下，年耗电约 600 度，但一般单位需要饮水机的工作时间只占 1/3，另有 2/3 的时间都是白白耗在了夜间和周末。夜间和周末关闭饮水机，每年可节省用电 400 度。

不要认为是公司的水就可以开到最大去洗手，因为手是不是干净跟用水的多少没有直接联系。

大多数时候，你与客户的会晤并不一定要专车专送。

尽量简化办公流程，在保护身心健康、提高各种效率的同时，还可能会获得老板更多的青睐。

电话会议也许方便，可是比不上"面对面"的视频对话来得更为到位，还能节省下一大笔的通讯费用。

办公室的静音环境很重要，没有人喜欢在嘈杂的环境内工作。接电话时控制音量，手机保持振动，讨论事情时心平气和，选择低噪声办公用具，都是必不可少的。

收集并分类办公废弃物，将可回收的部分出售给回收者，再由这些人员出售给垃圾回收站。或者直接出售给垃圾回收站，从而达到回收再利用。回收并非停留在垃圾分类上，重要的一点是，通过购买可回收的物品，使购买-回收-再利用这个回收再利用的链条运转起来。

4.10 低碳休闲引导策略

4.10.1 与休闲娱乐有关的碳排放

（1）电视机的碳排放。电视机的功率与其屏幕尺寸等参数有关。据测算，普通电视机开机 1 小时，排放二氧化碳为 0.03～0.1 kg。而电视机尺寸越大，耗电量越大，排放的二氧化碳就越多。

（2）放映电影的碳排放。电影数字放映机运行需要消耗电能。据估算，放映一场电影，平均排放约 8 kg 二氧化碳。

（3）生产音像制品的碳排放。CD、VCD、DVD 等音像的主要材料是聚碳酸酯，生产 1 张碟片排放约 50 g 二氧化碳。

（4）KTV 的碳排放。去 KTV 唱歌是老少皆宜的休闲娱乐方式，其二氧化碳排放来自功放机、麦克风、灯光等，其中以功放机造成的碳排放为主。若连续使用一间 KTV 包间 4 小时，则可排放二氧化碳 3.5 kg 以上。

（5）健身活动的碳排放。许多人已经用健身器材代替了户外健身。健身器材大多需要电力驱动，相应产生二氧化碳排放。例如，跑步机使用 1 小时平均产生的二氧化碳排放量约为 1.8 kg。

4.10.2　低碳休闲引导策略

（1）减少不必要的电视机开启时间。不看电视时，应将电视机关闭。每天少开半小时电视机，每台电视机每年可减排二氧化碳 19.2 kg。

（2）低碳享受试听娱乐。电影院放映厅面积越大，碳排放量越大，因此应选择人数较多的影厅，更应避免出现"独自包场"的局面，以减少二氧化碳排放。如果选择网络下载观看或者购买影碟在家观看，二氧化碳排放量就比直接去电影院小得多。由于 DVD 碟片的容量比 VCD 大很多，相当于减少了生产碟片的材料及其产生的碳排放，因此家庭影院的爱好者可优先考虑购买 DVD 碟片。去 KTV 唱歌时，应选择大小合适的包间，因为人数不多时选择大包间，将造成不必要的二氧化碳排放。

（3）选择低碳健身方式。尽量选择低能耗、低排放的健身方式，例如选择慢走、跳舞、打拳、郊游等健身方式，将在电动跑步机上的锻炼改为到附近公园慢跑，定期去郊外爬山等。做家务也是一种很好的运动，如手洗轻便的衣服。以站桩的姿势在洗衣池前站定，既锻炼脚力，又可使经常处于紧张状态的腰部和背部放松。双手同时搓洗衣服，节水节电的同时锻炼了手指灵活性和左右脑的协调能力。

（4）在游戏中践行"低碳生活"。游戏也可以低碳，通过环保游戏可以改变人们的陋习，逐渐向低碳一族"进化"。比如，提倡一物多玩法，以及品种上的多样化，还可以将废旧物品进行简单装饰后，根据废旧物品的材料直接用来充当游戏的辅助器具使用。另外，适当组织全民参与的环保活动，在活动中穿插多种低碳理念的环节和游戏，在向市民宣传低碳理念的同时，寓教于乐，让大家享受低碳游戏带来的快乐。

低碳游戏——互动嘉年华，有心有绿色

2008 年，安利捐资 1 000 万元，与中华环境保护基金会合作，成立"环保公益基金"，推动环保宣传教育及公益项目。

环保嘉年华，是基金创建后的第一次大型活动，在全国首创"环保互动教育主题乐园"，融"互动式"环保体验与"知识型"嘉年华为一体。2009 年 6 月 13 日在北京启动，陆续在哈尔滨、成都、武汉、杭州、广州、上海、厦门等 8 座城市举办。

环保嘉年华以"有心，有绿色"为口号，强调"环保责任感"，使参与者意识到环保与自己的生活息息相关。

"全国约 6 万户家庭踊跃参与了环保嘉年华，20 多万人受影响。"安利（中国）公共事务副总裁余放介绍，嘉年华是"以家庭为单位的环保节日"，每到一个城市，都有几十款有趣的互动环保游戏，让大家在游戏中走近环保。

城市上空布满各种废气——硫化氢、一氧化氮、二氧化碳等，小朋友争着用鱼竿把它们挑落；树林里有许多小树苗由于种植错误而病危，小朋友化身为"绿化先锋小超人"，根据正确的植树步骤，培土、栽树、填土、踩土、浇水，挽救小树；还有勇敢的"森林警察"，用套圈抓获盗猎者，让野生动物自由生活，简单的套圈游戏结合动物保护，"反对猎杀野生动物"的环保理念变得亲切而有趣。

环保嘉年华上海站设在黄浦江畔，现场上演精彩的环保短剧，演绎绿色生活；卡通人物"北极熊乐乐"和"小水滴"带领大家穿越地球环境变迁的时空隧道，介绍环保知识；还有环保创意秀、绚烂涂鸦墙、绿色心愿瓶等项目……

5 岁的上海小女孩晨晨，在妈妈陪伴下参加了嘉年华，回到家见到爸爸，第一句话就是："把家里热水器插头拔下来，否则不环保。"让一旁的妈妈十分惊讶。"以前我们给小孩子讲环保，内容比较空洞，她听不太明白。嘉年华有很多小游戏，让孩子边玩边学。"

"绿色周末"是环保嘉年华积极倡导的概念。每一张嘉年华门票，针对的不仅仅是个人，而是家庭，参与者可以邀请家人、朋友共同参与。不少游戏需要全家齐上阵，嘉年华现场变成了一家老少共寻"绿色"、学习低碳知识的课堂。

"通过嘉年华活动传播'低碳'理念，让'绿色'种子在更多人心里生根发芽。"中华环保基金会秘书长李伟说，"希望每个家庭都拥有自己的'绿色周末'，一起倾听地球、审视自己、选择更环保的生活方式。"

4.10.3 发展低碳休闲体育

（1）加强低碳与休闲教育，倡导民众进行低碳休闲体育活动。要使低碳休闲体育能被民众接受，首先需要加强低碳环保教育和休闲教育。J. 曼蒂认为："闲暇教育过程的最终结果是帮助人们提高自己闲暇生活的质量。"休闲教育最基本的是改变人们传统的休闲观，让人们认识到"闲"在生命中的重要价值。同时，休闲教育还要教会人们学会休闲，掌握休闲方式，尤其学会如何在日常的休闲体育中减少能量消耗，保护环境。

（2）完善低碳休闲体育环境与设施。当前，休闲体育消费已成为时尚，但是社会对低碳休闲体育的关注才刚刚开始，许多地方还没有完善的休闲体育运动场所，设施也相对落后，尤其低碳休闲所需要的户外自然环境开发保护还不到位。因此，要大力开展低碳休闲体育需要的低碳节能技术的研究。发展低碳休闲体育需要政府加大财政投入，完善运动场所和设施。政府还要盘活现有的体育场馆，运用先进技术减少场馆的耗能，加大环境保护力度，营造更好的自然条件让人们可以更舒适地从事休闲体育活动。另一方面，要实现低碳休闲体育还需要有一定的技术支持。日益枯竭的能源、严重污染的生态环境等问题的解决，都迫切需要低碳技术。因此，国家要把研究低碳节能技术与休闲体育的发展相结合，进一步降低体育休闲过程中产生的能耗。此外，鼓励和提倡社会力量投资、成立民间休闲体育社团，形成自觉维护环境、实现可持续发展的低碳休闲体育风潮。只有把低碳休闲的环境和条件与居民的日常生活结合起来，才能促使大众进行低碳体育休闲。

（3）丰富低碳休闲体育内容。体育往往与文化联系在一起，各个地区的文化特色各不相同，因此，政府应制定长远的体育文化发展战略，深入挖掘地区体育项目，形成布局合理、设施完善、品位高雅，能体现地域与民族特色的低碳休闲体育格局。我国传统的休闲体育活动具有丰富多彩的内容，各个地区还具有浓郁的地方文化特色，如北方的踩高跷、武术和南部沿海地区的舞龙、舞狮、划龙舟、太极拳等传统体育项目仍有深厚的群众基础。而速度赛马、赛走马、民族式摔跤、射箭等少数民族体育项目也逐渐被大众所喜欢。这些传统的体育项目一般不需要消耗能源，都是在户外进行的，既符合中国人的文化习俗，也符合低碳休闲的时代要求。因此，政府要大力扶植传统体育项目的发展，丰富低碳休闲体育的内容。另外，各个地区也要因地制宜，发展与地方实际情况相符的新型体育健身活动。

第 **5** 章

我国居民低碳生活现状分析——以湖南省为例

本章以湖南省为典型案例，结合当地的低碳社会建设，探讨如何推行低碳生活的若干问题。本章对湖南居民的日常生活，尤其是日常生活消费、生活能源消耗、生活直接和间接碳排放状况进行了系统分析，对城乡居民低碳生活水平进行了评估，提出了 4 个准则层、22 个指标在内的城乡居民低碳生活水平指标体系。

5.1 湖南省城乡居民生活消费基本情况

湖南省属于中部六省之一，位于中国中南部，长江中游以南，东邻江西，西接重庆、贵州，南毗广东、广西，北连湖北，地处东经 108°47′—114°15′，北纬 24°38′—30°08′，东西宽 667 km，南北长 774 km，土地总面积 211 829 km²。截至 2011 年年末，全省辖 13 个地级市和 1 个自治州，常住人口为 6 595.6 万人；城镇人口为 2 974.62 万人，城镇化率为 45.1%。

近年来，湖南省高度重视区域的均衡、协调、快速发展，并在省第十次党代会做出了"实施区域发展总体战略，推动区域经济协调发展"的总体部署，明确提出了"加快推进长株潭城市群全国两型社会建设综合配套改革试验区、大湘南国家级承接产业转移示范区、大湘西武陵山片区国家扶贫攻坚示范区、洞庭湖生态经济区等四大区域板块发展"的战略目标。其中，长株潭城市群资源节约型与环境友好型社会综合配套改革试验区（以下简称两型社会试验区）于 2007 年由国家发改委正式批准设立，大湘南国家级承接产业转移示范区于 2011 年由国家发改委正式批准设立。当前，长株潭城市群两型社会试验区、大湘南国家级承接产业转移示范区、大湘西武陵山片区国家扶贫攻坚示范区均已上升成为国家战略性区域，洞庭湖生态经济区也已经成为湖南省重点发展的战略性区域。目前，这四大区域发展的优势和特色开始显现，区域竞相发展的势头初步形成，全省经济社会发展进入了更加全面协调可持续的新阶段。

长株潭城市群

长株潭城市群是 2007 年经国家发改委批准的国家资源节约型与环境友好型社会综合配套改革试验区。城市群是以长沙、株洲、湘潭三市为中心，以 1.5 小时通勤为半径，涵盖衡阳、岳阳、常德、益阳、娄底 5 个省辖市在内的城市聚集区。城市群行政区域总面积 9.7 万 km²，占全省的 45.6%。到 2010 年年末，区域内常住总人口 4 008.2 万人，占全省的 61%。2007 年以来，长株潭城市群日益成为湖南产业、城市最为密集的区域，是湖南经济发展的龙头，也是实现中部崛起的重要支撑力量。

长株潭城市群发展历程[①]

20 世纪 50 年代，三市合一建"毛泽东城"的构想提出。

20 世纪 80 年代初，经济学家张萍提出长株潭经济区的构想，并进行了初步试验和理论探索。

1997 年，湖南省委、省政府作出了推进长株潭经济一体化的战略决策。

1998 年，成立长株潭经济一体化协调领导小组及办公室，编制实施交通同环、电力同网、金融同城、信息同享、环境同治 5 个网络规划。

2000 年，编制《长株潭经济一体化"十五"规划》。

2002 年，编制实施《长株潭产业一体化规划》。编制《长株潭城市群区域规划》。

2003 年，湖南省政府颁布《湘江长沙株洲湘潭段开发建设保护办法》。

2004 年，编制实施《2004—2010 年长株潭老工业基地改造规划》。

---

① 资料来源：《大事记》，绿网，2015-04-11，http://www.czt.gov.cn/Info.aspx?ModelId=1&Id=11902。

2005 年，长株潭城市群被写入国家"十一五"规划。湖南省政府颁布实施《长株潭城市群区域规划》。编制实施《长株潭经济一体化"十一五"规划》，提出推进"区域布局一体化、基础设施一体化、产业发展一体化、城乡建设一体化、市场体系一体化、社会发展一体化"等"六个一体化"，提出交通同网、能源同体、信息同享、生态同建、环境同治，简称"新五同"。

2006 年，长株潭城市群被国家列为促进中部崛起重点发展的城市群之一。

2007 年，湖南省人大颁布实施《长株潭城市群区域规划条例》。经国务院同意，国家发改委行文批准长株潭城市群为"全国资源节约型和环境友好型社会建设综合配套改革试验区"。

2008 年，国务院办公厅印发《关于中部六省实施比照振兴东北地区等老工业基地和西部大开发有关政策的通知》。国家发改委批准在长株潭建设综合性国家高技术产业基地。湖南省第十一届人民代表大会常务委员会第三次会议表决通过了《湖南省人民代表大会常务委员会关于保障和促进长株潭城市群资源节约型和环境友好型社会建设综合配套改革试验区工作的决定》。国务院批准《长株潭城市群资源节约型和环境友好型社会建设综合配套总体方案》及《长株潭城市群区域规划（2008—2020 年）》。

2009 年，湖南省长株潭两型办挂牌成立。国务院下发了《关于同意湘潭高新技术产业园区升级为国家高新技术产业开发区的批复》。湖南省委召开常委扩大会议，原则上通过了 2009—2010 年长株潭试验区改革建设实施方案、"3+5"城市群综合交通体系中长期发展规划、"3+5"城市群城际铁路规划方案。成功实现长株潭三市长途区号统一为"0731"，电话号码升为 8 位。湖南发展投资集团正式挂牌，定位为"两型"社会建设的主投融资平台。湖南省委办公厅下发《关于成立湖南省长株潭"两型"社会建设改革试验区领导协调委员会的通知》。国家发改委正式批复《长株潭城市群城际轨道交通网规划（2009—2020 年）》。湖南省委、省政府下发《长株潭城市群"两型"社会建设改革试验区改革建设的实施意见》。

2010 年，经国务院批准，岳阳经开区、常德德山经开区、宁乡经开区正式升级为国家级经开区。沪昆客运专线长沙至昆明段开工建设。第二届"两型社会"建设国际论坛在湖南大学开幕。湖南省政府正式批复《长株潭城市群两型社会建设综合配套改革试验区环境保护体制机制改革专项方案》。长株潭城市群城际铁路长株潭线开工建设。长株潭城市群"两型社会"建设"两型"产业分类、"两型"企业、"两型"园区、"两型"县城、"两型"乡镇、"两型"农村等六大标准发布试行。长株潭"两型"产业投资基金获国家发改委批复。长株潭地区"三网融合"试点工作启动。湖南省委、省政府出台《关于加快转变经济发展方式，全面推进"两型社会"建设的决定》，将"两型社会"建设作为加快经济发展方式转变的目标、方向和重要着力点，推向全省。长株潭城市群八市规划局长联席会议第一次会议召开。湖南省人民政府新闻办举行长株潭试验区获批三周年新闻发布会。

2011 年，湖南省政府办公厅印发《关于编制长株潭试验区改革建设"八大工程"（2011—2015 年）的通知》。《湘江流域重金属污染治理实施方案》获国务院批准，为全国第一个获国务院批准的重金属污染治理试点方案。湖南省政府批准实施《长株潭城市群两型社会建设综合配套改革试验区产业发展体制改革专项方案》（湘政函〔2011〕57 号）。长株潭两型社会展览馆开馆，于来山和国家发改委副主任解振华为长株潭两型社会展览馆揭牌。时任中共中央政治局常委、中央书记处书记、中华人民共和国副主席、中共中央军事委员会副主席习近平视察长株潭两型社会展览馆。湖南省发改委、省长株潭两型办举办《长株潭城市群生态绿心地区总体规划》听证会。正式启动排污交易权试点工作，在长沙、株洲、湘潭三市的化工、石化、火电、钢铁、有色、医药、造纸、食品、建材等 9 个行业，开展化学需氧量、二氧化硫等主要污染物的排污权有偿使用和交易。中共湖南省委下发《关于成立中共湖南省长株潭两型社会建设综合配套改革试验区工作委员会的通知》，陈肇雄担任工委书记。经报请省政府同意，省长株潭两型办下发《关于同意设立郴资桂省级"两型社会"建设示范点的复函》（湘两型函〔2011〕14 号）。省长株潭两型办与省政府新闻办联合召开新闻发布会，以省长株潭两型办文件发布试行"两型"产业分类、园区、企业、县、镇、农村、机关、学校、医院、社区、村庄、家庭等 12 个"两型"标准。《长株潭城市群核心区空间开发与布局规划（2008—2020 年）》获省政府批准（湘政函〔2011〕182 号）。长株潭城市群作为国家级"两化融合"试验区正式授牌。工信部副部长杨学山，陈肇雄出席。此前，工信部发出了《关于同意湖南省长株潭城市群为国家级信息化和工业化融合试验区的复函》。《长株潭城市群生态绿心地区总体规划（2010—2020 年）》获得省政府批准（湘政函〔2011〕195 号）。湖南省政府批准实施《长株潭城市群两型社会建设综合配套改革试验区基础设施共建共享及体制机制改革专项方案》（湘政函〔2011〕250 号）。中共湖南省委、湖南省人民政府下发《关于加快长株潭试验区改革建设全面推进全省两型社会建设的实施意见》（湘发〔2011〕15 号），为第二阶段加快两型社会建设明确了行动路线图。第八届长株潭经济论坛暨《长株潭城市群蓝皮书（2011）》首发式在长沙召开。

湘南承接产业转移示范区

大湘南承接产业转移示范区范围包括衡阳、郴州、永州 3 市，土地面积为 5.71 万 km²，覆盖 34 个县（市、区）。2010 年年末，示范区总人口为 1 797 万人，地区生产总值为 3 269 亿元，分别占湖南省的 26% 和 21%。2011 年 10 月，湘南地区正式获国家发改委批复，成为继安徽皖江城市带、广西桂东、重庆沿江承接产业转移示范区后，第 4 个国家级承接产业转移示范区。湘南承接产业转移示范区是湖南省继长株潭城市群"两型社会"综合配套改革试验区之后第二个纳入国家层面的区域规划。

湖南武陵山片区区域发展与扶贫攻坚示范区

自中央启动武陵山片区区域发展与扶贫攻坚试点后，湖南省大湘西地区有 32 个县（市，区）纳入了国家试点范围。湖南武陵山片区由邵阳、张家界、怀化、湘西自治州以及常德市的桃源县、石门县、益阳市的安化县、娄底市的新化县、冷水江市、涟源市构成。按照中央部署，湖南省委、省政府积极推进武陵山片区区域发展与扶贫攻坚试点工作。2011 年，湖南武陵山片区实现地区生产总值 3 308.36 亿元，增长 13.1%。分产业看，第一产业增加值 646.32 亿元，增长 4.3%；第二产业增加值 1 364.77 亿元，增长 17.4%，其中工业增加值 1 195.89 亿元，增长 17.9%；第三产业增加值 1 297.28 亿元，增长 13.2%；三次产业结构为 19.5：41.3：39.2。

洞庭湖生态经济区

洞庭湖生态经济区包括岳阳、常德、益阳 3 市，长沙市望城区和湖北省荆州市，共 33 个县（市、区）。规划总面积为 6.05 万 km²，常住总人口 2 200 万。2011 年，地区生产总值为 5 964.9 亿元。现有 22 个商品粮基地县、9 个商品棉基地县、13 个水产基地县、5 个国家级基本农田保护示范区，粮食种植面积和粮食、棉花、油料、淡水鱼产量分别占全国的 1.5%、2.3%、6.4%、4.7%、7.8%，是我国重要的大宗农产品生产基地。

5.1.1 湖南省经济发展概况

"十一五"以来，湖南省加快调整了产业结构，区域经济快速发展，特别是2007年长株潭城市群国家两型社会综合配套改革试验区的获批加快推进了省域经济的快速发展。"十一五"时期，湖南省经济总量由2006年的7 688.67亿元增加到2010年的16 037.96亿元，增长了8 349.29亿元；经济增长速度均保持在12.0%以上。

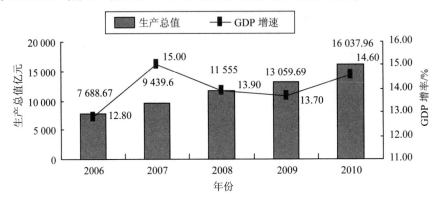

图 5-1 "十一五"时期湖南省地区生产总值及增长速度

2010年，湖南省实现地区生产总值15 902.12亿元（其中：长株潭地区生产总值为6 715.91亿元；环长株潭城市群地区生产总值为12 560.17亿元；湘南地区生产总值为3 269.27亿元；大湘西地区生产总值为2 027.25亿元），增长14.50%，比2009年提高0.80个百分点。其中，第一产业增加值2 339.44亿元，增长4.30%；第二产业增加值7 313.56亿元，增长20.20%；第三产业增加值6 249.12亿元，增长11.50%。第一、二、三产业对经济增长的贡献率分别为3.5%、62.3%和34.2%。三次产业结构由2009年的15.10∶43.50∶41.40转变为2010年的14.70∶46.00∶39.30。

5.1.2 湖南省城乡居民收入水平

近年来，湖南省经济增长迅速，城乡居民收入水平不断增强。本节分别从城乡居民人民币储蓄存款、城镇居民人均可支配收入、农村居民人均纯收入等相关指标来具体分析近来年湖南省城乡居民收入水平的时间变化情况及与国内其他省份的横向差距。

从城乡居民人民币储蓄存款来看，2010 年，湖南省实现城乡居民人民币储蓄存款 9 022.60 亿元，约占同期江苏省城乡居民人民币储蓄存款 23 334.50 亿元的38.67%，与同期湖北省城乡居民人民币储蓄存款 9 798.10 亿元基本相持平。从年均增速来看，2005—2010 年，湖南省城乡居民人民币储蓄存款增长较快，由 2005 年的 4 092.10 亿元增长至 2010 年的 9 022.60 亿元，共增加了 4 930.50 亿元，年均增速约为 20.08%，其年均增速远大于同期东部沿海发达地区省份江苏省的 11.41%，大于同期同处中部地区河南省的 16.43%，基本与同期同处中部地区湖北省的19.90% 相持平，略大于同期全国水平的 19.17%，见表 5-1。

表 5-1　2005—2010 年湖南省城乡居民人民币储蓄存款与其他省的比较　　单位：亿元

地区	2005 年	2006 年	2007 年	2008 年	2009 年	2010 年
湖南省	4 092.10	4 762.30	5 321.70	6 549.50	7 809.80	9 022.60
江苏省	10 581.30	12 183.50	13 014.90	16 718.70	20 080.60	23 334.50
河南省	6 488.60	7 367.40	7 812.20	9 515.80	11 207.40	12 884.10
湖北省	4 465.80	5 103.60	5 430.80	6 745.40	8 163.50	9 798.10
全　国	141 051.00	161 587.30	172 534.20	217 885.40	260 771.70	303 302.50

从城镇居民人均可支配收入来看，2010 年，湖南省城镇居民人均可支配收入为 16 565.70 元，增长 9.80%；扣除物价因素，实际增长 6.50%。其中，城镇居民人均工资性收入 10 782.04 元，增长 9.60%。与其他省份以及全国平均水平相比，2010 年，湖南省城镇居民人均可支配收入（16 565.70 元）与同期同处中部地区河南省（15 930.26 元）以及湖北省（16 058.37 元）相持平，落后于全国平均水平（19 109.44 元），远落后于同期东部沿海地区发达省份江苏省平均水平（22 944.26元），见表 5-2。

从农村居民人均纯收入来看，2010 年，湖南省农村居民人均纯收入为 5 621.96元，增长 14.50%；扣除物价因素，实际增长 10.80%。其中，农村居民人均工资性收入 2 655.59 元，增长 18.90%。与国内其他省份以及全国平均水平相比较，2010年，湖南省农村居民人均纯收入水平（5 621.96 元）处于同期同处中部地区河南省（5 523.73 元）与湖北省（5 832.27 元）之间，稍落后于同期全国平均水平（5 919.01

元），远落后于同期东部沿海发达省份江苏省平均水平（9 118.24 元），见表5-3。

表5-2　2010 年湖南省城镇居民收入水平与其他省的比较　　　　单位：元

地区	人均可支配收入	人均工资性收入	人均经营净收入	人均财产性收入	人均转移性收入
湖南省	16 565.70	10 782.04	1 880.90	541.11	4 453.02
江苏省	22 944.26	14 816.87	2 519.06	471.04	7 308.57
河南省	15 930.26	10 804.88	1 478.06	222.07	4 636.80
湖北省	16 058.37	11 460.49	1 391.83	378.34	4 342.17
全　国	19 109.44	13 707.68	1 713.51	520.33	5 091.90

表5-3　2010 年湖南省农村居民收入水平与其他省的比较　　　　单位：元

地区	人均纯收入	人均工资性收入	人均家庭经营纯收入	人均财产性收入	人均转移性收入
湖南省	5 621.96	2 655.59	2 463.90	101.58	400.89
江苏省	9 118.24	4 896.39	3 215.02	398.94	607.89
河南省	5 523.73	1 943.86	3 240.43	59.29	280.14
湖北省	5 832.27	2 186.11	3 234.94	106.92	304.30
全　国	5 919.01	2 431.05	2 832.80	202.25	452.92

5.1.3　湖南省城镇居民生活水平

2010 年，湖南省城镇居民恩格尔系数为 36.50%，城镇居民人均消费性支出 11 825.33 元，增长 9.20%。其中，人均旅游支出、交通通信支出分别增长 42.20% 和 24.90%。与其他省份以及全国平均水平相比较，2010 年，湖南省城镇居民人均消费性支出水平（11 825.33 元）高于同期河南省（10 838.49 元）以及湖北省（11 450.97 元）的平均水平，略低于同期江苏省（14 357.49 元）以及全国（13 471.45 元）的平均水平。

进一步从湖南省城镇居民消费支出结构来看，2010 年，湖南省城镇居民消费结构中食品消费支出为 4 322.09 元，占 36.55%；衣着消费支出为 1 277.47 元，占 10.80%；居住消费支出为 1 182.33 元，占 10.00%；家庭设备用品及服务消费支出为 903.81 元，占 7.64%；医疗保健消费支出为 776.85 元，占 6.57%；交通和通信消费支出为 1 541.40 元，占 13.03%；教育文化娱乐消费支出为 1 418.85 元，占

12.00%；其他杂项消费支出为 402.52 元，占 3.40%。与东部、中部、西部及东北 4 大区域的平均水平相比，2010 年，湖南省城镇居民消费支出结构中，食品消费支出比例（36.55%）明显高于东部地区（34.95%）与东北地区（34.54%），基本与中部地区（36.15%）以及西部地区（37.73%）持平，然而在教育文化娱乐服务消费支出比例方面却表现为明显低于东部地区的趋势（湖南省为 12.00%；东部地区 13.00%），这综合说明湖南省城镇居民仍处于较低的日常消费和较高的居住消费水平，见表 5-4。

表 5-4　2010 年湖南省城镇居民消费性支出及比例构成与其他省的比较

消费构成/元	消费性支出	食品	衣着	居住	家庭设备及服务	医疗保健	交通和通信	教育文化娱乐服务	其他商品和服务
湖南省	11 825.33	4 322.09	1 277.47	1 182.33	903.81	776.85	1 541.40	1 418.85	402.52
江苏省	14 357.49	5 243.14	1 465.54	1 234.05	1 026.32	805.73	1 935.07	2 133.25	514.41
河南省	10 838.49	3 575.75	1 444.63	1 080.10	866.72	941.32	1 374.76	1 137.16	418.04
湖北省	11 450.97	4 429.30	1 415.68	1 187.54	867.33	709.58	1 205.48	1 263.16	372.90
全　国	13 471.45	4 804.71	1 444.34	1 332.14	908.01	871.77	1 983.70	1 627.64	499.15
比例构成/%	消费性支出	食品	衣着	居住	家庭设备及服务	医疗保健	交通和通信	教育文化娱乐服务	其他商品和服务
湖南省	100.00	36.55	10.80	10.00	7.64	6.57	13.03	12.00	3.40
东　部	100.00	34.95	9.49	9.75	6.65	5.82	16.69	13.00	3.65
中　部	100.00	36.15	11.84	10.49	7.33	6.94	12.18	11.54	3.53
西　部	100.00	37.73	11.66	9.32	6.79	6.59	13.25	10.88	3.77
东　北	100.00	34.54	13.17	10.45	5.92	8.77	12.35	10.59	4.21

5.1.4　湖南省农村居民生活水平

2010 年，湖南省农村居民恩格尔系数为 48.4%，农村居民人均生活消费支出 4 310.37 元，增长 7.20%。其中，人均家庭设备用品及服务支出、衣着支出分别增长 19.80% 和 15.00%。与其他省份以及全国平均水平相比较，2010 年，湖南省农村居民人均生活消费支出（4 310.37 元）均高于同期河南省（3 682.21 元）以及湖北省（4 090.78 元）平均水平，基本与全国平均水平（4 381.82 元）相持平，但远低于同期江苏省平均水平（6 542.87 元）。

进一步从湖南省农村居民消费支出结构来看，2010 年，湖南省农村居民消费支出结构中食品消费支出为 2 087.85 元，占 48.44%；衣着消费支出为 209.85 元，占 4.87%；居住消费支出为 719.20 元，占 16.69%；家庭设备及服务消费支出为 243.90 元，占 5.66%；交通和通信消费支出为 343.82 元，占 7.98%；文教娱乐用品及服务消费支出为 315.93 元，占 7.33%；医疗保健消费支出为 293.59 元，占 6.81%；其他商品及服务等杂项消费支出为 96.23 元，占 2.23%。与东部、中部、西部及东北四大区域的平均水平相比较，湖南省食品消费支出比例（48.44%）较东部（39.11%）、中部（42.46%）、东北（36.00%）平均水平较高，也高于同期西部平均水平（44.00%）；而在交通和通信（湖南省、东部、中部及东北的比例依次为 7.98%、12.26%、8.94%、9.85%）、文教娱乐用品及服务（湖南省、东部、中部及东北地区的比例依次为 7.33%、9.32%、7.86%、11.75%）以及医疗保健等消费支出比例（湖南省、东部、中部及东北地区的比例依次为 6.81%、6.88%、7.19%、10.10%）方面普遍表现为低于同期东部、中部、东北的趋势，见表 5-5。

表 5-5　2010 年湖南省农村居民消费支出及构成与其他省的比较

消费构成/元	生活消费支出	食品	衣着	居住	家庭设备及服务	交通和通信	文教娱乐用品及服务	医疗保健	其他商品及服务
湖　　南	4 310.37	2 087.85	209.85	719.20	243.90	343.82	315.93	293.59	96.23
江　　苏	6 542.87	2 491.51	350.01	1 170.88	327.69	785.53	908.1	362.28	146.87
河　　南	3 682.21	1 371.17	261.52	765.18	254.47	401.44	250.47	287.83	90.14
湖　　北	4 090.78	1 763.05	217.61	816.42	262.26	331.35	288.12	295.24	116.73
全　　国	4 381.82	1 800.67	264.03	835.19	234.06	461.1	366.72	326.04	94.02
比例构成/%	生活消费支出	食品	衣着	居住	家庭设备及服务	交通和通信	文教娱乐用品及服务	医疗保健	其他商品及服务
湖南省	100	48.44	4.87	16.69	5.66	7.98	7.33	6.81	2.23
东　部	100	39.11	5.72	19.29	5.18	12.26	9.32	6.88	2.25
中　部	100	42.46	5.89	19.42	5.93	8.94	7.86	7.19	2.31
西　部	100	44.00	6.02	18.77	5.39	9.66	6.60	7.79	1.77
东　北	100	36.00	8.26	17.62	3.98	9.85	11.75	10.10	2.44

5.1.5　湖南省城乡居民生活消费综合分析

鉴于上述，湖南省城乡居民收入较东部沿海发达省份低，大体与中部地区的河南省与湖北省相持平。与之大体相对应的是，湖南省城乡居民消费能力也明显低于东部地区，与中部地区广大省份相持平，特别是湖南省城乡居民支出中存在着普遍较高的食品、衣着消费、居住消费支出以及普遍较低的医疗保健、教育文化娱乐及服务消费支出，这综合说明当前湖南省城乡居民的生活消费模式尚介于温饱型与小康型之间。

值得说明的是，湖南省城乡居民的生活消费模式介于温饱型与小康型之间，仅表明当前城乡居民的总体生活消费水平不高，并非说明其生活消费模式属于低碳消费模式[①]。判定生活消费模式是否属于低碳消费模式的前提是在厘清国内外相关理论研究成果的基础上，运用恰当的研究方法科学测算居民生活能源消耗及其引致的碳排放，在此基础上，才能客观地评价城乡居民低碳生活现状。

5.2　城乡居民生活碳排放研究方法及数据来源

5.2.1　国内外研究现状

当前国内外学者主要采取 3 种途径对城乡居民低碳生活相关问题进行分析。具体来看：

（1）是基于个人主观经验对城乡居民低碳生活的现状、问题及优化思路与对策进行定性分析。当然这种分析是必要的，特别是这种整体性的分析有助于从宏观层面把握城乡居民低碳生活的问题、优化思路，然而通过这种途径得出的研究结论往往因受限于个人的经验、知识等主观因素的限制而使研究结论的权威性与适用性大打折扣。

---

① 当前，多数市民认为生活消费水平越低，其生活越低碳；反之生活消费水平越高，其生活越高碳。这是一个误区，虽然二者存在一定的正相关性，但不能绝对化。尤为要注意的是不能以牺牲广大城乡居民的物质生活追求，特别是过分降低广大城乡居民的物质生活标准来寻求所谓的"低碳生活"。

（2）是基于问卷调查对城乡居民低碳生活的现状水平、存在的问题等进行一定程度的定量分析。从一定程度上讲，通过这种途径得出的研究结论较第一种途径具有较高的精确性与科学性，然而这种途径往往由于调查问卷的设计、样本数量的选取等因素限制从而也容易导致研究结论的"以偏概全"。

（3）是基于比较权威的统计数据，通过定量的方法对城乡居民低碳生活的现状、问题、影响因素等相关问题进行系统分析。综合来看，通过这种途径得出的研究结论较前两种更具有说服力，其不足之处是需要搜集、整理与处理较多的数据。

综合考虑上述 3 种途径，本节主要采用第 3 种途径，通过对城乡居民生活能源消费及碳排放量的测算来反映湖南省城乡居民低碳生活现状。为进一步测算城乡居民生活能源消费及碳排放量提供理论及方法参考，首先对国内外城乡居民生活能源消费及碳排放量理论研究进行系统梳理。

居民生活消费是诱发能源消耗增长的重要原因之一。随着新型工业化的加快推进，产业结构的优化升级、经济增长方式的转型以及节能技术的提高，可以预计的是未来一段时间，我国第二产业能耗会大幅降低，与此同时，居民生活消费能源在总的能源消费中所占比例将显著增加。根据欧盟的统计，欧盟家庭能源需求在 20 世纪 90 年代就已经超过了工业能源的需求，Manfred Lenzen 的研究也表明澳大利亚居民生活消费的直接与间接碳排放已经超过产业部门，成为碳排放的主要增长点。尽管我国工业化道路与发达国家不同，但随着城市化加快推进的协同效应，我国城市居民生活能源消耗增长将更为显著，其对总能源消费的拉动作用也将不断增强。姚亮通过对中国城乡居民消费隐含的碳对比分析得出 2009 年我国城镇居民消费的碳排放量已经达到总量的 76.44%。

在全球气候变暖的全球性危机背景下，碳排放及其相关研究成为较长一段时期国内外学者的研究热点之一。在这一背景下，国内外学者对碳排放相关问题进行了广泛而深入的研究，其研究成果主要集中在以下几个方面：其一，碳排放的因素分解研究，主要是运用 Laspeyres、STIRPAT 和 LMDI 等分解模型探讨碳排放的影响因子及影响程度。其二，碳排放与经济增长等因素的关系研究，主要是运用 Tapio 等脱钩模型对经济增长、能源消耗及其引致的碳排放之间的关系进行系统探讨。其三，碳排放的主要构成研究，主要是从工业、交通、建筑等重点领域探讨能源碳排放的主要构成。与此同时，国内外很多学者对居民生活消费水平（低碳生活水平）评估、居民生活消费能源消耗与碳排放估算等进行了研究。

国外方面，据欧盟的统计，欧盟家庭能源需求在 20 世纪 90 年代就已超过了工业能源的需求。近年来，一些发达国家的统计数据也表明，居民生活消费的直接与间接碳排放已超过产业部门，成为碳排放的主要增长点。Spangenberg 等利用生态足迹的研究方法分析了家庭乃至个人生活消费对生态环境的影响。Bin 等利用 CLA（Consumer Lifestyle Approach）方法研究了美国家庭消费与碳排放量的关系，其研究结果表明，来自居民家庭直接消费产生的二氧化碳排放量占美国二氧化碳排放量的 41%。Weber 和 Perrels 建立了生活方式对能耗的影响力测算模型，定量分析了德国、法国、荷兰的家庭消费结构以及生活方式对能源需求和碳排放量的影响。Druckman 等使用多区域投入产出模型（QMRIO）对美国家庭 1990—2004 年的碳足迹进行统计，其研究结果显示，2004 年的美国家庭碳排放量比 1990 年增加了 15.00%，并指出扩展的生活方式是导致家庭碳排放量增加的主要因素。Roy 等认为通过改变生活方式来降低碳排放是公平和可持续的，也是降低家庭能源消耗和碳排放的有效途径之一，见表 5-6。

表 5-6　国外相关研究成果

学者	研究结论
Spangenberg	利用生态足迹的方法分析了家庭乃至个人生活消费对生态环境的影响
Manfred Lenzen	利用投入产出模型评估了澳大利亚消费者行为对能源消费和温室气体排放量的影响
Bin	利用 CLA（Consumer Lifestyle Approach）方法研究了美国家庭消费与碳排放量的关系，结果表明，来自居民家庭直接消费产生的二氧化碳排放量占美国二氧化碳排放量的 41%
Bin S，Dowlatabadi H	研究发现家庭作为人类社会的基本单元，其能源消耗引致的碳排放约占全社会碳排放的 84%
Poortinga W. teg L and Vlek C	研究结果表明家庭直接能源消费包括住宅能源消费和交通能源消费，具体指家庭在生活中用于交通、取暖、炊事、照明及其他家用电器等所直接消费的能源
Erling，Ingrid	基于家庭生活能源消耗影响因素模型，并在模型中加入了家庭社会经济学特征以及行为偏好等变量，研究发现上述变量对家庭能耗具有显著影响
Shui and Hadi	将消费者行为影响划分为直接和影响两个方面，用此来揭示家庭行为的能源消耗与环境的影响作用
Weber，Perrels	建立了生活方式对能耗的影响力测算模型，定量分析了德国、法国、荷兰的家庭消费结构以及生活方式对能源需求和碳排放量的影响

学者	研究结论
Druckman	使用多区域投入产出模型（QMRIO）对美国家庭 1990—2004 年的碳足迹进行统计，其研究结果显示，2004 年的美国家庭碳排放量比 1990 年增加了 15.00%，并指出扩展的生活方式的期望是导致家庭碳排放量增加的主要因素
Roy	认为通过改变生活方式来降低碳排放是公平和可持续的，也是降低家庭能源消耗和碳排放的有效途径之一

国内方面，李艳梅等运用投入产出方法构建了结构分解分析模型，对中国居民间接生活能源消费的增长原因进行了实证分析，其研究结果表明促使间接生活能源消费增加的因素有居民消费总量增加、消费结构变化、城乡消费比例变化和中间生产技术变化，而起到抑制能源消费增加的因素唯有以直接能源消耗系数大幅下降为标志的节能技术进步。魏一鸣等基于 CLA 模型，量化了 1998—2002 年中国城市和农村居民的生活方式对用能以及二氧化碳排放的直接和间接的影响。王妍等利用投入产出分析方法，并结合城乡居民生活消费数据，测算了 1995—2004 年中国城镇居民生活消费诱发的完全能源消耗。汪东等研究了 1991—2009 年中国城镇居民和农村居民生活能源消费二氧化碳排放的变化趋势，同时利用对数平均迪氏指数法定量研究了居民生活能源消费二氧化碳排放的影响因素，其研究结果表明1991—2009年我国生活能源消费的二氧化碳排放系数变化对居民生活能源消费二氧化碳排放量增长起抑制作用，带来的年均降低量为 230.98 万 t，其中城镇居民和农村居民生活能源消费二氧化碳排放系数变化带来的年均降低量分别为 139.30 万 t、91.68 万 t。向求来等基于 LMDI 模型，提出包括产业和生活消费的二氧化碳综合排放强度影响因素的分解方法，并以湖南省为例分析了生活消费对二氧化碳综合排放强度的影响，其研究结果表明，1997—2009 年，湖南省二氧化碳综合排放强度总体呈下降形势，生活消费能源强度因素对其下降的贡献率为 21.7%，且生活消费能源强度下降的空间较大；生活消费能源结构因素贡献率为-3.8%，没有发挥降低二氧化碳综合排放强度的作用，提高清洁能源在能源结构中的占有比例能够有效地降低二氧化碳综合排放强度。此外，也有不少学者对居民生活消费与碳排放的现状、影响因素进行了相关研究，见表 5-7。

表 5-7　国内其他相关研究成果

学者	研究结论	文献出处
刘莉娜，曲建升，邱巨龙等	在时间上，1995—2010 年，中国人均家庭生活消费、人均家庭生活消费碳排放、碳排放强度均呈逐渐上升趋势；各项人均家庭生活消费碳排放主要处于波动上升趋势，其中文教、娱乐用品及服务消费和居住消费碳排放上升趋势最显著。在空间上，中国人均家庭生活消费碳排放存在很大的区域差异性，由东南沿海各省向西北内陆各省递减	《1995—2010 年居民家庭生活消费碳排放轨迹》，刊载于《开发研究》，2012 年第 4 期
罗婷文，欧阳志，王效科等	与 1979 年相比，1999 年北京城市家庭人均及户均食物消费量分别减少了 15.2%和 38.6%，而食物碳消费总量增加了 28.5%，食物碳消费结构由"以粮食为主"转变成"以粮食和肉类为主"。城市化进程中，以 1993 年为界，家庭食物人均及户均碳消费量均由明显减少趋势转变为明显增长趋势。北京城市家庭已基本完成食物消费结构的转变，人均食物消费量仍继续增加	《北京市城市化进程中家庭食物碳消费动态》，刊载于《生态学报》，2005 年第 12 期
叶红，潘玲阳，陈峰等	2007 年，厦门岛区家庭户平均年能耗直接碳排放量为 1 218.2kg/户，电力消耗直接碳排放是厦门岛区主要的家庭能耗直接碳排放方式，电力消耗直接碳排放量是瓶装液化石油气与代用天然气使用直接碳排放总量的近 5 倍。通过单因素方差分析与多元逐步回归方程得到，与住区自然环境与家庭耗能倾向相比，家庭社会情况是影响家庭能耗直接碳排放最为重要的因子，其对家庭能耗直接碳排放变化的解释能力为 17.9%	《城市家庭能耗直接碳排放影响因素——以厦门岛区为例》，刊载于《生态学报》，2010 年第 14 期
杨瑞华，葛幼松，曾红鹰	通过对全国 9 个城市 270 户重点户和 2 700 户普通户为期 1 年的家庭碳排放问卷调查的统计和碳排放的主成分因子回归分析，得出以下结论：①重点户家庭户均月碳排放量为 451.33 kg，户均年碳排放量为 5 415.96 kg，人均年碳排放量为 1 799.43 kg；普遍户家庭户均季碳排放量为 1 197.085 kg；②家庭能耗碳排放量平均占总量的 49%，是最主要的碳排放源，交通出行碳排放量和生活垃圾碳排放量相当，分别占 26%和 25%；③交通出行碳排放亚结构中，碳排放量最多的是小汽车，占到了交通出行碳排放总量的 67.80%；④家庭能耗碳排放亚结构中，家庭用电碳排放最多，占碳排放总量的 70%	《基于 CLA 模型的城市微观家庭碳排放特征研究——以全国 9 个城市家庭碳排放问卷调查为例》，刊载于《山西大学学报》（自然科学版），2011 年第 4 期
陈琦，郑一新，陈云波等	昆明市城镇家庭碳排放总量变化趋势为平稳上升趋势。碳排放结构中能源碳排量占比最大，其排放主体为家庭用电、家用燃料，而物质消费碳排放主体为衣着类、粮食、肉类。另外，人口特征和经济特征因素与城镇家庭碳排放量具有显著相关性	《昆明市城镇家庭消费碳排放特征及影响因素分析》，刊载于《环境科学导刊》，2010 年第 5 期

综合来看，国内外相关研究成果较为丰富，为深入开展湖南省居民生活消费碳排放相关研究提供了理论基础和方法借鉴。然而，国内外的研究成果多是从宏观尺度、国家层面进行居民生活消费碳排放的相关性探讨，省级层面的研究成果仍为匮乏。但是，从现实情况来讲，省级区域在我国节能减排目标的实施进程中具有至关重要的作用。基于此，本章以中部典型省份湖南省为例，基于生活方式分析法测算了 2005—2009 年湖南省城镇居民和农村居民家庭的直接和间接能源消耗及相应的碳排放量，同时构建居民生活消费碳排放水平评估指标体系对其发展水平进行评估，基于相关系数探求人口规模、城乡人口结构、人均收入水平等因素对居民生活能源消耗碳排放的影响因素，在此基础上剖析湖南省城乡居民低碳生活面临的问题，进而寻求其优化思路，无疑具有重要的理论意义和实际价值[①]。

国内外理论研究成果表明，居民生活中除了照明、炊事、取暖、家电等直接用能需要外，对其他商品（如食品、衣着、家庭设备等）或服务（如医疗、教育、文化娱乐等）也有需求，居民的衣食住行需要大量商品，而这些商品在生产、加工转换中必然为能源消费带来间接影响。能够带来间接能源消费的居民生活方式主要包括：食品、衣着、居住（农村不包括）、家庭设备用品及服务、医疗保健、交通通信、教育文化娱乐、杂项商品及服务。因此，对城乡居民生活能源消耗及碳排放的测算不能仅仅停留在测算其直接能源消耗及碳排放的层面上，同时也需要科学计量其间接的能源消耗及碳排放。

科学测算城乡居民生活能源消费及碳排放的基础是识别并区分与居民生活行为相关的直接消费能耗行为以及间接消费能源行为，以便于利用生活方式分析方法测算城乡居民生活直接能源消耗、碳排放以及间接能源消耗、碳排放。张馨等学者对居民日常生活行为进行了系统归类，其归类结果见表 5-8。由于农村地区几乎没有热力生产和燃气供应，并且在《中国能源统计年鉴》的"能源建设"栏目中也没有关于农村地区能源建设的内容。因此，在农村居民生活间接能耗和碳排放中我们不考虑居住方面的消费行为。

---

① 需要说明的是，限于统计资料若干年份的缺失，本章以 2005—2009 年为研究时限。

表 5-8　产生能源消费的居民生活行为分类

居民生活行为	城镇居民生活行为分类	农村居民生活行为分类
直接消费能源的行为	照明、炊事、娱乐、取暖制冷、清洁卫生、交通	照明、炊事、娱乐、取暖制冷、交通
间接消费能源的行为	食品、衣着、家庭设备用品及服务、教育文化娱乐、医疗保健、交通通信、居住、杂项商品与服务	食品、衣着、家庭设备用品及服务、教育文化娱乐、医疗保健、交通通信、杂项商品与服务

5.2.2　城乡居民生活直接能源消费及碳排放量的测算方法

城乡居民生活直接能源消费（碳排放）是指对商品能源的直接购买、消费。消费的能源种类有原煤、其他洗煤、型煤、焦炭、焦炉煤气、其他煤气、汽油、煤油、柴油、液化石油气、天然气、热力、电力等。根据 IPCC 的碳排放计算指南，城乡居民生活直接能源消费及碳排放量的测算方法如下：

$$E_{\text{diri}} = \sum_{k=1}^{n} F_k^i \times C_k \tag{5.1}$$

$$C_{\text{diri}} = \sum_{k=1}^{n} E_{\text{diri}} \times I_k \tag{5.2}$$

式中：E_{diri} —— i 个地区（$i=2$）的居民生活直接能源消费，万 t 标准煤，下同；

$\quad\quad F_k^i$ —— i 个地区第 k 种能源的实物消费量，t；

$\quad\quad C_k$ —— 第 k 种能源的标准煤折算系数，t 标准煤/t；

$\quad\quad C_{\text{diri}}$ —— i 个地区的碳排放量，万 t，下同；

$\quad\quad I_k$ —— 第 k 类能源的碳排放系数（表 5-9）。

同时需要注意的是，电力生产中通常只有火力发电才会产生大量的能源消费及碳排放，水电、核电及风电等其他清洁电力只会产生少量的能源消费及碳排放，因此将电力消费量转化为标准煤量时，应该剔除非火力发电的份额，否则会高估电力消费的能源消费及碳排放。2005—2009 年湖南省火力发电份额来源于《2006—2010 年中国能源统计年鉴》中的分地区火力发电量统计。另外，由于火力发电以煤炭为主要能源，这里可以假设火电的碳排放系数与原煤相同。

表 5-9　各种能源的碳排放系数与标准煤折算系数

	煤炭	焦炭	原油	汽油	煤油	柴油	燃料油	天然气	液化石油气	电力
折标准煤系数/（t 标准煤/t）	0.714 3	0.971 4	1.428 6	1.471 4	1.471 4	1.457 1	1.428 6	1.33×10^{-3}	1.714 3	1.229×10^{-4}
碳排放系数/（t 碳/t 标准煤）	0.755 9	0.855 0	0.585 7	0.553 8	0.571 4	0.592 1	0.618 5	0.448 3	0.504 0	0.755 9

5.2.3　城乡居民生活间接能源消费及碳排放量的测算方法

城乡居民生活间接碳排放量是在人们满足日常活动需求的消费行为过程中产生的。本节对城乡居民生活间接碳排放量的测算是通过测算城乡居民消费支出的食品、衣着、家庭设备用品及服务、医疗保健、交通通信、居住、教育文化娱乐及服务、杂项商品及服务等 8 类结构所包含的相关产业产生的间接碳排放（农村居民生活间接能源消耗及碳排放不包括居住项目）。参考李艳梅等学者的研究成果，将城乡居民生活消费行为相关的行业部分进行分类（表 5-10）。

表 5-10　城乡居民生活消费相关的行业部门

消费支出项目	相关行业	消费支出项目	相关行业
食品	农副食品加工业	医疗保健	医药制造业
	食品制造业	交通通信	交通运输设备制造业
	饮料制造业		通信设备、计算机及其他电子设备制造业
衣着	纺织业	居住	电力、热力的生产和供应业
	纺织服装、鞋、帽制造业		燃气生产和供应业
	皮革、毛皮、羽毛及其制品		水的生产和供应业
家庭设备用品及服务	木材加工及木、竹、藤、棕、草制品业		非金属矿物制品业
	家具制造业		金属制品业
	电气机械及器材制造业	教育文化娱乐服务	造纸及纸制品业
杂项商品与服务	批发、零售和住宿、餐饮业		印刷业和记录媒介的复制
	烟草制品业		文教体育用品制造业

根据生活方式分析法，城乡居民生活间接能源消耗及碳排放量的测算公式如下：

$$E_{\text{ind}} = \sum_i (\text{EI}_i \times X_i) \times P \qquad (5.3)$$

$$C_{\text{ind}} = \sum_i (\text{CI}_i \times X_i) \times P \qquad (5.4)$$

式中：E_{ind} —— 城镇/农村居民生活间接能源消费量，万 t 标准煤，下同；

C_{ind} —— 城镇/农村居民生活间接能源消费的碳排放总量，万 t；

X_i —— 城镇/农村居民在 i 类消费支出项中的人均支出，元；

P —— 城镇/农村人口数，万人；

EI_i —— i 类消费支出项的能源强度。

$$\text{EI}_i = E_i / G_i \qquad (5.5)$$

式中：E_i —— i 类消费支出项中所包含的相关行业能源之和；

G_i —— i 类消费支出项中所包含的相关行业增加值之和；

CI_i —— i 类消费支出项的碳排放强度。

$$\text{CI}_i = C_i / G_i \qquad (5.6)$$

式中：C_i —— 第 i 类消费支出项目中所包含的相关行业碳排放量之和。

5.2.4　数据来源

湖南省城乡居民生活直接能源消费碳排放测算中各种能源的实物消费量数据来源于 2006—2010 年《中国能源统计年鉴》中的湖南省能源平衡表。其中，湖南省城乡居民生活直接消费的电力数据为折算值，具体折算方式是在核算出火力发电占发电总量比例的基础上（各年份火力发电、发电总量数据来源于《中国能源统计年鉴》中分地区发电量、分地区火力发电量），将城乡居民生活直接电力消费数据乘以相应年份的比例数据得到。

湖南省城乡居民生活间接能源消费碳排放测算中城乡居民各消费项目中的支出数据来源于 2006—2010 年《中国统计年鉴》；分行业增加值以及分行业、分品种能源消费数据来自 2006—2010 年《湖南省统计年鉴》；城镇和农村人口数据来源于 2006—2010 年《湖南省统计年鉴》。其中，为了使数据具有可比性，本节将 2005—

2009 年的现价分行业增加值换算为 2005 年的不变价，由此计算出可比的能源强度和碳排放强度；由于 2005 年、2006 年、2007 年度分行业、分品种能源统计数据的缺失，采用 2005 年、2006 年、2007 年行业增加值与 2009 年行业增加值的比例系数乘以 2009 年该行业分品种能源消费量而得。

5.3 湖南省城乡居民生活能源消耗现状分析

5.3.1 城镇居民生活直接能源消耗

由于湖南省城镇居民和农村居民的经济收入、生活水平、生活方式等均存在一定程度的差异，使得湖南省城乡居民生活直接能源消费总量、能源消费结构等均存在较大差异。

2005—2009 年，湖南省城镇居民生活的直接能源消费总量上呈现逐年递增的趋势，从 2005 年的 161.26 万 t 标准煤增加到 2009 年的 225.60 万 t 标准煤，5 年间共增加了 64.34 万 t 标准煤，年均增幅为 7.98%（图 5-2）。

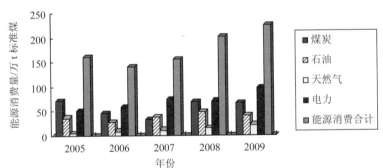

图 5-2　2005—2009 年湖南省城镇居民生产直接能源消费

2005—2009 年，湖南省城镇居民生活的直接能源消费结构有所优化，从整体上看，煤炭、石油、天然气以及电力消费占总能源消费量的 32.04%、21.74%、6.75% 以及 39.47%，见图 5-3。

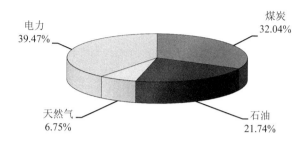

电力 39.47%

煤炭 32.04%

天然气 6.75%

石油 21.74%

图 5-3　2005—2009 年湖南省城镇居民生产直接能源消费占比

2005—2009 年，在湖南省城镇居民生活的直接能源消费结构中，煤炭消费量总体上是下降的，并且占城镇居民生活的直接能源消费总量的比例也是下降的，由 2005 年的 43.81% 下降到 2009 年的 29.25%；石油消费量下降幅度有限，石油消费占比由 2005 年的 22.62% 下降至 2009 年的 21.71%，这主要是由于当前私家车数量的激增引起；天然气消费总体上是上升的，并且占城镇居民直接能源消费总量的比例也是上升的，由 2005 年的 2.48% 增加到 2009 年的 6.74%；电力消费整体上呈现逐年增长的趋势，并且占城镇居民直接能源消费总量的比例总体上也是上升的，由 2005 年的 31.11% 上升到 2009 年的 39.41%，这主要是由于当前城镇居民家庭家用电器的种类、数量日益增多的原因。这从总体上反映出近年来湖南省城镇居民的能源选择逐渐趋于清洁化。值得注意的是，电力消费在湖南省城镇居民生活直接用能中占据较大的比重，由于电力大部分是由煤炭转化而来的特征性质，致使电力消费往往具有两面性，即一方面对于广大用户来讲属于清洁能源，而对于人类环境则存在不利影响。这也是下一步优化、调整湖南省城镇居民生活直接用能的方向（表 5-11）。

表 5-11　2005—2009 年湖南省城镇居民生活直接能源消费及占比

能源消耗/ 万 t 标准煤	煤	油品	天然气	电力	合计
2005 年	70.64	36.47	4.00	50.16	161.27
2006 年	45.66	28.18	8.51	58.73	141.08
2007 年	32.30	37.93	11.31	73.51	155.05
2008 年	68.31	48.33	14.50	70.08	201.22
2009 年	65.99	41.07	21.28	95.96	224.30
合计	282.90	191.98	59.60	348.44	882.92

消耗占比/%	煤	油品	天然气	电力	合计
2005 年	43.81	22.62	2.48	31.11	100.02
2006 年	32.36	19.97	6.03	41.63	99.99
2007 年	20.83	24.46	7.29	47.41	99.99
2008 年	33.95	24.04	7.21	34.83	100.03
2009 年	29.25	18.20	9.43	42.54	99.42
合计	32.00	21.71	6.74	39.41	99.86

5.3.2 农村居民生活直接能源消耗

湖南省农村居民家庭生活能源消费不同于城镇居民家庭,其能源消费可简单划分为商品能源以及自产的生物质能两部分。

2005—2009 年,湖南省农村居民生活的直接能源消费总量总体上呈现逐年递增的趋势,从 2005 年的 533.24 万 t 标准煤增加到 2009 年的 702.49 万 t 标准煤,5年间共增加了 169.25 万 t 标准煤,年均增幅为 6.35%,稍低于同期湖南省城镇居民生活的直接能源消费增幅（7.98%）（图 5-4）。

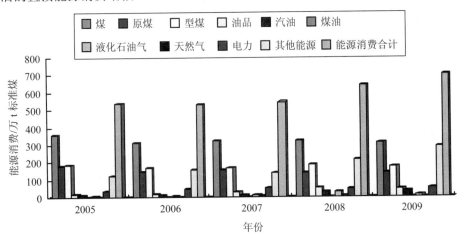

图 5-4 2005—2009 年湖南省农村居民生产直接能源消费

2005—2009 年,湖南省农村居民生活的直接能源消费结构有所优化,从整体上看,煤炭、石油、天然气、电力消费以及其他能源（生物质能、太阳能等）分别占总能源消费量的 55.10%、5.60%、0.31%、7.91% 以及 31.08%（图 5-5）。

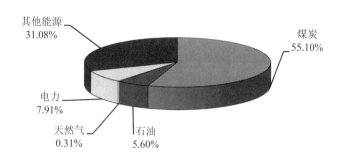

其他能源
31.08%

煤炭
55.10%

电力
7.91%

天然气
0.31%

石油
5.60%

图 5-5　2005—2009 年湖南省农村居民生产直接能源消费占比

2005—2009 年，在湖南省农村居民生产直接能源消费结构中，煤炭消费量总体上是下降的，并且占农村居民生活的直接能源消费总量的比例也是下降的，由 2005 年的 67.31%下降到 2009 年的 44.18%；石油消费量整体上呈现上升趋势，石油消费占比由 2005 年的 3.28%上升至 2009 年的 6.85%；液化石油气消费量整体呈现递增趋势；天然气消费在农村居民生活直接能源消费中占比较小，累计占比不足 0.50%，这主要是由于农村地区炊事和取暖多依靠煤炭或电力所致；电力消费整体上呈现微弱增长的趋势，并且占农村居民直接能源消费总量的比例总体上也是上升的，由 2005 年的 6.53%上升到 2009 年的 7.47%，这主要是由于当前城镇居民家庭家用电器的种类、数量日益增多的原因；其他能源在农村居民生活的直接能源消费中占有较大比重，其比例由 2005 年的 22.88%上升到 2009 年的 41.28%，这说明当前湖南省农村居民利用沼气、太阳能等可再生能源取得了一定成绩（表 5-12）。

表 5-12　2005—2009 年湖南省农村居民生活直接能源消费及占比

能源消耗/万 t 标准煤	煤	油品	汽油	煤油	液化石油气	天然气	电力	其他能源	合计
2005 年	358.91	17.49	12.09	0.53	4.87	0.00	34.84	122	533.24
2006 年	308.89	18.88	12.86	0.51	5.50	0.13	46.64	152.74	527.28
2007 年	322.78	27.43	13.57	0.00	13.87	2.93	53.44	137.26	543.84
2008 年	320.86	52.73	26.59	0.00	26.14	4.66	45.35	212.62	636.21
2009 年	310.38	48.14	34.05	0.00	14.09	1.46	52.49	290.01	702.49
合计	1 621.82	164.67	99.16	1.04	64.47	9.18	232.76	914.63	2 943.06

消耗占比/%	煤	油品	汽油	煤油	液化石油气	天然气	电力	其他能源	合计
2005 年	67.31	3.28	2.27	0.10	0.91	0.00	6.53	22.88	100.00
2006 年	58.58	3.58	2.44	0.10	1.04	0.02	8.85	28.97	100.00
2007 年	59.35	5.04	2.50	0.00	2.55	0.54	9.83	25.24	100.00
2008 年	50.43	8.29	4.18	0.00	4.11	0.73	7.13	33.42	100.00
2009 年	44.18	6.85	4.85	0.00	2.01	0.21	7.47	41.28	100.00
合计	55.11	5.60	3.37	0.04	2.19	0.31	7.91	31.08	100.00

5.3.3 城镇居民生活间接能源消耗

城镇居民生产的间接能源消费可以分为与居民生活相关的 8 个项目来测算。根据式（5.3），将各部门能源消费数据、各部门增加值数据、人均支出数据以及人口数据代入，计算可得 2005—2009 年湖南省城镇居民生活间接能源消费数据。

2005—2009 年，湖南省城镇居民生产间接能源消费量呈现较大幅度的增长，从 2005 年的 3 582.56 万 t 标准煤增加到 2009 年的 8 681.81 万 t 标准煤，5 年间增加了 5 099.25 万 t 标准煤，年均增幅约为 28.47%，远大于同期城镇居民生活直接能源消费量的增幅（7.98%）（表 5-13 和图 5-6）。

表 5-13　2005—2009 年湖南省城镇居民生活间接能源消耗量　　单位：万 t 标准煤

项目	2005 年	2006 年	2007 年	2008 年	2009 年
食品	401.94	510.11	641.03	1 200.85	1 301.67
衣着	195.14	207.34	251.09	452.75	508.42
家庭设备用品及服务	80.87	106.91	144.24	229.60	280.19
教育文化娱乐	967.74	982.73	889.78	1 451.75	1 206.00
医疗保健	106.04	107.01	125.93	228.06	221.77
交通通信	129.57	177.70	142.25	143.76	174.12
居住	1 677.66	1 884.75	2 345.11	4 389.59	4 919.13
杂项商品及服务	23.60	26.46	30.72	61.27	70.51
合计	3 582.56	4 003.01	4 570.15	8 157.63	8 681.81

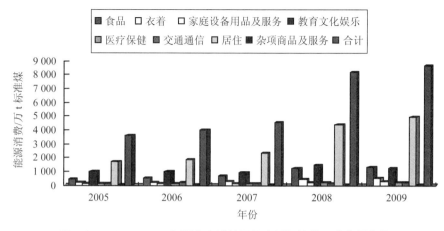

图 5-6　2005—2009 年湖南省城镇居民生活间接能源消费量变化

2005—2009 年，湖南省城镇居民生活的间接能源消费量共计 28 995.16 万 t 标准煤，同期城镇居民生活直接能源消费量为 884.19 万 t 标准煤。由此可见，湖南省城镇居民生活的间接能源消费量约占其生活总用能的 96%。

2005—2009 年，湖南省城镇居民生活的间接能源消耗结构中，比例最大的是居住，其各年份比例依次是 46.83%、47.08%、51.31%、53.81% 及 56.66%，平均占比达到 51.14%；其次是教育文化娱乐能源消费比例，其平均占比也达到了 20.54%；食品消耗占比（13.54%）总体上低于教育文化娱乐占比（20.54%），这综合说明了当前湖南省城镇居民在物质水平有效改善的基础上，更加开始注重对精神生活水平的追求。能源消耗占比超过 10.00% 的还有食品能耗占比，平均占比达到 13.54%；占比在 1%～10% 的依次是衣着占比（5.51%）、交通通信占比（2.99%）、家庭设备用品及服务占比（2.83%）、医疗保健占比（2.75%）；占比最小的是杂项商品和服务，其比例不足 1.00%（表 5-14 和图 5-7）。

表 5-14　2005—2009 年湖南省城镇居民生活间接能源消耗占比

项目	2005 年	2006 年	2007 年	2008 年	2009 年	平均
食品	11.22	12.74	14.03	14.72	14.99	13.54
衣着	5.45	5.18	5.49	5.55	5.86	5.51
家庭设备用品及服务	2.26	2.67	3.16	2.81	3.23	2.83
教育文化娱乐	27.01	24.55	19.47	17.80	13.89	20.54
医疗保健	2.96	2.67	2.76	2.80	2.55	2.75

项目	2005 年	2006 年	2007 年	2008 年	2009 年	平均
交通通信	3.62	4.44	3.11	1.76	2.01	2.99
居住	46.83	47.08	51.31	53.81	56.66	51.14
杂项商品及服务	0.66	0.66	0.67	0.75	0.81	0.71

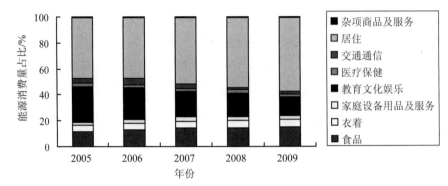

图 5-7　2005—2009 年湖南省城镇居民生活的间接能源消费量占比

5.3.4　农村居民生活间接能源消费

农村居民生产的间接能源消费也是分为除居住项目外的与居民生活相关的其他 7 个项目来测算。根据式（5.3），将各部门能源消费数据、各部门增加值数据、人均支出数据以及人口数据代入，计算可得 2005—2009 年湖南省农村居民生活间接能源消费数据。

2005—2009 年，湖南省农村居民生活间接能源消费量呈现较大幅度的增长，从 2005 年的 1 049.28 万 t 标准煤增加到 2009 年的 1 567.70 万 t 标准煤，5 年间增加了 518.42 万 t 标准煤，年均增幅约为 9.87%，远小于同期城镇居民生活间接能源消费量的增幅（28.47%）（表 5-15 和图 5-8）。

表 5-15　2005—2009 年湖南省农村居民生活间接能源消耗量

项目	2005 年	2006 年	2007 年	2008 年	2009 年
食品	364.66	414.56	487.34	808.42	806.64
衣着	53.7	52.06	58.77	96.31	106.41
家庭设备用品及服务	34.91	42.78	53.72	79.9	93.97
教育文化娱乐	476.22	449.74	299.53	500.18	382.08

项目	2005 年	2006 年	2007 年	2008 年	2009 年
医疗保健	50.65	52.65	61.00	96.63	95.90
交通通信	60.36	72.79	59.16	58.12	63.32
杂项商品及服务	8.78	10.82	12.44	17.57	19.38
合计	1 049.28	1 095.4	1 031.96	1 657.13	1 567.7

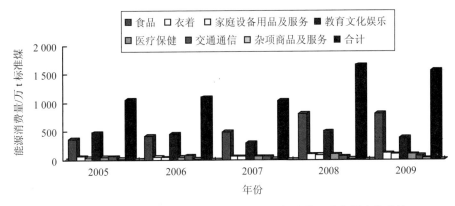

图 5-8　2005—2009 年湖南省农村居民生活间接能源消费量变化趋势

2005—2009 年，湖南省农村居民生活的间接能源消费量共计 6 401.47 万 t 标准煤，同期农村居民生活直接能源消费量为 2 943.06 万 t 标准煤。由此可见，湖南省农村居民生活的间接能源消费量约占其生活总用能的 68.50%。

2005—2009 年，湖南省农村居民生活的间接能源消耗结构中，居住能源比除外，比例最大的是食品，其比例依次是 34.75%、37.85%、47.22%、48.78% 及 51.45%，平均占比达到 44.01%；其次是教育文化娱乐能源消费比例，其平均占比也达到了 34.00%，农村居民的教育文化娱乐能耗占比低于同期城镇居民，且小于同期农村居民食品能耗比，综合说明了当前湖南省广大农村居民虽然开始追求精神生活，但仍以提高物质生活水平为主；然后是衣着占比（5.63%）、医疗保健（5.50%）、交通通信（5.14%）、家庭设备用品及服务（4.65%）；占比最小的依然是杂项商品与服务（1.07%）（表 5-16 和图 5-9）。

表 5-16　2005—2009 年湖南省农村居民生活间接能耗占比　　　　单位：%

项目	2005 年	2006 年	2007 年	2008 年	2009 年	平均
食品	34.75	37.85	47.22	48.78	51.45	44.01
衣着	5.12	4.75	5.69	5.81	6.79	5.63
家庭设备用品及服务	3.33	3.91	5.21	4.82	5.99	4.65
教育文化娱乐	45.39	41.06	29.03	30.18	24.37	34.00
医疗保健	4.83	4.81	5.91	5.83	6.12	5.50
交通通信	5.75	6.65	5.73	3.51	4.04	5.14
杂项商品及服务	0.84	0.99	1.21	1.06	1.24	1.07

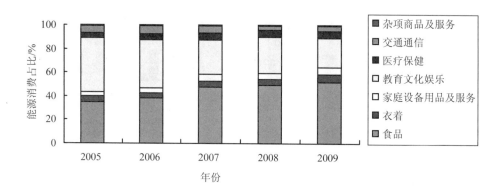

图 5-9　2005—2009 年湖南省农村居民生活间接能源消费量变化趋势

5.3.5　城乡居民生活能源消耗的总体分析

当前，湖南省正处于快速城市化和工业化推进的阶段，城乡居民收入逐渐提高，其物质生活水平也不断提高，城乡居民均普遍开始追求精神生活，这将适度增加能源的消耗。

2005—2009 年，湖南省城镇居民和农村居民生活的能源消费总量从总体上均呈现上升趋势，其中城镇居民生活的能源消费总量基本呈直线上升，从 2005 年的 3 743.82 万 t 标准煤上升到 2009 年的 8 907.41 万 t 标准煤，共增加了 5 163.59 万 t 标准煤，年均增幅为 27.58%；农村居民生活的能源消费总量呈波动性增长趋势，总体上从 2005 年的 1 582.52 万 t 标准煤上升至 2009 年的 2 270.19 万 t 标准煤，共增加了 687.67 万 t 标准煤，年均增幅为 8.69%（表 5-17、图 5-10 和图 5-11）。

表 5-17　2005—2009 年湖南省城乡居民生活能耗　　　　单位：万 t 标准煤

项 目	2005 年	2006 年	2007 年	2008 年	2009 年
城镇直接能耗	161.26	141.08	155.04	201.21	225.60
城镇间接能耗	3 582.56	4 003.01	4 570.15	8 157.63	8 681.81
城镇总能耗	3 743.82	4 144.09	4 725.19	8 358.84	8 907.41
农村直接能耗	533.24	527.28	543.84	636.21	702.49
农村间接能耗	1 049.28	1 095.40	1 031.96	1 657.13	1 567.7
农村总能耗	1 582.52	1 622.68	1 575.80	2 293.34	2 270.19

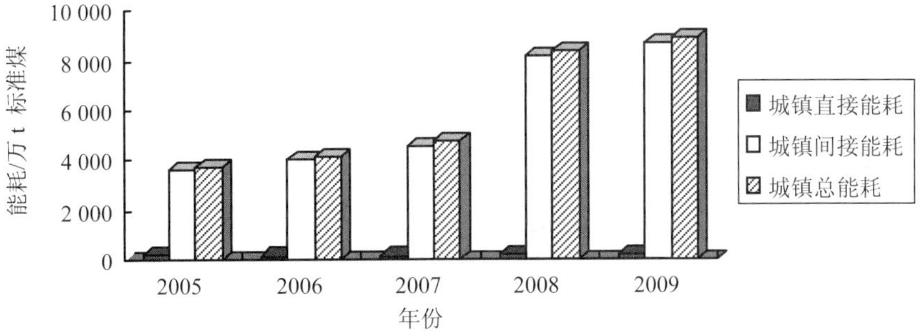

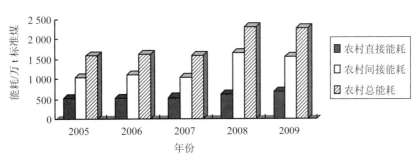

图 5-10　2005—2009 年湖南省城镇居民直接、间接及总能耗

图 5-11　2005—2009 年湖南省农村居民直接、间接及总能耗

2005—2009 年，湖南省各项目的能源消耗强度具有显著差异，其中居住行为的能源强度远远高于其他各项目，5 年平均水平达到 11.55 t 标准煤/万元，且呈现出波动性上升趋势，由 2005 年的 8.73 t 标准煤/万元上升到 2009 年的 15.36 t 标准

煤/万元，与此同时，居住项目产生的间接能源消费也是各项目中最高的，这主要是由于城镇居民在该项目的消费性支出增长较快引起，这也说明当前控制城镇居民家庭间接能源消费的重点应在于居住行为的低碳化；单位项目能源强度较大的还有教育文化娱乐、衣着，分别为 3.452 和 1.128 t 标准煤/万元；最小的是杂项商品及服务（0.442 t 标准煤/万元），值得注意的是在 8 大项目中，杂项商品与及服务涉及的行业增加值最大，但能源强度最小，这主要是由于杂项商品及服务业所涉及的行业多为第三产业，如批发、零售业等，第三产业普遍具有低能耗、高产值等特征，同时也说明了控制居民生产间接能源消费的另一重点途径是大力发展第三产业（表5-18）。

表 5-18　2005—2009 年湖南省分项目能源强度　　　　　　单位：t 标准煤/万元

项目	2005 年	2006 年	2007 年	2008 年	2009 年	平均
食品	0.6	0.6	0.72	1.05	1.05	0.804
衣着	0.99	0.82	0.9	1.44	1.49	1.128
家庭设备用品及服务	0.72	0.7	0.87	1.18	1.18	0.93
教育文化娱乐	3.41	3.46	2.51	4.53	3.35	3.452
医疗保健	0.71	0.64	0.68	1	0.95	0.796
交通通信	0.65	0.71	0.52	0.51	0.47	0.572
居住	8.73	8.03	9.8	15.83	15.36	11.55
杂项商品及服务	0.36	0.36	0.35	0.56	0.58	0.442

2005—2009 年，湖南省城镇居民生活间接能耗比例以及农村居民生活间接能耗比例基本相同，占比最小的均是杂项商品及服务，分别为 0.71% 和 1.07%。除居住能耗外，城镇居民生活间接能耗比例排在前 6 位的依次是教育文化娱乐（20.54%）、食品（13.54%）、衣着（5.51%）、交通通信（2.99%）以及家庭设备用品及服务（2.83%）、医疗保健（2.75%）（图 5-12）；农村居民生活间接能耗比例排在前 6 位的依次是食品（44.01%）、教育文化娱乐（34.00%）、衣着（5.63%）、医疗保健（5.50%）、交通通信（5.14%）、家庭设备用品及服务（4.65%）（图 5-13）。城镇居民生活间接能耗比例中，教育文化娱乐比例超过食品、衣着等比例说明城镇居民的生活消费模式总体上已经由生存型消费模式走向发展型消费模式；而农村居民生活间接能耗比例中，食品比例仍然大于教育文化娱乐比例，综合说明当前农村居民的生活消费模式总体上还是以生存型消费模式为主，并开始向发展型消费模式

转型。

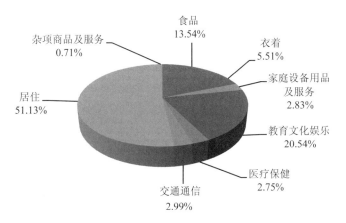

图5-12　2005—2009 年湖南省城镇居民间接能耗各项目平均占比

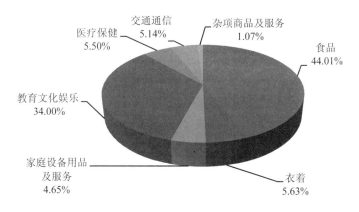

图 5-13　2005—2009 年湖南省农村居民间接能耗各项目平均占比

5.4　湖南省城乡居民生活碳排放现状分析

5.4.1　城镇居民生活直接碳排放

根据式（5.2），可以得出 2005—2009 年湖南省城镇居民生活直接能源消费产生的碳排放。

从总量特征来看，2005—2009 年，湖南省城镇居民生活直接能源消费碳排放总量随着时间的推移总体上呈现出逐年增长的趋势，由 2005 年的 112.22 万 t 增加到 2009 年的 153.98 万 t，5 年间共增加了 41.75 万 t，年均增长 7.44%，稍低于同期湖南省城镇居民生产直接能源消费量增长趋势（图 5-14 和表 5-19）。

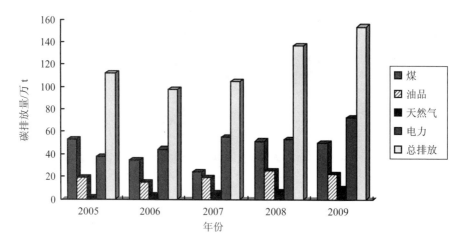

图 5-14　2005—2009 年湖南省城镇居民生活直接碳排放

表 5-19　2005—2009 年湖南省城镇居民生活直接碳排放构成与占比

碳排放构成/万 t	煤			油品				天然气	电力	碳排放总量
	合计	原煤	型煤	合计	汽油	柴油	液化石油气			
2005 年	53.40	53.40	0.00	19.12	8.27	0.00	10.85	1.79	37.91	112.22
2006 年	34.51	34.51	0.00	14.47	3.06	0.00	11.41	3.82	44.40	97.20
2007 年	24.42	24.42	0.00	19.42	3.42	0.00	16.00	5.07	55.56	104.47
2008 年	51.64	26.37	25.27	25.50	8.99	2.21	14.30	6.50	52.97	136.61
2009 年	49.89	23.16	26.73	22.01	10.42	2.48	9.11	9.54	72.54	153.98
碳排放占比/%	煤			油品				天然气	电力	碳排放总量
	合计	原煤	型煤	合计	汽油	柴油	液化石油气			
2005 年	47.58	47.58	0.00	17.04	7.37	0.00	9.67	1.59	33.78	100.00
2006 年	35.51	35.51	0.00	14.89	3.15	0.00	11.74	3.93	45.67	100.00
2007 年	23.37	23.37	0.00	18.59	3.28	0.00	15.32	4.85	53.19	100.00
2008 年	37.80	19.30	18.50	18.66	6.58	1.62	10.47	4.76	38.78	100.00
2009 年	32.40	15.04	17.36	14.29	6.77	1.61	5.91	6.20	47.11	100.00

从碳排放结构来看，2005—2009 年，湖南省城镇居民生活直接能源消费碳排放占比最大的是电力消费产生的碳排放，其比例达到 43.71%；其次是煤炭消费产生的碳排放，其比例为 35.33%；石油消费产生的碳排放为 16.69%；天然气消费产生的碳排放比例最小，仅为 4.27%（图 5-15）。

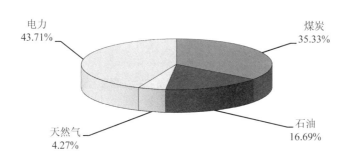

图 5-15　2005—2009 年湖南省城镇居民生活直接碳排放累积构成

2005—2009 年，在湖南省城镇居民生产直接碳排放结构中，煤炭消费产生的碳排放占城镇居民生活的直接能源消费产生碳排放的比例是不断下降的，由 2005 年的 47.58%下降到 2009 年的 32.40%；石油消费产生的碳排放整体上呈现下降趋势，其占比由 2005 年的 17.04%下降至 2009 年的 14.29%；天然气消费以及电力消费产生的碳排放比例均呈现上升状态，分别由 2005 年的 1.59%和 33.78%上升为 2009 年的 6.20%和 47.11%（表 5-19）。

5.4.2　农村居民生活直接碳排放

同样根据式（5.2），可以得出 2005—2009 年湖南省农村居民生活直接能源消费产生的碳排放。

从总量特征来看，2005—2009 年，湖南省农村居民生活直接能源消费碳排放总量随着时间的推移总体上呈现下降的趋势，由 2005 年的 307.09 万 t 下降到 2009 年的 300.91 万 t，5 年间共减少了 6.18 万 t（图 5-16）。

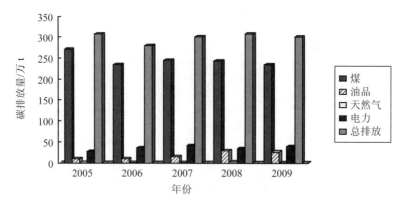

图 5-16　2005—2009 年湖南省农村居民生活直接碳排放

　　从碳排放结构来看，2005—2009 年，湖南省农村居民生活直接能源消费碳排放占比最大的是煤炭消费产生的碳排放，其比例达到 82.05%；其次是电力消费产生的碳排放，其比例为 11.78%；石油消费产生的碳排放为 5.89%；天然气消费产生的碳排放比例最小，仅为 0.28%（图 5-17）。

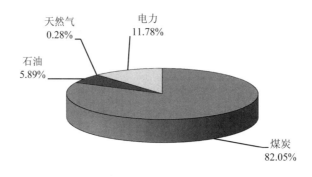

图 5-17　2005—2009 年湖南省农村居民生活直接碳排放构成

　　2005—2009 年，在湖南省农村居民生产直接碳排放结构中，煤炭消费产生的碳排放占城镇居民生活的直接能源消费产生碳排放的比例是不断下降的，由 2005 年的 88.35%下降到 2009 年的 76.40%；石油消费产生的碳排放整体上呈现上升趋势，其占比由 2005 年的 3.08%上升至 2009 年的 8.45%；天然气消费以及电力消费产生的碳排放比例均呈现上升状态，分别由 2005 年的空白和 8.58%上升为 2009 年的 0.21%和 12.92%（表 5-20）。

表 5-20　2005—2009 年湖南省农村居民生活直接碳排放构成与比例

碳排放/万 t	煤			油品				天然气	电力	碳排放总量
	合计	原煤	型煤	合计	汽油	煤油	液化石油气			
2005 年	271.30	133.61	137.68	9.45	6.70	0.30	2.45	0.00	26.34	307.09
2006 年	233.49	108.46	125.03	10.19	7.12	0.29	2.77	0.06	35.26	279.00
2007 年	243.99	117.10	126.89	14.50	7.51	0.00	6.99	1.31	40.39	300.20
2008 年	242.54	102.46	140.07	27.90	14.72	0.00	13.18	2.09	34.28	306.80
2009 年	234.62	104.49	130.13	25.96	18.86	0.00	7.10	0.66	39.68	300.91

构成/%	煤			油品				天然气	电力	碳排放总量
	合计	原煤	型煤	合计	汽油	煤油	液化石油气			
2005 年	88.35	43.51	44.83	3.08	2.18	0.10	0.80	0.00	8.58	88.35
2006 年	76.03	35.32	40.71	3.32	2.32	0.09	0.90	0.02	11.48	76.03
2007 年	79.45	38.13	41.32	4.72	2.45	0.00	2.28	0.43	13.15	79.45
2008 年	78.98	33.36	45.61	9.09	4.79	0.00	4.29	0.68	11.16	78.98
2009 年	76.40	34.03	42.38	8.45	6.14	0.00	2.31	0.21	12.92	76.40

5.4.3　城镇居民间接碳排放

城镇居民生活间接碳排放仍可以分为与居民生活相关的 8 个项目来测算。根据式（5.3），计算可得 2005—2009 年湖南省城镇居民生活间接碳排放数据。

2005—2009 年，湖南省城镇居民生活间接碳排放量除个别年份出现下降外，总体上呈现较大幅度的增长，从 2005 年的 3 582.56 万 t 增加到 2009 年的 6 534.56 万 t，5 年间增加了 2 952 万 t，年均增幅为 16.48%，小于同期城镇居民生活间接能耗增幅（表 5-21 和图 5-18）。

表 5-21　2005—2009 年湖南省城镇居民生活间接碳排放量　　　　单位：万 t

项目	2005 年	2006 年	2007 年	2008 年	2009 年
食品	401.94	378.07	472.04	1 087.10	987.04
衣着	195.14	154.83	185.85	420.57	382.71
家庭设备用品及服务	80.87	79.88	105.65	205.10	209.92
教育文化娱乐	967.74	730.95	658.13	957.47	907.98

项目	2005 年	2006 年	2007 年	2008 年	2009 年
医疗保健	106.04	80.57	91.75	192.47	165.41
交通通信	129.57	118.52	94.81	120.28	125.84
居住	1 677.66	1 412.84	1 761.14	3 213.32	3 705.13
杂项商品及服务	23.6	17.81	20.64	45.13	50.53
碳排放合计	3 582.56	2 973.47	3 390.01	6 241.44	6 534.56

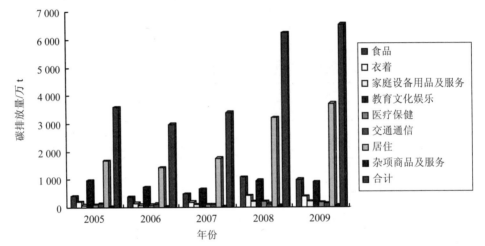

图 5-18　2005—2009 年湖南省城镇居民生活间接碳排放变化

2005—2009 年，湖南省城镇居民生活的间接碳排放量共计 22 722.04 万 t，同期城镇居民生活直接碳排放量为 604.47 万 t。由此可见，湖南省城镇居民生活的间接碳排放约占其碳排放总量的 97%。

2005—2009 年，在湖南省城镇居民生活间接碳排放结构中，比例最大的是居住，平均占比达到 50.90%；其次是教育文化娱乐碳排放比例（20.05%）、食品碳排放占比（14.08%）、衣着占比（5.75%）、家庭设备用品及服务占比（2.91%）、交通通信占比（2.85%）、医疗保健占比（2.80%）；占比最小的是杂项商品和服务，其比例不足 1.00%（表 5-22 和图 5-19）。

表 5-22 2005—2009 年湖南省城镇居民生活间接碳排放占比　　　　单位：%

项目	2005 年	2006 年	2007 年	2008 年	2009 年	平均
食品	11.22	12.71	13.92	17.42	15.10	14.08
衣着	5.45	5.21	5.48	6.74	5.86	5.75
家庭设备用品及服务	2.26	2.69	3.12	3.29	3.21	2.91
教育文化娱乐	27.01	24.58	19.41	15.34	13.90	20.05
医疗保健	2.96	2.71	2.71	3.08	2.53	2.80
交通通信	3.62	3.99	2.80	1.93	1.93	2.85
居住	46.83	47.51	51.95	51.48	56.70	50.90
杂项商品及服务	0.66	0.60	0.61	0.72	0.77	0.67

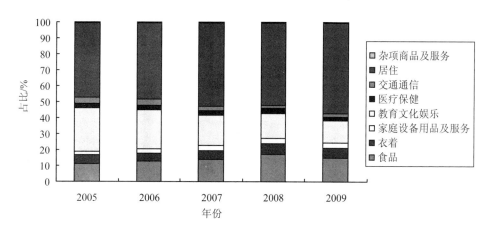

图 5-19 2005—2009 年湖南省城镇居民生活间接碳排放占比

5.4.4 农村居民间接碳排放

农村居民生活间接碳排放分为除居住项目外与居民生活相关的 7 个项目来测算。根据式（5.3），计算可得 2005—2009 年湖南省农村居民生活间接碳排放数据。2005—2009 年，湖南省农村居民生活间接碳排放量除 2005—2006 年、2008—2009 年等个别年份出现下降外，总体上呈现较大幅度的增长，从 2005 年的 242.91 万 t 增加到 2009 年的 1 181.00 万 t，5 年间增加了 938.09 万 t，年均增幅为 77.24%（表 5-23 和图 5-20）。

表 5-23　2005—2009 年湖南省农村居民生活间接碳排放量　　　　单位：万 t

项目	2005 年	2006 年	2007 年	2008 年	2009 年
食品	106.71	307.25	358.87	731.85	611.66
衣着	18.66	38.88	43.50	89.47	80.10
家庭设备用品及服务	17.39	31.96	39.35	71.38	70.40
教育文化娱乐	68.28	334.51	221.55	329.88	287.66
医疗保健	8.48	39.64	44.44	81.55	71.53
交通通信	17.13	48.55	39.43	48.62	45.77
杂项商品及服务	6.26	7.28	8.36	12.94	13.88
碳排放合计	242.91	808.07	755.50	1 365.69	1 181.00

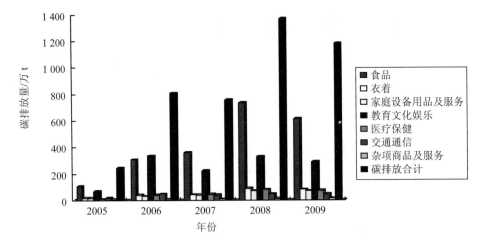

图 5-20　2005—2009 年湖南省农村居民生活间接碳排放变化

2005—2009 年，湖南省农村居民生活的间接碳排放量共计 4 353.17 万 t，同期农村居民生活直接碳排放量为 1 494.00 万 t。由此可见，湖南省城镇居民生活的间接碳排放约占其碳排放总量的 74.45%。

2005—2009 年，在湖南省农村居民生活间接碳排放结构中，比例最大的是食品，平均占比达到 46.97%；其次是教育文化娱乐碳排放比例（29.47%）、衣着占比（6.32%）、家庭设备用品及服务占比（5.50%）、医疗保健占比（5.26%）、交通通信占比（5.14%）；占比最小的是杂项商品及服务，其比例为 1.34%（表 5-24 和图 5-21）。

表 5-24　2005—2009 年湖南省农村居民生活间接碳排放占比　　　　单位：%

项目	2005 年	2006 年	2007 年	2008 年	2009 年	平均
食品	43.93	38.02	47.50	53.59	51.79	46.97
衣着	7.68	4.81	5.76	6.55	6.78	6.32
家庭设备用品及服务	7.16	3.96	5.21	5.23	5.96	5.50
教育文化娱乐	28.11	41.40	29.32	24.15	24.36	29.47
医疗保健	3.49	4.91	5.88	5.97	6.06	5.26
交通通信	7.05	6.01	5.22	3.56	3.88	5.14
杂项商品及服务	2.58	0.90	1.11	0.95	1.18	1.34

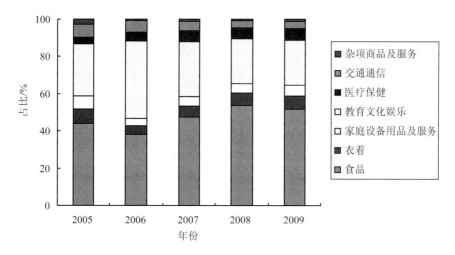

图 5-21　2005—2009 年湖南省农村居民生活间接碳排放占比

5.5　城乡居民生活碳排放的总体分析

2005—2009 年，湖南省城镇居民和农村居民生活的碳排放总量从总体上均呈现上升趋势，在这样的背景下，湖南省城乡居民生活碳排放量随之上升，与同期能源消费呈正相关关系（表 5-25、图 5-22 和图 5-23）。

表 5-25　2005—2009 年湖南省城乡居民生活的直接、间接碳排放　　单位：万 t

碳排放量	2005 年	2006 年	2007 年	2008 年	2009 年
城镇居民生活直接碳排放量	112.22	97.20	104.47	136.61	153.98
城镇居民生活间接碳排放量	3 582.56	2 973.47	3 390.01	6 241.44	6 534.56
城镇居民生活碳排放总量	3 694.78	3 070.67	3 494.48	6 378.05	6 688.54
农村居民生活直接碳排放量	307.09	279.00	300.20	306.80	300.91
农村居民生活间接碳排放量	242.91	808.07	755.50	1 369.69	1 181.00
农村居民生活碳排放总量	550	1 087.07	1 055.70	1 676.49	1 481.91
城乡居民生活碳排放总量	4 244.78	4 157.74	4 550.18	8 054.54	8 170.45

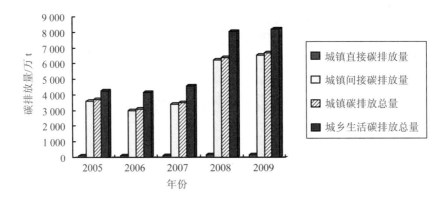

图 5-22　2005—2009 年湖南省城镇居民直接、间接碳排放

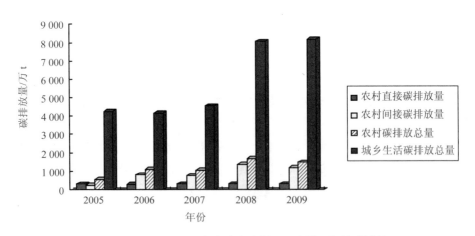

图 5-23　2005—2009 年湖南省农村居民直接、间接碳排放

2005—2009 年，湖南省各项目的碳排放强度具有显著差异，其中居住行为的能源强度远远高于其他各项目，5 年平均水平达到 8.66 t/万元，且呈现出波动性上升趋势，由 2005 年的 6.57 t/万元上升到 2009 年的 11.57 t/万元，与此同时，居住项目产生的城镇生活间接碳排放也是各项目中最高的（50.89%），这主要是由于城镇居民在该项目的消费性支出增长较快引起，这也说明当前控制城镇居民家庭间接能源消费的重点应在于居住行为的低碳化；单位项目能源强度较大的还有教育文化娱乐、衣着，分别为 2.45 和 0.91 t/万元；最小的是杂项商品及服务（0.31 t 碳/万元）（表 5-26）。

表 5-26　2005—2009 年湖南省分项目碳排放强度　　　　单位：t/万元

项目	2005 年	2006 年	2007 年	2008 年	2009 年	平均
食品	0.45	0.51	0.53	0.95	0.79	0.65
衣着	0.74	0.68	0.66	1.34	1.12	0.91
家庭设备用品及服务	0.54	0.59	0.64	1.05	0.88	0.74
教育文化娱乐	2.54	2.36	1.86	2.99	2.52	2.45
医疗保健	0.52	0.49	0.5	0.84	0.71	0.61
交通通信	0.45	0.47	0.35	0.43	0.34	0.41
居住	6.57	6.19	7.36	11.59	11.57	8.66
杂项商品及服务	0.24	0.24	0.24	0.42	0.42	0.31

2005—2009 年，湖南省城镇居民生活间接碳排放比例以及农村居民生活间接碳排放比例基本相同，占比最小的均是杂项商品及服务，分别为 0.67% 和 1.34%（图 5-24）。除居住能耗外，城镇居民生活间接能耗比例排在前 6 位的依次是教育文化娱乐（20.05%）、食品（14.08%）、衣着（5.75%）、家庭设备用品及服务（2.91%）、交通通信（2.85%）以及医疗保健（2.80%）；农村居民生活间接能耗比例排在前 6 位的依次是食品（46.97%）、教育文化娱乐（29.47%）、衣着（6.32%）、家庭设备用品及服务（5.50%）、医疗保健（5.26%）以及交通通信（5.14%）（图 5-25）。

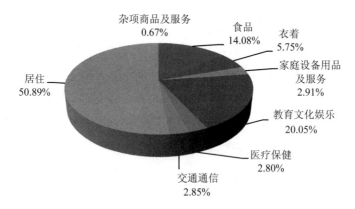

图5-24　2005—2009年湖南省城镇居民间接碳排放各项目平均占比

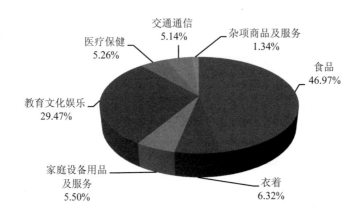

图 5-25　2005—2009年湖南省农村居民间接碳排放各项目平均占比

5.6　湖南省城乡居民低碳生活水平评估

结合上述分析结果，参考国内外现有研究成果，构建城乡居民生活消费碳排放水平评估指标体系，并以湖南省为研究对象进行相应的实证分析，旨在对城乡居民低碳生活现状水平进行综合评估。

湖南省城乡居民低碳生活水平评估过程主要包括确定评价指标选取原则、选取评价指标、构建评价指标体系、主要评价指标解释、量化和标准化指标数据、确定评价指标权重、构建综合评价模型以及评价结果分析。

各过程运用的方法为：①确定居民生活低碳生活水平评价指标选取原则主要运用文献分析法及德尔菲法；②构建评价指标体系主要运用文献分析法、德尔菲法及层次分析法；③对指标数据的标准化则采用最大最小值法；④对指标权重则运用方差法进行赋权；⑤利用加权求和法构建综合评价模型；⑥综合运用定性与定量方法对评价结果进行分析。具体评价过程及技术路线见图 5-26。

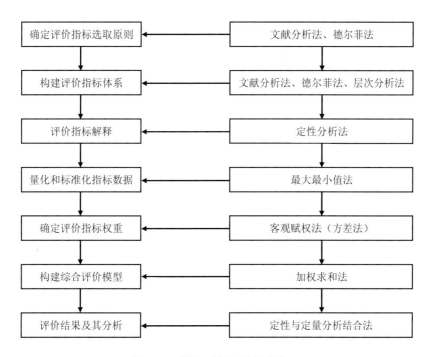

图 5-26 评价过程及技术路线

5.6.1 指标体系构建

评价指标体系构建必须遵循一定的构建原则，包括指标构建的科学性、代表性以及可操作性等共性原则。具体来讲，本节在构建城乡居民低碳生活水平综合评价指标体系时所遵循的主要原则还包括：

（1）数据来源稳定可靠原则。国际上对低碳方面的数据要求是"三可"，即可测量、可报告、可核查。这就要求所选取的评价指标，要充分保证数据来源的稳定与可靠，即所有指标数据来源要稳定可靠，口径统一，计算准确。

（2）经济社会环境效益原则。城乡居民生活的低碳化，既要以经济的高产出为核心，以科技为支撑，不能在加大环境污染、降低社会成本的基础上优化。这就要求城乡居民低碳生活水平综合评价指标的构建要坚持经济社会环境效益相协调发展的原则。

（3）资源节约环境友好原则。资源节约与环境友好既是"两型社会"发展的重点，也是城乡居民低碳生活水平优化的方向。为此，城乡居民生活低碳水平综合评价指标体系也应有对资源、环境指标的反映。

综上所述，本着科学性、代表性、简洁性等指标体系构建原则，结合湖南省实际情况，并广泛采用专家咨询、指标层次分析等多种方法，本节构建低碳科技、低碳经济、低碳要素、低碳资源 4 个准则层，以及单位 GDP 能耗、单位 GDP 碳排放、城镇居民人均饮食碳排放、农村居民人均饮食碳排放等 22 个具体指标在内的城乡居民低碳生活水平综合评价指标体系（表 5-27）。

表 5-27　城乡居民低碳生活水平综合评价指标体系

准则层	指标层	单位	指标权重	指标性质
低碳科技（支撑层）A	单位 GDP 能耗 A_1	t 标准煤/万元	0.014	成本型指标
	单位规模工业增加值能耗 A_2	t 标准煤/万元	0.048	成本型指标
低碳经济（核心层）B	第三产业所占比重 B_1	%	0.007	效益型指标
	城镇居民人均可支配收入 B_2	元	0.031	效益型指标
	农村居民人均纯收入 B_3	元	0.031	效益型指标
低碳要素（要素层）C	城镇居民人均饮食碳排放量 C_1	t/人	0.056	成本型指标
	农村居民人均饮食碳排放量 C_2	t/人	0.066	成本型指标
	城镇居民人均衣着碳排放量 C_3	t/人	0.048	成本型指标
	农村居民人均衣着碳排放量 C_4	t/人	0.084	成本型指标
	城镇居民人均家庭设备及服务碳排放量 C_5	t/人	0.056	成本型指标
	农村居民人均家庭设备及服务碳排放量 C_6	t/人	0.081	成本型指标
	城镇居民人均教育文化娱乐碳排放量 C_7	t/人	0.039	成本型指标
	农村居民人均教育文化娱乐碳排放量 C_8	t/人	0.086	成本型指标
	城镇居民人均医疗保健碳排放量 C_9	t/人	0.040	成本型指标
	农村居民人均医疗保健碳排放量 C_{10}	t/人	0.099	成本型指标
	城镇居民人均交通通信碳排放量 C_{11}	t/人	0.035	成本型指标
	农村居民人均交通通信碳排放量 C_{12}	t/人	0.073	成本型指标

准则层	指标层	单位	指标权重	指标性质
低碳要素 （要素层）C	城镇居民人均居住碳排放量 C_{13}	t/人	0.053	成本型指标
	农村居民人均居住面积 C_{14}	m²	0.008	成本型指标
低碳资源 （保障层）D	森林覆盖率 D_1	%	0.011	效益型指标
	非化石能源占一次能源比重 D_2	%	0.011	效益型指标
	每万人拥有公共交通车辆数 D_3	标台	0.022	效益型指标

5.6.2　主要指标解释

（1）单位 GDP 能耗。该指标是国内各省区、各城市的考核指标，与产业结构、能源利用效率、能源消费结构、技术水平等因素具有较大的关联性。单位 GDP 能耗越低，说明支撑城乡居民低碳生活水平优化的低碳科技越高。

（2）第三产业所占比重。用第三产业产值占 GDP 的比重来反映低碳产业产出所占比重，内涵是战略新兴产业、第三产业发达程度等。第三产业所占比重越高，一定程度上说明低碳经济越发达。

（3）城镇/农村居民人均饮食/衣着等碳排放。人均饮食/衣着等碳排放水平，内涵是人均能耗水平，是衡量城乡居民低碳生活水平的一个重要指标。但要注意的是城乡居民低碳生活水平，比的不仅是人均饮食/衣着等碳排放水平的高低，还要比较其质量与效率。

（4）非化石能源占一次能源比重。该指标反映的是能源消费结构，在总体上取决于区域能源资源禀赋，同时也与国家的能源政策与区域能源供应系统有较大关系。一般来讲，非化石能源占一次能源比重越高，区域能源结构就越优化，就越容易支撑城乡居民生活的低碳化进程。

5.6.3　数据来源

（1）测算数据。多数来自于上一节计算结果而得的测算数据。

（2）统计数据。主要来自相应年份的《湖南省统计年鉴》《中国能源统计年鉴》以及《湖南省国民经济和社会发展统计公报》等。

（3）网络数据。主要包括湖南省统计信息网以及湖南省发改委等各政府机构网站。

（4）文献数据。文献数据主要包括：各类政府文件、政府工作报告、政府法律法规；国内外科研人员学术报告、研究报告、学术著作与论文；新闻、报纸、杂志、期刊等（表 5-28）。

表 5-28 原始数据

年份	A_1	A_2	B_1	B_2	B_3	C_1	C_2	C_3	C_4	C_5	C_6
2005	1.400	2.880	43.700	7 504.990	2 756.420	0.161	0.252	0.078	0.004	0.032	0.004
2007	1.313	2.510	40.700	8 990.720	3 377.380	0.171	0.089	0.068	0.011	0.038	0.010
2009	1.202	1.570	41.400	10 828.230	4 020.890	0.331	0.156	0.128	0.020	0.070	0.018

年份	C_7	C_8	C_9	C_{10}	C_{11}	C_{12}	C_{13}	C_{14}	D_1	D_2	D_3
2005	0.389	0.016	0.043	0.002	0.052	0.004	0.674	38.380	40.630	14.870	8.860
2007	0.239	0.055	0.033	0.011	0.034	0.010	0.640	40.18	40.63	14.84	9.00
2009	0.304	0.073	0.055	0.018	0.042	0.012	1.243	41.69	44.76	16.42	11.00

5.6.4 研究方法

为科学评估湖南省城乡居民低碳生活现状，本节采用定量分析方法，在对数据进行标准化处理、指标权重赋权（均方差法）、加权求解的基础上，对湖南省城乡居民低碳生活现状水平进行实证分析。

（1）数据标准化。对于指标原始数据，为了消除所选指标因量纲不同而对评价结果产生不利影响，需要对原始数据进行标准化处理，其数据的标准化处理采用式（5.7）与式（5.8）：

对于效益型指标，采用：

$$X_i' = \frac{X_i}{X_{i\max}} \tag{5.7}$$

对于成本型指标，采用：

$$X_i' = \frac{X_{i\min}}{X_i} \tag{5.8}$$

式中：X_i —— 第 i 个指标数数值；

$X_{i\max}$ 与 $X_{i\min}$ —— 相应指标的最大值与最小值。

（2）指标权重赋权。对指标权重的赋权，采用比较客观的方差法，其计算步骤如下：

求各指标的均值：

$$E(j) = \frac{1}{n}\sum_{i=1}^{n} x_{ij} \qquad (5.9)$$

求各指标的均方差：

$$\sigma(j) = \sqrt{\sum_{i=1}^{n}\left[x_{ij}' - E(j)^2 \right]} \qquad (5.10)$$

求各指标的权重：

$$w_j = \frac{\sigma(j)}{\sum_{i=1}^{n}\sigma(j)} \qquad (5.11)$$

（3）加权求和。利用线性加权求和方法，构建城乡居民低碳生活综合评价模型，其计算公式为：

$$F = w_1 \times x_1 + w_2 \times x_2 + \cdots + w_n \times x_n \qquad (5.12)$$

5.6.5　实证分析

结合上述数据极大值标准化公式，对相应指数的原始数据进行标准化处理，以消除因量纲不同而带来的计算结果误差（表 5-29）。

表 5-29　标准化的数据

年份	A_1	A_2	B_1	B_2	B_3	C_1	C_2	C_3	C_4	C_5	C_6
2005	0.86	0.55	1.00	0.69	0.69	1.00	0.35	0.87	1.00	1.00	1.00
2007	0.92	0.63	0.93	0.83	0.84	0.94	1.00	1.00	0.36	0.84	0.40
2009	1.00	1.00	0.95	1.00	1.00	0.49	0.57	0.53	0.20	0.46	0.22
年份	C_7	C_8	C_9	C_{10}	C_{11}	C_{12}	C_{13}	C_{14}	D_1	D_2	D_3
2005	0.61	1.00	0.77	1.00	0.65	1.00	0.95	1.00	0.91	0.91	0.81
2007	1.00	0.29	1.00	0.18	1.00	0.40	1.00	0.96	0.91	0.90	0.82
2009	0.79	0.22	0.60	0.11	0.81	0.33	0.51	0.92	1.00	1.00	1.00

利用均方差对指标进行权重的赋权，并利用线性加权求和方法得到湖南省城乡居民低碳生活水平各指标层、准则层、综合评价值。

表 5-30　湖南省城乡居民低碳生活综合评价值

层次	2005 年	2007 年	2009 年
低碳科技（支撑层）A	0.038 6	0.043 3	0.062 7
低碳经济（核心层）B	0.050 0	0.058 6	0.068 9
低碳要素（要素层）C	0.737 0	0.523 8	0.322 5
低碳资源（保障层）D	0.037 1	0.037 4	0.043 4
综合评价值 F	0.862 8	0.663 1	0.497 5

　　近年来，与湖南省城乡居民生活息息相关的低碳科技（以单位 GDP 能耗、单位 GDP 电耗指标反映）快速进步，低碳经济（第三产业所占比重等指标反映）发展成效显著，低碳资源环境（以非化石能源消费所占比重、森林覆盖率等指标反映）发展迅速。然而即便如此，伴随着湖南省城乡居民收入水平的提高以及对高层次精神生活的追求，低碳要素（以食品、衣着、文教等指标反映）引发的碳排放日益增多，并最终导致湖南省城乡居民低碳生活水平并没有伴随低碳科技、低碳经济、低碳资源环境准则层评价值的增长而增长。

　　具体来讲，湖南省城乡居民低碳生活的低碳科技评价值从 2005 年的 0.038 6 上升至 2007 年的 0.043 3 再上升到 2009 年的 0.062 7；同期城乡居民低碳生活的低碳经济评价值则由 2005 年的 0.050 0 上升到 2007 年的 0.058 6 再上升到 2009 年的 0.068 9；城乡居民资源评价值由 2005 年的 0.037 1 上升至 2007 年的 0.037 4 再上升到 2009 年的 0.043 4；低碳要素评价值由 2005 年的 0.737 0 下降至 2007 年的 0.523 8 再下降至 2009 年的 0.322 5；低碳生活水平综合评价值则由 2005 年的 0.862 8 下降至 2007 年的 0.663 1 再下降至 2009 年的 0.497 5（图 5-27）。

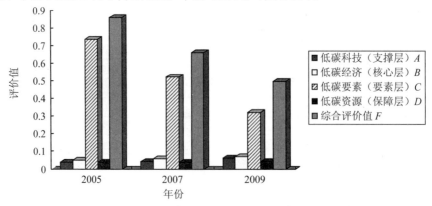

图 5-27　2005—2009 年湖南省城乡居民低碳生活评价得分

从各准则层得分与城乡居民低碳生活得分的相关性系数绝对值大小来看，低碳要素准则层 $F(C)$ 与城乡居民低碳生活得分 F 的相关性系数最大，达到 0.999，这说明以食品、衣着、教育等各要素得分在影响城乡居民生活水平方面具有主导性作用；低碳经济准则层 $F(B)$ 与城乡居民低碳生活得分 F 的相关性系数（绝对值）居第二，达到 0.994；低碳科技准则层 $F(A)$ 与城乡居民低碳生活得分 F 的相关性系数（绝对值）居第三，达到 0.924；低碳资源准则层 $F(D)$ 与城乡居民低碳生活得分 F 的相关性系数（绝对值）最小，达到 0.860（表 5-31）。

表 5-31　各准则层与城乡居民生活综合评价值 F 的相关性系数

	$F(A)$	$F(B)$	$F(C)$	$F(D)$	F
$F(A)$	1	0.960	0.940	0.990	−0.924
$F(B)$	0.960	1	−0.990	0.910	−0.994
$F(C)$	−0.940	−0.990	1	−0.880	0.999
$F(D)$	0.990	0.910	−0.880	1	−0.860
F	−0.924	−0.994	0.999	−0.860	1

综合来看，当前影响湖南省城乡居民低碳生活水平的主要因素仍然是以食品、衣着、教育、医疗保健、文教、家庭服务、居住等要素的低碳化为主，然后是第三产业的发展、城乡人均收入等低碳经济要素以及低碳科技因素，影响最小的是低碳资源因素。

国内外研究成果表明，只有在正确设定评价等级标准的前提下才能正确判断基于指标体系下的居民低碳生活发展水平。参照国内外相关研究成果，本节构建了宏观等级的城乡居民低碳生活发展水平评价标准（表 5-32）。

表 5-32　城乡居民低碳生活评价的等级标准

宏观等级标准	综合评价参考值
高碳生活	0.00～0.40
中高碳生活	0.41～0.60
中碳生活	0.61～0.70
中低碳生活	0.71～0.80
低碳生活	0.81～1.00

参照上述分类标准，2005 年湖南省城乡居民低碳生活水平（0.862 8）基本达到低碳生活标准，2007 年湖南省城乡居民低碳生活水平（0.663 1）则仅达到中碳生活标准，2009 年湖南省城乡居民低碳生活水平（0.497 5）则属于中高碳生活标准。

这说明，随着时间的演进，湖南省城乡居民低碳生活水平却呈现下降的趋势。然而，从另外一个角度讲，湖南省城乡居民低碳生活水平并未呈现出随时间演进而提高的趋势也有一定的必然性。正如前面章节所述，当前湖南省城乡居民生活模式正介于温饱型与小康型之间，而随着城乡居民收入水平的提高，加之城乡居民对物质生活与精神生活的双重巨大追求，这必将带来城乡居民生活能源消耗及碳排放的提高，进而致使城乡居民低碳生活得分出现下降趋势。

5.7 湖南省城乡居民低碳生活影响因素分析

科学分析城乡居民低碳生活的影响因素，有利于进一步厘清城乡居民低碳生活的深层影响机制，从而有利于进一步提炼提升城乡居民低碳生活水平的具体对策。本节采用运用相关系数法对影响湖南省城乡居民低碳生活水平（城乡居民生活碳排放）的人口规模、人均收入等具体因素进行具体分析。

参考国内外相关研究成果，选择湖南省城乡居民生活碳排放量（X_1）、城市化水平（X_2）、人均 GDP（X_3）、城镇居民人均可支配收入（X_4）、农村居民人均纯收入（X_5）、第三产业产值所占比重（X_6）、单位 GDP 能耗（X_7）、城镇居民人均饮食碳排放（X_8）、农村居民人均饮食碳排放（X_9）、城镇居民人均衣着碳排放（X_{10}）、农村居民人均衣着碳排放（X_{11}）、城镇居民人均家庭设备及服务碳排放（X_{12}）、农村居民人均家庭设备及服务碳排放（X_{13}）、城镇居民人均教育文化娱乐碳排放（X_{14}）、农村居民人均教育文化娱乐碳排放（X_{15}）、城镇居民人均医疗保健碳排放（X_{16}）、农村居民人均医疗保健碳排放（X_{17}）、城镇居民人均交通通信碳排放（X_{18}）、农村居民人均交通通信碳排放（X_{19}）、城镇居民人均居住碳排放（X_{20}）、农村居住人均居住面积（X_{21}）、森林覆盖率（X_{22}）、非化石能源消费所占比重（X_{23}）、每万人拥有公共交通车辆数（X_{24}）等 24 个指标研究城乡居民生活碳排放与其他 23 个指标的相关性。

相关性分析的基础数据见表 5-33。

表 5-33　相关性分析基础数据

年份	X_1	X_2	X_3	X_4	X_5	X_6	X_7	X_8	X_9	X_{10}	X_{11}	X_{12}
2005	4 244.780	37	10 562.000	7 504.99	2 756.42	43.7	1.400	0.161	0.252	0.078	0.004	0.032
2007	4 550.180	40	14 869.000	8 990.72	3 377.38	40.7	1.313	0.171	0.089	0.068	0.011	0.038
2009	8 170.440	43	20 428.000	10 828.23	4 020.89	41.4	1.202	0.331	0.156	0.128	0.020	0.070

年份	X_{13}	X_{14}	X_{15}	X_{16}	X_{17}	X_{18}	X_{19}	X_{20}	X_{21}	X_{22}	X_{23}	X_{24}
2005	0.004	0.389	0.016	0.043	0.002	0.052	0.004	0.674	38.380	40.630	14.870	8.860
2007	0.010	0.239	0.055	0.033	0.011	0.034	0.010	0.640	40.180	40.630	14.840	10.000
2009	0.018	0.304	0.073	0.055	0.018	0.042	0.012	1.243	41.690	44.260	16.420	11.000

根据相关系数计算公式，得到相关系数矩阵。可以看出，相关系数值大于 0.85，可以认为相关性很大，为此按照相关系数值的大小：

$$r_{18} = 0.999$$
$$= \left| \max_{r_{1i}} \right| > r_{122} > r_{112} > r_{123} > r_{120} > r_{110} > r_{113} > r_{13} > r_{111} > r_{17} > r_{14} > r_{15} > r_{12} > r_{124} > r_{121} > r_{117} > r_{116}$$

（5.13）

具体来看，与城乡居民生活碳排放相关性系数最大（相关系数绝对值大于 0.850）的是城镇居民人均交通通信碳排放，其相关性系数达到 0.999；其次是森林覆盖率（0.998）、城镇居民人均家庭设备及服务碳排放（0.997）、非化石能源消耗所占比重（0.996）、城镇居民人均居住碳排放（0.993）、城镇居民人均衣着碳排放（0.975）、农村居民人均家庭设备及服务碳排放（0.932）、人均 GDP（0.928）与农村居民人均衣着碳排放（0.928）、单位 GDP 能耗（−0.927）、城镇居民人均可支配收入（0.924）、农村居民人均可支配收入（0.903）、城市化率（0.899）、每万人拥有公共交通车辆数（0.882）、农村居民人均居住面积（0.876）、农村居民人均医疗保健碳排放（0.865）以及城镇居民人均医疗保健碳排放（0.857）。

总体上看，影响湖南省城乡居民生活碳排放的因素可以归纳为低碳科技因素、低碳经济因素、低碳要素因素以及低碳资源因素。

5.8　湖南省城乡居民低碳生活问题分析

结合对湖南省城乡居民生活能耗、碳排放的现状分析，城乡居民低碳生活水平评估以及对城乡居民低碳生活影响因素分析的研究结果，我们认为湖南省城乡居民低碳生活存在的主要问题包括以下几个方面。

5.8.1 低碳生活的优化主体是城镇居民

之所以认为这是一个问题，是因为当前部分学者认为农村地区应该与城市地区一样大范围的削减碳排放量。然而，这就忽略了城乡地区处于不同的发展阶段等基本情况，特别是对于湖南省这样一个内陆欠发达省份来讲很不现实。从当前湖南省四大区域来讲，按其发展水平，城市群遥遥领先，大湘南承接产业转移示范区与洞庭湖生态经济区处于中间水平，大湘西则处于远远落后状态。结合这种省域省情，本书认为湖南省城乡居民低碳生活的发展、优化主体应当是城镇居民。

从湖南省城乡居民能耗和碳排放现状来看，城镇居民产生的能耗和碳排放均明显高于农村居民。其中，城镇居民生活产生的能耗为 8 907.41 万 t 标准煤（2009 年数据，下同），同期农村居民生活产生的能耗为 2 770.19 万 t 标准煤，二者相差 6 137.22 万 t 标准煤；城镇居民生活产生的碳排放量为 6 688.53 万 t，同期农村居民生活产生的碳排放量为 1 481.90 万 t，二者也相差 5 206.63 万 t 之多。

从湖南省城乡居民低碳生活影响因素来看，多数城镇居民相关的低碳指标与城乡居民低碳生活相关性的系数均高于农村居民。这既可以从前文城镇居民生活能耗和碳排放大于农村居民生活能耗和碳排放结果看出，也可以从上述与城乡居民生活碳排放的相关性系数看出。从与城乡居民生活碳排放的相关性来看，城镇居民人均交通通信碳排放（0.999）大于农村居民人均家庭交通通信碳排放（0.742）、城镇居民人均家庭设备及服务碳排放（0.997）大于农村居民人均家庭设备及服务碳排放（0.932）、城镇居民人均居住碳排放（0.993）大于农村居民人均居住面积（0.876）、城镇居民人均衣着碳排放（0.975）大于农村居民人均衣着碳排放（0.928），总体来看涉及城乡居民的指标多表现出城镇居民较农村居民相应指标的相关性较大。这说明，控制城乡居民生活碳排放的重点对象是城镇居民。

5.8.2 低碳科技的强大支撑力尚未凸显

综合分析，当前引领湖南省城乡居民开展低碳生活的科技支撑作用仍较小，难以形成对城乡居民开展低碳生活的强力支撑。湖南省要加快低碳技术的研发，低碳科技成果的转化与应用，逐步形成支撑城乡居民低碳生活优化的低碳技术支撑体系。

从湖南省城乡居民低碳生活评价结果来看，低碳科技准则层得分偏低。低碳科技准则层的评价得分（0.062 7，2009 年数据）既不及低碳经济准则层的评价得分（0.068 9），更不及低碳要素准则层的评价得分（0.322 5），仅高于低碳资源准则层的评价得分（0.043 4）。

从湖南省城乡居民低碳生活影响因素来看，低碳科技对城乡居民生活碳排放的影响程度有待进一步提高。以单位 GDP 能耗等指标为代表的低碳科技对城乡居民生活碳排放起到了调控作用，其相关性系数也达到了 0.927，但与同期城镇居民人均交通通信碳排放（0.999）、城镇及农村居民人均家庭设备及服务碳排放（0.997及 0.932）、城镇居民人均居住碳排放（0.993）、城镇及农村居民人均衣着碳排放（0.975 及 0.928）等指标的相关性系数相比，单位 GDP 能耗相关性系数仍然稍低。

5.8.3 低碳经济的核心驱动力尚需提升

综合分析，低碳经济的发展尚未对湖南省城乡居民低碳生活水平的优化起到应有的核心驱动力作用，这也在一定程度上导致湖南省城乡居民低碳生活水平偏低而处于非低碳水平，今后要进一步提升低碳经济对湖南省城乡居民低碳生活优化的核心驱动力。

从湖南省城乡居民低碳生活评估结果来看，低碳经济的核心驱动力尚需进一步提升。对比来看，在 2009 年湖南省城乡居民低碳生活各准则层评价得分之中，低碳经济准则层得分（0.068 9）也仅仅比低碳科技准则层得分（0.062 7）以及低碳资源准则层得分（0.043 4）高一点，距离低碳要素准则层得分（0.322 5）尚有较大差距。

从湖南省城乡居民低碳生活影响因素来看，低碳经济相关指标的影响作用也偏小。湖南省城乡居民普遍开展低碳生活的产业经济基础是低碳经济的发展。基于此目标，本节选用了第三产业所占比重等指标以考量低碳经济对城乡居民低碳生活的驱动作用。相关性分析结果表明，第三产业所占比重与城乡居民生活碳排放的相关性系数较小，相关性数值为−0.36。相关性系数值为负，从总体上表明了低碳经济的发展有利于降低城市居民生活碳排放，继而有利于城乡居民低碳生活水平的提高，然而其相关性系数绝对值相关 0.85 较远，可见对城乡居民生活碳排放影响作用有限，低碳经济本应发挥的强大驱动力尚未凸显。

5.8.4　低碳要素的碳排放强度亟须降低

综合分析，湖南省城乡居民生活所涉及的饮食、衣着、医疗保健等各项目要求的碳排放强度较高，这也在较大程度上导致了湖南省城乡居民低碳生活水平偏低的现状，今后要进一步降低饮食、衣着、居住、医疗保健、文化娱乐等各低碳要素的碳排放强度。

从湖南省城乡居民低碳要素的碳排放来看，各要素的碳排放强度具有较大差异。其中，城镇居民生活间接碳排放中居住碳排放最多，其比例达到 50.90%，2009年，居住行为的碳排放强度更是高达 11.57 t/万元。此外，教育文化娱乐碳排放比例也达到了 20.05%，其碳排放强度也较高，为 2.45 t/万元。

从湖南省城乡居民低碳生活评价结果来看，低碳要素准则层得分过高。由于城乡居民低碳要素所占权重较大，且低碳生活各要素（食品、衣着、居住等）碳排放量的逐年升高，这导致了湖南省城乡居民低碳生活总体发展水平并不高，且有随着城乡居民收入水平的提高而出现下降的趋势。

从湖南省城乡居民低碳生活影响因素来看，影响城乡居民生活碳排放的重点是低碳要素层面的碳排放，比较而言经济收入、城市化等因素对城乡居民生活碳排放的影响较小。由于当前国内外学者普遍重视对人口规模、经济收入、城市化等因素对居民生活碳排放的影响，对于城乡居民生活八大要素（食品、衣着、交通通信、居住等）的碳排放研究较少。上述城乡居民生活碳排放相关性研究结果表明，影响城乡居民生活碳排放的重点是城乡居民交通通信碳排放、家庭设备及服务碳排放、居住碳排放、衣着碳排放等，这些指标从总体上既大于城市化率等人口因素对城乡居民生活碳排放的影响，也大于单位 GDP 能耗等科技因素对城乡居民生活碳排放的影响，还大于居民人均收入等经济因素对城乡居民生活碳排放的影响。

5.8.5　低碳资源的基础保障力有待提升

综合分析，低碳能源、低碳资源等对湖南省城乡居民低碳生活水平的保障力偏小，这在一定程度上导致了湖南省城乡居民低碳生活水平处于偏低的状态，今后要进一步提升低碳能源、低碳资源对湖南省城乡居民低碳生活的基础保障力。

从湖南省城乡居民低碳生活评价结果来看，低碳资源对城乡居民开展低碳经济的基础保障力有限，尚未发挥其应有的基础保障作用。从评价结果来看，湖南省城乡居民低碳资源准则层评价得分也是四大准则层最低的，仅为 0.043 4。其结果同时也表明，湖南省要进一步加大对可再生能源的开发及应用，进一步提升森林覆盖率，加快提升低碳资源的保障能力。

从湖南省城乡居民低碳生活影响因素来看，城乡居民开展低碳生活的低碳资源保障作用未能彰显。从经济学意义上讲，以森林覆盖率、非化石能源为代表的低碳能源资源等指标理应对城乡居民生活碳排放具有一定的抑制作用，即随着森林覆盖率、非化石能源消费所占比重等指标的提高，城乡居民生活碳排放应逐步降低。然而，湖南省城乡居民生活碳排放相关性分析结果表明，森林覆盖率与城乡居民生活碳排放不仅为正向关系，而且相关性系数达到 0.998，与此同时非化石能源消耗所占比重也与城乡居民生活碳排放成正向关系，其相关性系数达到 0.996。这说明，当前湖南省森林覆盖率、非化石能源消费所占比重未对湖南省城乡居民生活碳排放降低凸显作用。

5.9 湖南省居民低碳生活优化思路

综合上节对湖南省城乡居民低碳生活问题的较为系统性地分析，我们认为今后一段时间湖南省城乡居民低碳生活的优化思路如下：

（1）厘清低碳优化主体，注重城镇居民的节能减排。当前，居民低碳生活的优化与提升，既不能一味地全部依托城镇居民，也不能过多地强调农村居民在降低生活碳排放中的主体作用，特别是湖南省的四大战略区域（长株潭、湘南、湘西、洞庭湖）发展程度不一，个别区域（特别是农村地区）经济仍较为落后，其居民消费水平尚徘徊在温饱边缘，因此，提升城乡居民低碳生活水平，降低城乡居民生活能源消耗和碳排放绝不能依靠此类区域的居民。然而，从总体上看，必须首先加强城乡居民低碳生活的宣传力度，同时鼓励相关企业积极生产绿色消费产品，并在摸清各区域城乡居民生活消费碳排放现状的基础上，结合长株潭城市群、大湘南承接产业转移示范区、大湘西武陵山扶贫攻坚示范区、洞庭湖生态经济区等湖南省四大宏观战略区域差异以及城乡差异，科学制定有区别的，分区域、分行业的城乡居民低碳生活优化政策，对城乡居民生活能源消费及其引致的碳排放进行区别化地调控。另外，由于城市居民生活能源消费及碳排放主要集中在饮食、热水、照明、室温调节、清洁、家用电器、交通等方面，当前要大力改变城市居民传统的高能高碳消费生活模式，深入开展城镇居民节能减排工程建设、城镇居民低碳出行工程建设等重点工程建设。

（2）研发应用低碳科技，强化低碳生活的科技支撑。城乡居民低碳生活的优化离不开科技的强力支撑。科技创新可贯穿到绿色生产、绿色包装、绿色出行、绿色起居等诸多领域，能够有效减少城乡居民生活能源消耗，大量减少城乡居民生活消费碳排放。要以着力解决人民群众最关心、最直接、最现实的民生问题为出发点，以科技创新为核心，以惠民科技集成示范为着力点，加快推行一批先进、成熟技术在城乡居民生活领域中的应用。要重点支持企业实施清洁生产技术改造，逐步实现由末端治理向污染预防的转变。开发建立包含环境工程技术、生物工程技术、资源化技术和清洁生产技术在内的绿色技术体系，提升推进低碳生活水平提升的技术水平。大力开发具有自主知识产权的生产链技术，把低碳生活各个方面的研究纳入省、市中长期科技发展规划。

（3）大力发展低碳经济，提高低碳生活的经济驱动。发展低碳经济也是推动城乡居民低碳生活优化的重要抓手。要结合长株潭城市群资源节约型与环境友好型社会建设机遇，创新经济发展思路，逐步将传统工业化过程中"资源—产品—废弃物"的增长模式转变为新型工业化过程中"资源—产品—再生资源"的新的循环模式。对于长株潭地区要加快两型产业的发展步伐，逐步形成两型产业体系；对于大湘南地区要以承接东部沿海发达地区产业转移为契机，积极承接产业转移；对于洞庭湖生态经济区要在保护湖区生态平衡的基础上加快发展湖区经济；对于武陵山片区要积极运用国家新一轮优惠政策，结合地区生态、资源特色，大力发展旅游业等第三产业。此外，湖南省广大城市地区既要加快传统产业的低碳化改造与升级，也要注重节能环保产业、新兴服务业等第三产业的快速发展。农村地区要加快农村二三产业发展，加快构建高产、优质、高效、生态、安全的新型农业产业体系，增加经营性收入。

（4）注重生活消费细节，降低城乡居民生活碳排放。城市市民消费广泛涉及食品、居住、交通、服饰、休闲、旅游、购物等各个环节。提升城乡居民低碳生活水平，必须注重衣、食、住、行、游、购、娱等生活消费细节，继而降低城乡居民生活碳排放。这首先需要广大社会市民养成低碳生活的习惯，全社会也要积极营造低碳生活的氛围。而市民低碳生活习惯的形成，社会低碳生活氛围的营造，既需要政府积极发挥政策宣传、知识培训与宏观引导作用，还需要广大企业积极生产、销售低碳产品，更需要广大城乡居民在衣、食、住、行等各生活消费细节中开展低碳生活。具体到生活消费细节，在低碳饮食层面，要尽量选择本地食品、尽量选用当季水果和蔬菜、尽量减少外出就餐的频率等；在低碳服饰方面，要尽量选用装饰少的衣物；在低碳人居方面，要尽量减少对空调、木材等耗能、耗材产品的使用；在低碳出行方面，要尽量选择步行或自行车等方式出行，鼓励乘坐公共交通出行；在低碳旅游方面，要尽量选择步行等旅游交通方式；在低碳购物方面，要尽量选择非奢侈包装、过度包装的礼品，尽量选择低碳商品等。

（5）普及低碳资源能源，巩固低碳生活的资源保障。城乡居民低碳生活的优化离不开低碳资源（如节能环保汽车、公共自行车等）以及低碳能源（如风能、生物质能等可再生能源）的支撑与保障。为此，优化、提升城乡居民低碳生活水平，首先要加快公共自行车、节能环保汽车等低碳资源的开发，如在鼓励市民低碳出行方面，要加快形成有利于市民低碳出行的道路体系，完善自行车道；要通过优惠政策的实施鼓励市民积极购买节能环保汽车；要加大公共交通投入力度，提高公共交通车辆运输能力；其次要加快新能源的开发，以优化传统能源消费结构为突破点，加快清洁能源技术的研发，着力推进能源清洁化利用，鼓励有条件的城乡区域大力推广太阳能、风能、生物质能、地热、沼气等新能源和可再生能源；最后还要加快城乡绿色生态屏障体系的建设，强化封山育林工作成效，着力提高森林覆盖率和森林碳汇功能。

第 6 章

推进国民低碳生活的支撑体系

结合低碳社会建设，建立推广低碳生活的支撑体系，从法律法规、规划发展、产业政策、能源价格、财政税收、奖励机制、温室气体统计核算等方面，对低碳生活的践行和推广予以支持。本章系统讨论了针对低碳生活的资金支撑体系、技术支撑体系、项目支撑体系、传媒支撑体系的建设问题，阐述了重点推进路径，以及低碳生活的发展阶段与支撑重点。

6.1　政策支撑体系

生活低碳化发展不仅关系到居民的生存环境，而且还影响到整个国家的现代化与可持续发展进程。因此，需依托现有政策体系及手段，制定合理、正确的法律法规，确定低碳生活发展的长期目标和奖励机制，通过把清晰的政策目标转换为经济信号，坚定企业向低碳模式转变的信心，同时可以引导社会和个人都积极融入低碳生活发展框架中来。

（1）法律法规方面。可在不同行业，制定相应的低碳节能法律法规，如在建筑方面，提高新建建筑的节能标准，加强建筑认证方面对于建筑能耗的重视，对其进行节能评级，同时对开发节能建筑的地产开发商进行减税鼓励措施，加强对低碳、隔热效果佳、能耗小、长寿房屋的房地产的审批和建设。在交通方面，通过合理地减免购车税、开征燃油税等方法来鼓励消费者购买使用环保汽车，对部分污染严重、油耗未达标的汽车进行取缔、罚款或一定的交通限制等措施，对提供节能产品和低碳能源开发技术的企业提供政策上的优惠。在节能方面，鼓励低碳物业管理技术的研发，对于达到高能效耐用型家电等级的技术进行大力推广，加强执行相关节能法案，完善对节能产品生产厂家的评估体系等。

（2）规划发展方面。近年来，从中央到地方，政府通过减免税费、提供财政补贴等措施引导消费者节能减排，已经有了许多成功的范例，不过，营造低碳生活政策体系，政府还有许多可以作为的空间。制定中长期发展规划的目的，是明确低碳生活在未来五年或五年以上的发展目标与主要任务，要将居民低碳生活发展目标纳入国民经济发展规划，将其目标和任务逐部门分解，逐年落实，并对下一年工作安排进行相应调整与细化。同时设计分区域、分部门的规划发展政策：从实地调研数据来看，居民低碳生活碳排放的主要区域来自城市区域，乡村区域偏少；主要行业来自交通业。这说明，不同区域，不同行业低碳生活发展水平明显不同，因此，在推广低碳生活时，必须区别城市与乡村，实行分区域、分行业的规划设计。

（3）产业政策方面。大力扶持"能耗低、污染少、产值高"的企业，对促进低碳发展的重大工程和重点项目优先立项，并在资金、税收、市场准入等方面给予优惠支持。限制高耗能、高耗水、高污染行业的发展。积极推进通过资本纽带重组产业，及时引导企业形成合理的规模，促进企业技术进步。

（4）能源定价方面。在充分考虑各方承受能力的基础上，稳步推进能源价格形成机制和价格水平的改革，发挥能源价格对能源消费行为的引导作用。积极探索城市范围内能源价格形成的合理机制，探索能源价格调控的可行方式，加强能源价格信息工作，为政府、企业、居民等相关决策者的能源使用决策提供依据。

（5）财政和税收政策方面。充分发挥财政和税费政策在解决能源资源与环境问题上的重要作用，坚持贯彻"谁污染、谁治理、谁受益、谁交费"的原则，利用税费手段调节有关主体的能源消耗行为。要发挥公共财政转移支付带动和调控社会资金的作用，带动更多的社会资金投入到低碳发展优先领域。财政要设定低碳发展专项资金，采取促进低碳发展的税收优惠政策，鼓励和推动有利于低碳发展的各类项目的实施。通过差别消费税等手段鼓励消费者购买低能耗和具有低碳标识的产品。在公共财政支付方面采取绿色政府采购政策。

（6）奖励机制方面。加快生态文明建设、"两型"社会建设、循环经济发展、新能源发展等领域奖励机制的制定，对于高效率大型液晶、半导体、低温冷藏器、热水器相关技术开发进行大力支持，降低低碳环保产品的营业税，对此类企业进行适当奖励等措施，从而降低低碳环保产品的价格，吸引消费者购买；对购买节能住宅的居民提供优惠的抵押贷款、减税或补贴政策。

（7）温室气体统计核算方面。逐步建立和完善有关温室气体排放的统计监测和分解考核体系，并遵循实质、客观、简单、可行的原则发展和完善符合低碳发展要求的评价指标体系。要把低碳生活发展目标列入省市和各部门的绩效考核，并制定系统的评估、认定和考核办法，对已经出台的促进低碳发展相关政策、列入推广的低碳技术以及列入政府扶持的低碳示范工程和项目，有重点地进行评价。加强能源资源消耗和温室气体排放等数据信息的共享，建立有助于促进低碳发展相关工作的信息反馈机制，加强及时跟踪和适时考评，对低碳发展重点项目和工作方案的落实情况实行动态管理。

6.2　资金支撑体系

低碳生活的发展需要强有力的资金支持。当前，发达国家发展低碳生活，提升低碳生活的主要融资模式是政府专项资金支持与市场融资（银行贷款、碳排放权交易、碳期货等）相结合。结合我国实际情况，除当前急需设立低碳生活发展基金外，还必须给予相关优惠财政政策支持，从而逐步完善低碳生活发展融资模式。当前，从资金来源、金融环境、银企对接、金融政策等方面落实，建立与之相适应的低碳资金支撑体系，全方位满足低碳生活发展的资金需求。

（1）碳金融。随着"绿色金融"的深化，人们开始用"碳金融"泛指所有服务于限制温室气体排放的金融活动。要完成通过技术创新、制度创新、产业转型、新能源开发等多种手段，尽可能地减少高碳能源消耗、减少温室气体排放，实现低碳经济，碳金融配合十分重要。金融通过各种手段介入低碳经济，不仅是金融机构承担社会责任的一种表现，也有利于金融业培育新的、可持续的发展模式。从理论上讲，碳金融是指旨在减少温室气体排放的各种金融制度安排和金融交易活动，既包括碳排放权及其衍生品的交易、低碳项目开发的投融资，也包括银行的绿色信贷以及其他相关金融中介活动。通常来看，国际范围内与低碳经济相关的"碳金融"业务主要包括4个方面：①"碳交易"市场机制，包括基于碳交易配额的交易和基于项目的交易；②机构投资者和风险投资介入的碳金融活动；③碳减排期货、期权市场，《京都议定书》签订以来，碳排放信用之类的环保衍生品逐渐成为西方机构投资者热衷的新兴交易品种；④商业银行的"碳金融"创新。碳金融与传统意义上的金融的不同在于：碳金融的核心是碳排放权。随着全球气候的变暖，大气温室气体排放空间不再是免费的公共资源，基于经济实力、地缘政治等诸多因素进行多方博弈所形成的碳排放量成为一种可以获利的能力和资产，碳金融逐渐成为抢占低碳经济制高点的关键。因此，碳金融无疑成为金融机构尚待开掘的"富矿"。

碳金融在中国

中国碳金融具有巨大的市场空间。在碳交易方面，根据《京都议定书》，我国作为发展中国家，在 2012 年之前并不需要承担义务，所以目前中国碳排放权交易主要是以项目为基础的交易。近几年来，无论是注册成功的 CDM 合作项目和 CER 签发量都得到了迅猛的增长，在全球碳市场中，中国已成为全世界核证减排量（核证的温室气体减排量 CER）一级市场上最大供应国。2008 年 3 月 14 日，中国最大的 CDM 项目之一——中国石油辽阳石化氧化二氮 CDM 减排项目正式引气开车。这一项目是国内能源企业充分利用国际规则推进节能减排的一次成功尝试，也为国内能源企业参与国际碳交易市场开辟了道路。据联合国 CDM 执行理事会（EB）的信息显示，截止到 2009 年 11 月 25 日，中国已注册项目 671 个，占 EB 全部注册项目总数的 35.15%，已获得核发 CER 1.69 亿 t，占核发总量 47.51%，项目数和减排量均居世界首位。2009 年 11 月 25 日，国务院常务会议决定，到 2020 年我国单位国内生产总值二氧化碳排放将比 2005 年下降 40%～45%，作为约束性指标纳入国民经济和社会发展中长期规划。在努力实现这一目标的过程中，通过大力推广节能减排技术，努力提高资源使用效率，必将有大批项目可被开发为 CDM 项目。据有关专家预测，中国在 2030 年二氧化碳减排可达 20 亿～30 亿 t，超过欧洲国家减排量的总和。作为全球第二大碳排放国，中国碳排放市场备受瞩目。碳金融是金融机构进行金融创新的重要领域，也是全球气候变化背景下国际金融中心建设的必备内容。巨大的碳排放资源是中国建立碳金融交易市场的坚实基础，中国碳金融市场的发展前景十分广阔，预示着巨大的金融需求和盈利商机。就产业规模和范围而言，仅在新能源领域，最新预测称 10 年内中国的新增投资就将高达 4.5 万亿元人民币。近期国内外多家银行推出的"绿色信贷"项目，便是碳金融的有益尝试。

为了适应碳交易市场的发展，北京环境交易所（简称"北交所"）、上海环境能源交易所（简称"上交所"）、天津排放权交易所（简称"天交所"）、重庆排污权交易所和山西吕梁节能减排项目交易中心等交易机构相继成立，为统一和规范中国碳交易市场奠定了基础。天津排放权交易所准备推出中国国内首个碳市场。天津排放权交易所由中油资产管理有限公司、天津产权交易中心和芝加哥气候交易所三方出资设立，拥有14家会员单位，并与10余家单位建立了战略合作关系，主要致力于开发二氧化硫、化学需氧量等主要污染物交易产品和能源效率交易产品。天津排放权交易所于2008年12月15日发出二氧化硫排放指标电子竞价公告，7家单位参与竞价。2008年12月23日，天津弘鹏有限公司以每吨3100元的价格竞购成功，这是国内排污权网上竞价第一单，标志着我国主要污染物排放权交易综合试点在天津启动。2009年6月18日，北交所与全球最大的碳交易所Blue Next签署了战略合作协议。8月5日，北交所达成了首单自愿碳减排交易，奥运会限行期间部分市民通过绿色出行方式减少的二氧化碳排放量也在北交所挂牌，其中的8026 t指标被一家汽车保险公司以27.7万元的价格购得。此前一天，上交所也宣布正式启动"绿色世博"自愿减排交易机制和平台。2009年9月，天交所发起"企业自愿减排联合行动"，并达成了国内第一笔以碳足迹盘查为基础的碳中和交易。广东、江苏等省也在加紧筹备成立碳排放交易所。碳交易开始在中国活跃起来。

（2）资金来源。主要通过政府支持与金融机构提供的信贷服务来满足低碳生活发展资金需求。金融机构应对开发低碳技术、推广高效节能技术、积极发展新能源和可再生能源的企业提供倾斜信贷，达到金融资本向低碳、环保、两型产业流动的有效引导，从源头上推动低碳生活发展，支持产业结构的优化升级。同时要进一步吸引外部低碳发展资金，当前可争取的主要国际机构和国际组织融资项目包括：世界银行全球环境基金会中国节能促进项目、世界银行全球环境基金中国节能融资项目、世界银行国际金融公司中国节能减排融资项目、亚洲开发银行节能融资项目、世界自然基金会（WWF）中国低碳城市发展项目、中—英低碳城市试点项目、英国战略方案基金"低碳城市试点项目"、瑞士—中国低碳城市示范项目、中英"低碳生活方法学及低碳生活区发展案例研究"项目等。

（3）金融环境。改善金融环境，建设和谐、共赢的金融环境，是构建低碳社会的必然要求。随着低碳生活的推广，对金融支持的要求已从简单的存、贷款等传统服务，发展为投资理财、资产保值增值、金融创新等综合性金融服务。在这种情况下，金融部门要正视低碳经济发展的内部环境和产业结构的真实水平，着手建设稳定的经济环境、完善的法制环境、良好的信用环境、协调的市场环境和规范的制度环境，增强金融部门的综合实力、竞争力和抗风险能力，形成良好的金融环境，给予产权、债权有效保护，才能有持续的金融支持的保障，确保金融业安全、有序、高效运作和经济金融协调发展，促进其更好地为低碳生活的建设作贡献。

（4）银企对接。由于低碳产业当前处在起步阶段，利润较低，直接限制了银行与企业之间的合作关系。因此，发展低碳生活应该推进银企合作，拓宽银企合作领域，深化合作内涵，加强担保体系建设，完善银企合作机制，增进彼此间的理解和信任，促进银企双方的共同发展和长远合作。发展低碳生活对于银企合作优化的要求主要有：金融部门要支持低碳生活的发展，在切实防范和化解金融风险的基础上，切实加大金融对地方低碳经济发展的支持力度；另外银行与企业要按照"诚实信用、互惠互利、风险共担、共同发展"的原则，结合自身特点，按照建设低碳生活的总体要求，切实处理好银企关系，建立平等、互利、互信的新型关系，推进银企合作的长效机制。

6.3 技术支撑体系

低碳技术是实现我国低碳生活发展的核心，是提升未来城市竞争力的关键，也是摒弃发达国家老路和老的技术模式，实现我国低碳生活稳步推进的途径。低碳技术支撑体系包括低碳生活知识研究系统、低碳生活技术创新系统、低碳知识技术传播系统、低碳生活中介服务系统、低碳生活资金保障系统、低碳生活科技监督系统，涵盖了资金投入到科技组织，再到低碳产品诞生过程的方方面面（图6-1）。我国需要从低碳技术标准的制定，低碳技术的研发，科技成果的转化与应用，低碳技术激励机制的建设等方面铺开，形成富有层次的低碳技术支撑体系。

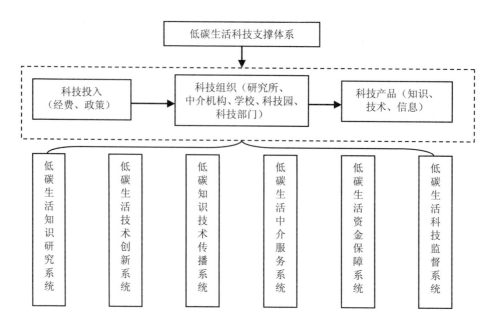

图 6-1　低碳生活科技支撑体系

（1）低碳技术标准的制定。低碳技术标准对于低碳技术的研发至关重要。目前，国际上对低碳技术的界定并无明确定义和标准，但随着气候变化谈判的不断深入以及各国履行减排义务，有关低碳技术、低碳产品认定等诸如此类的国际规则、标准等将逐步成熟。我国应尽早开展相关方面的研究和分析，参与国际标准的制定，从标准的研究、提出、讨论、确定、实施、完善，每个程序和环节都要积极参与，获得话语权。同时，我们还应建立国内低碳技术标准，要依据国际标准，把国际低碳技术的新理念、新创造引入中国，并结合中国低碳技术的研发实际，制定具有中国特色的低碳技术标准，对低碳技术的产品及生命周期进行分析、评价，使低碳技术的研发制度化、规范化，避免盲目、无序。

（2）低碳研发创新平台的搭建。将低碳技术创新研发优先列入各省、市重大科技创新项目等各类科技计划，鼓励低碳关键技术的自主创新。加强产学研合作，搭建多种低碳科研平台，建设一批带动性强的国家级、省级低碳研发中心、重点实验室和研发基地。整合相关研究力量，建立低碳发展战略和政策研究平台。加快低碳技术成果的推广应用，建设低碳技术成果转化平台。建立低碳信息服务平台。在现有的科技创新服务平台上强化对低碳技术研发、推广的全程服务，向研究机构和企业提供信息检索、科技咨询、知识产权、产业孵化器、产业风险投资、技术监督等服务。

（3）低碳技术的研发。低碳技术是低碳生活发展的动力和核心，低碳技术的创新能力，在很大程度上决定了我国能否顺利推进低碳生活。应制定低碳技术和低碳产品研发的短、中、长期规划，重点着眼于中长期战略技术的储备，使低碳技术和低碳产品研发系列化；加大科技投入，积极开展碳捕获和碳封存技术、替代技术、减量化技术、再利用技术、资源化技术、能源利用技术、生物技术、新材料技术、低碳生活技术、生态恢复技术等的研发。结合我国实际，有针对性地选择一些有望引领低碳生活发展方向的低碳技术，如可再生能源及新能源、煤的清洁高效利用、垃圾无害化填埋的沼气利用等有效控制温室气体排放的新技术，集中投入研发力量，重点攻关，促进低碳技术和产业的发展。

（4）科技成果的转化和应用。虽然我国在低碳技术领域，整体还比较落后，低碳技术仍以中低端为主，但我们在某些技术上已经走在了世界的前列，处于领先地位，要加快现有低碳技术尤其是优势技术的推广和应用。完善科技创新激励机制，提高自主创新能力。制定科技创新政策、措施，加大科技创新奖励力度，支持企业加强研发和创建自主品牌，走"政府推动、企业主导、群众参与"的科技创新路子。加大科技创新财政支持力度。加大财政对科技的投入，科技经费和工业发展资金重点用于扶持企业科技创新和科技成果转化。积极扶持中小企业创新。积极研究制定促进金融机构投资科技创新的有关优惠政策，鼓励有条件的金融机构设立专门的高新技术投资服务公司，充分发挥其融资优势，完善银行信贷、担保和服务体系，盘活科技型中小企业技术创新活力。

（5）清洁能源的开发利用。一是加快氢能技术产业化。我国在氢能开发技术方面已走在世界前列，如氢能及基础设施技术、氢燃料电池汽车技术和氢发动机技术的研究开发，在示范应用中取得了实质进展，为氢能技术转化和应用创造了条件。二是积极推进风能发电的产业化。我国已经掌握了兆瓦级风电机组的制造技术，为提高风电机组的国产化率提供了技术支持。三是加快太阳能光伏技术示范和推广。中国是世界最大的太阳能光伏组件出口国，为提高光伏制造产能，实现全面太阳能光伏减排潜力，奠定了基础。四是生物质能开发利用技术。推广应用秸秆固化、气化技术，大力发展秸秆直接燃烧发电技术，重点开展秸秆热解液化和秸秆发酵生产燃料乙醇关键技术研究和应用。五是煤层气（瓦斯）抽采利用技术。重点加强煤层气（瓦斯）抽采利用基础理论研究和科技攻关，推广应用先进适用的技术和装备。

（6）低碳技术激励机制的建立。借鉴国外经验，建立绿色证书交易制度和环境标志认证制度。一个绿色证书被指定代表一定数量的可再生能源发电量，当国家实行法定的可再生能源配额制度时，没有完成配额任务的企业需要向拥有绿色证书的企业购买绿色证书，以完成法定任务。通过绿色证书，限制高碳能源的使用，引导企业研发和采用低碳技术，发展低碳的可再生能源。制定和实行低碳产品优先采购政策，优先采购经过生态设计并经过清洁生产审计符合环境标志认证的产品，通过低碳产品优先采购引导企业对低碳技术进行战略投资，大力开发低碳产品，提高产品竞争力，通过制定和实施低碳财政、税收、融资等优惠政策，引导企业淘汰落后产能，加快技术升级，有效降低单位 GDP 碳排放的强度，实现低碳发展。

（7）加强低碳人力资源开发。开发低碳技术和低碳产品，其关键就是要有掌握先进技术的科技人才。促进低碳发展需要大量具有低碳经济意识和开放意识，具有开阔的经济建设与生态环境保护知识视野的人才，其中既包括专业技术人才，也包括微观管理人才和宏观战略管理人才，需要在促进低碳发展背景下全方位地推进人力资源的开发计划。目前我国低碳技术人才短缺，加快低碳技术人才的培养势在必行。高等教育应把低碳能源技术、低碳能源和可再生能源方面的专业放在突出的位置，直接为企业培养大批急需的低碳技术人才，使他们掌握最优化的设计方法，提高研究、设计和创新能力，加快低碳产品研发速度，缩短低碳产品的研发周期。

（8）加强国际低碳技术的交流与合作。积极参与国际上关于低碳能源和低碳能源技术的交流，尤其是要加强与欧盟、美国和日本的低碳技术交流与合作。通过各种交流合作，引进消化吸收发达国家先进的节能技术、提高能效的技术和可再生能源技术。同时应充分利用广阔的市场条件，制定一些特殊的优惠政策，吸引国外的先进技术和资金到中国来，共同示范，共享成果，争取双赢，为我国低碳技术发展创造条件。

6.4　项目支撑体系

作为一项影响因素广、涉及领域多的系统性工程，低碳生活的建设需要众多的项目支撑，必须长期进行有计划、有步骤的低碳技术示范项目建设，形成长效的推动机制从而刺激低碳技术的市场需求，当前着重开展低碳生产提质、低碳交通出行、低碳建筑示范、低碳产品推广、低碳生活引领、清洁能源应用、废弃资源利用、生态环境治理等八项工程，见图 6-2。

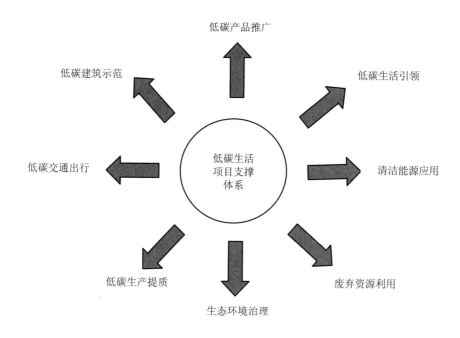

图 6-2 低碳生活项目支撑体系

（1）低碳生产提质工程。低碳生产是指以节能、降耗、减污为目标，以管理和技术为手段，实施工业生产全过程污染控制，使污染物产生量最少化的综合措施。应以科学发展观为指导，加强自主创新，坚持循环节约，大力发展循环经济和低碳生活；以结构调整为主线，以科技创新为动力，加快建设产业结构调整示范城市；加强自主创新，坚持循环节约，强化绿色环保，实现经济发展的全面转型升级；提高废弃物综合利用，对废物进行综合回收利用，在低碳生产过程中防止物料流失；全面开展重点污染源企业以及火电、钢铁、电镀、煤炭、冶金、印染、医药、化工、食品、电子等企业的清洁生产审核。

（2）低碳交通出行工程。实施公交优先与服务延伸发展战略，大力发展公交，科学合理规划交通系统；积极推广电动汽车与新能源环保汽车，在公交、环卫、出租等公共服务领域开展以混合动力和纯电动汽车为重点的规模示范应用；加快天然气加气站建设，扩大天然气汽车应用规模，加快城市出租车油改气步伐；自行车租赁系统建设工程在先进行试点的情况下应进行全国推广，鼓励居民少开车，多选择公交、自行车或步行出行，将自行车纳入城市交通规划，完善道路两侧非机动车道，最终形成以公交为主导、设施完善、服务多样、覆盖完全、高效便捷的现代化综合交通运输体系。

（3）低碳建筑示范工程。严格执行新建建筑节能标准，研究制定并执行建筑节能设计标准；积极推广绿色建筑评价标准；加大对建筑工程设计、施工、验收等环节的执行监察力度；鼓励采用新型建筑结构体系、新型墙体材料和可再生能源；深化既有建筑节能改造；重点推进宾馆、饭店、医院、学校等既有大型公共建筑的围护结构、墙体、供热系统、空调系统、耗电设备等在内的系统节能改造；重点建设一批绿色建筑示范工程，以公共建筑和居民住宅为重点，打造一批集节能、节地、节水、节材措施于一体、主题鲜明的绿色建筑典范。大力推进建筑节能，发展低碳绿色建筑。在建筑中根据地方条件积极采用地热能、水热能、太阳能等可再生能源，努力降低建筑能耗。大力推广节能门窗、墙体保温隔热、建筑物遮阳等建筑节能产品与技术，充分利用自然光和风来增加光照度和通风，减少使用人工空调制冷和供暖负荷，加强热、电、水的计量和调节控制。积极调整建筑产品结构，大力推广利用以工业固体废弃物为原料的环保型墙体材料和其他建筑节能材料，在节约土地、提高资源利用的同时，达到建筑节能的目的。全面推行和严格执行国家新建建筑节能50%的设计标准，对新建建筑从立项、规划、设计、施工图审查、施工、质监、监理、竣工验收、销售许可、物业管理等环节加强监管。启动既有建筑节能改造，抓好试点示范。对非节能居住建筑、大型公共建筑和党政机关办公楼，逐步推进节能改造。对于办公楼、宾馆、商场等大型商业建筑，进行能源审计，提高大型建筑能效。大力加强建筑采暖、空调、照明、炊事、家用电器等方面用能管理。率先在政府和商场、写字楼、宾馆等大型公共建筑推广绿色照明。

（4）低碳产品推广工程。研究出台政府绿色采购实施细则，积极推广节能环保产品，优先将自主创新的节能环保产品、设备纳入政府采购范围，完善政府绿色采购。积极推动政府采购可再生、可循环利用、通过环境标志认证的产品；搭建绿色物流体系，加快发展集约化、低碳化、无污染、低能耗物流；全面推广节能环保新产品，配合国家十大节能产品惠民工程，着力推进能效等级2级以上的空调、冰箱、洗衣机、平板电视、微波炉、电饭煲、电磁灶、热水器、电脑显示器、电机等10类产品的广泛应用。

（5）低碳生活引领工程。加大低碳生活宣传力度，营造全社会低碳生活氛围；引导居民选购、使用低污染、低消耗的生态洗涤剂、环保电池、绿色食品等绿色日常用品；引导居民选购和使用能效标志 2 级以上或有节能产品认证标志的家用产品；加大低碳生活宣传力度，营造全社会低碳生活氛围，广泛开展绿色生活引领工程；倡导居民按照国家标准合理控制室内空调温度；引导居民选购、使用低污染低消耗的生态洗涤剂、环保电池、绿色食品等绿色日常用品；鼓励居民选购小排量、低排放汽车；提倡和鼓励居民在酒店、饭店、大型写字楼等场所减少一次性餐具、一次性日用品等产品的使用。通过媒体运作、印发低碳生活手册等多种传播方式和出台引导消费的经济政策，帮助广大市民树立科学正确的发展观、幸福观、财富观、体面观，倡导在日常生活的衣、食、住、行、用等方面形成低碳生活方式与消费模式，减少能源消耗和二氧化碳排放。鼓励市民尽量选择公共交通、自行车、步行等低碳出行方式，引导市民实行住房节能装修，要求销售商执行能耗产品的能源标志，引导和帮助消费者选择高能效节能产品。大力推广应用节能型灯具。倡导减少过度包装和一次性用品的使用。

（6）清洁能源应用工程。大力推广新能源和可再生能源，加快太阳能、风能等新能源和可再生能源的开发应用；逐步提高生物质能利用率；在农村地区有序推进大型多村集式沼气、秸秆气集中供气工程；加快推进城乡结合部和农村地区能源清洁化利用。

（7）废弃资源利用工程。在废弃物产生环节，大力开展资源综合利用。加强对有色、化工、电力、冶金等废弃物产生量大、污染重的重点行业的管理，提高废渣、废水、废气的综合利用率。推动不同行业通过产业链的延伸和耦合，实现废弃物的循环利用。加快城市生活污水再生利用设施建设和垃圾资源化利用。大力发展生态农业，加强畜禽粪便和农村生活污水处理，加快大中型规模畜禽养殖沼气工程建设步伐，控制甲烷和氧化亚氮的排放。在废弃物回收环节，加强垃圾分类回收，加快建设生活垃圾集中处理设施；大力发展资源回收利用产业；继续实行对废旧用品回收站减免税收的优惠政策；加快生活、医疗、工业等领域危险废物的管理和集中处理；深入开展废弃资源利用工程；继续实行对废旧用品回收站减免税收的优惠政策；尝试对电池生产企业开征污染税（费）；加快建设一批生活垃圾集中处置设施；加快生活、医疗、工业等领域危险废物的管理和集中处理；大力发展资源回收利用产业，鼓励废旧轮胎胶粉沥青、再生纤维、再生建材等再生材料的推广应用。

（8）生态环境治理工程。加强机动车排放污染防治；完善机动车检测场检测网络，逐步建立机动车尾气遥测网络；鼓励老旧机动车提前淘汰更新；加大工业废气和扬尘污染治理力度；全面实施生态环境治理工程。加快山区绿色生态屏障体系建设，通过实施宜林荒山绿化、废弃矿山综合治理，着力提高森林覆盖率和森林碳汇功能；加强城市市容环境整治，完善城市绿地系统。

6.5　传媒支撑体系

低碳生活观念要为广大民众所接受，除政府加强宣传教育、居民自身素质提高外，还必须借助大众传媒的宣传与引导，提升居民低碳生活水平。需要学校、大众媒介、社会团体、社区等各方面的努力，从政策宣传、典型示范、热点引导等方面大力营造低碳生活的浓厚氛围，引导广大居民积极投身到低碳生活队伍中来。

（1）学校教育。低碳生活教育应纳入全民教育体系，使之成为全民教育的一个重要内容。通过一些正规教育树立年轻人的低碳观念，通过课堂和校园文化对学生传输低碳生活理念，引导他们爱护环境、爱护地球，强化学校低碳生活教育课程及教材，使之成为关心环境、关心他人、关心社会的一个群体。居民低碳生活方式的教育和引导工作将是一个庞大的工程，需要很多提供公共信息的媒体做出努力。

（2）大众媒介。大众媒介作为重要的思想舆论阵地，它所倡导的价值观，消费道德观对居民的低碳生活行为有着直接的引导和制约作用。媒体要充分利用舆论力量来宣传低碳生活和低碳消费，各大网站、电视、报纸、广播等媒体应配合低碳生活发展形势和政策，强化低碳理念，大力宣传低碳意识，普及日常生活低碳化的知识，传播低碳文化，加大对节能产品标准向全社会的宣传力度，要在媒体上宣传生活中节约能源的小窍门等，以提高大众的低碳消费能力和水平。

（3）社会团体。发挥民间机构和社会团体在消费者教育活动中的作用，如消费者协会、消费合作机构、消费俱乐部、环境保护者组织等民间团体组织，可以通过举办有关低碳消费的讲座、出版相关刊物、进行消费咨询等活动实施消费者教育，向消费者提供详细的、通俗易懂的房屋能耗信息，促进节能家电、节能车、节能灯等产品生产商和销售商与消费者团体的信息沟通，消费者协会应该从维护消费者权益出发深入并积极展开低碳消费主题活动，注重活动效果增强消费者的低碳消费信心。

（4）社区传播。由于社区传播能够渗透于居民的日常生活，贯穿于一个人一生的各个阶段，因而是实施低碳消费教育的最合适的载体。应着眼于节约资源、减少污染、绿色生活、环保消费、循环使用、分类回收、保护自然、万物共存的思想理念，宣传实行低碳生活的新成效，引发民众的认同感；办好"低碳生活示范""废弃物合理处置""环境保护"等社区专栏，借此推广居民低碳生活模式。

（5）对外交流。利用国际社会广泛关注气候变化和低碳发展的有利时机，找准切入点和结合点，进一步扩大开放，加强国际交流与合作，创造更多的国际技术转让、资金支持的机会，学习先进的知识、理念和管理经验。向国际社会推介，并寻求国家相关主管部门和国际合作窗口单位对我国更多的了解和支持，有重点地与联合国开发计划署（UNDP）、联合国环境规划署（UNEP）、联合国工业发展组织（UNIDO）、世界银行、亚洲开发银行、全球环境基金、欧盟委员会、英国、德国、意大利、瑞典、荷兰、日本、世界商业可持续发展理事会、世界五百强跨国公司，以及其他致力于低碳发展的国际非政府组织发展合作关系，力争通过积极参与《联合国气候变化框架公约》《京都议定书》等相关多边国际环境公约的履约活动，通过积极争取参与相关的国际合作项目而建立更加广泛的国际联系，从低碳外交与国际环境合作的渠道提升我国国际化水平。采取"引进来"和"走出去"的方式积极开展低碳发展国际合作。积极引进国外低碳发展的资金和先进技术，包括低碳城市规划、低碳产业规划、节能和提高能效技术、新能源与可再生能源技术、燃料替代技术等的推广和应用等。举办不同层次和范围的培训，邀请有关专家、学者讲授低碳发展的相关理论与实践；适时组织有关人员赴外考察学习低碳发展的成功经验。以技术、资金引进和能力建设为重点，建立和加强多渠道、多层次、多种形式的国内外合作。通过共同研发，合理转让低碳技术、开发清洁发展机制项目等方式提高低碳技术的水平和创新能力，尽快缩小与先进低碳技术方面差距。积极开展与低碳试点省市的合作与交流，借鉴和引进先进的管理经验和低碳技术，推动低碳技术的联合研发和推广，提升我国低碳领域的竞争力。

6.6　重点推进路径

当前，低碳生活是以政府为主导、企业为着力点、居民为主体、社会为支撑，全方位参与和推进的一种全新生活方式。政府部门应该从战略层面出发，运用行政、管理手段及价格机制引导企业开展绿色生产，加强宣传工作，同时带头推进低碳生活；企业应该从清洁生产、低碳产品研发、低碳市场模式的建设等方面铺开，主动参与到低碳社会的建设中来；广大居民应该树立低碳生活观念，积极学习低碳知识，以实际行动实践低碳生活；社会应依靠其布局优势加强舆论引导和监督，全方位保障低碳生活的建设。

（1）以政府为主导引领低碳生活。政策支持—广泛宣传—示范引导。政府应以现有法律法规为基础，通过广泛、深入调研，健全低碳生活法律法规，完善低碳生活激励政策，专门出台关于提升居民低碳生活水平的法律法规或条例；政府必须加强低碳生活宣传力度，培育全民低碳生活意识，营造低碳生活理念氛围；积极实施绿色政府采购，制定发布并执行政府机构办公建筑用电和采暖用热定额标准，创建绿色节能政府机关，在国家颁布的节能产品和环境标志产品政府采购实施意见基础上，专门制定政府机构节约用电、节约用水、节约用纸等方面的规范指南，加强公务车日常管理，有效降低公务车油品消耗。发挥政府在低碳社会建设中的引领、示范和表率作用，建设节约型低碳政府。对任何公共支出用途均设立能效评估标准，设立政府采购的节能标准门槛；针对政府机构电耗、油耗、气耗等能耗科目，制定和实施政府机构能耗使用定额预算标准和用能支出标准；在政府机构建筑中全面普及绿色照明、绿色电器、能耗智能管理；继续深入推进政府电子化办公，建设电子化政府，减少办公能耗。

（2）以企业为着力点推动低碳生活。清洁生产—开发低碳产品—建设低碳市场模式。企业一方面要在内部推行清洁生产，加强节能降耗，另一方面应当加大低碳生活产品的研发力度，尽可能生产更多的绿色产品以满足人们日益增长的需求。在产品推向市场时，应制定合理的产品价格，畅通产品销售渠道，优化低碳产品的批零营销网络，并率先建立低碳产品超市、专卖店、连锁店，建设低碳市场模式，还可举办低碳专题讲座，印发低碳产品广告，开展免费咨询、品尝、赠送等促销活动，扩大低碳产品的影响。

（3）以居民为主体实现低碳生活。改变观念—积极学习—自觉实践。树立正确的低碳消费观念，广大居民要从思想上摒弃物质主义、消费主义、享乐主义价值观，坚决杜绝面子消费、奢侈消费习俗，树立低碳生活、低碳消费价值观；积极学习相关低碳知识，大力弘扬"节约光荣，浪费可耻"的社会风尚，培育有利于树立生态文明观念的文化氛围。平时，养成日常低碳生活习惯，自觉养成节约用水、垃圾分类、随手关灯等良好的生活习惯；广大居民应更多选择公交、自行车和步行等绿色出行方式；自觉按照国家标准合理控制室内空调温度；自觉选购、使用低污染、低消耗的生态洗涤剂、环保电池、绿色食品等绿色日常用品；自觉选购环保建材，使用绿色、无污染的装修材料；重复使用节能环保购物袋，减少购买过度包装产品；自觉减少一次性餐具、一次性日用品等产品的使用。

（4）以社会为支撑保障低碳生活。舆论引导—加强监督—全方位参与。广大社会组织及媒介由于分布广且深入社会各阶层，以其自身的布局优势比政府能更广泛、深入地开展节能减排、低碳生活的宣传教育活动，应发挥舆论引导作用，同时加强低碳生活监督管理，对于各级政府机关及企事业单位的公务消费、政府官员及其家人消费应实施有效的制衡和监督，大力倡导节俭的消费风气，维护社会公平；广大社会组织应该积极开展低碳生活宣传活动，发挥共青团、工会、妇联、居委会等群团组织及各级消协组织的作用，在全社会多渠道、多形式、全方位参与低碳生活建设。低碳发展需要全社会的广泛参与，要采取丰富多彩的宣传方式，加强低碳发展和应对气候变化的宣传教育，进一步增强各级领导、企业和广大群众的低碳意识。把节约资源、低碳生活和保护环境、低碳生活等内容渗透到各级各类学校的教育教学中，从小培养儿童、青少年的节约、环保和低碳意识。通过宣传和教育，提高公众的低碳意识，营造全社会关注、参与和支持低碳发展的浓厚氛围。同时积极宣传我国在低碳发展方面取得的成就和经验，提高宣传活动的层次和影响力，扩大我国在低碳发展方面的知名度和影响力，提升我国国际形象。

6.7 低碳生活发展阶段与支撑重点

6.7.1 总体目标

深入贯彻落实科学发展观，坚持以人为本，围绕低碳社会建设的总体要求，立足居民消费实际，深化体制机制改革，健全相关法律法规，加快建立适应低碳生活发展的产业体系、消费体系、市场体系、技术支撑体系、政策体系和保障监督体系，实现温室气体排放得到有效控制，二氧化碳排放强度大幅度降低，低碳发展意识深入人心；有利于低碳发展的体制机制框架基本建立，以低碳排放为特征的产业体系基本形成；低碳社会建设全面推进，低碳生活方式和消费模式逐步建立；森林碳汇能力进一步增强；建成生产低碳化、资源节约化、环境友好化、消费绿色化的低碳生活国家。

6.7.2　发展阶段

低碳生活因为涉及面较广，建设周期较长，分起步发展期、提升发展期、成熟发展期等阶段实施。

（1）起步阶段（2012—2015 年）。起步发展期的主要任务是推广低碳理念和低碳生活方式，建立有利于低碳生活的体制机制，完善相关法规，出台激励政策，实施重点工程，积极推进低碳生活示范区的建设，使初步形成低碳生产特征较为明显、低碳生活体系较为完善、生态环境质量较大改善、资源能源利用效率较大提高的低碳生活发展格局。

（2）提升阶段（2016—2019 年）。提升发展期的主要任务是积极构建服务型政府，充分发挥政府及其各级主管部门的主导、支持、引导作用，通过规划、法规、政策等的制定和实施，为居民低碳生活水平提升创造有利的宏观环境和内在机制；科学利用税收、财政等经济杠杆，充分发挥企业在居民低碳生活转型中的主体作用；积极引导公众参与，以居民为主体积极践行低碳生活；有效发挥广大社会组织的宣传教育、保障、监督作用，积极保障居民低碳生活；建成一批低碳生活城市和低碳生活典型样板区。

（3）成熟阶段（2020 年以后）。成熟发展阶段即远景发展期，其主要任务是完善低碳生产体系、低碳生活体系和低碳政策体系，加大体制机制改革力度，进一步完善低碳生活保障机制，构建相对完善的法律法规体系，低碳生活重点工程加速推进，示范区建设成效显著并得以推广；使我国基本形成低碳生产特征明显、低碳生活体系完善、生态环境质量优化、资源能源利用效率较高的低碳生活发展格局。

6.7.3 支撑重点

（1）城镇居民节能减碳建设。近年来城市生活用能消费飞速增加，当前城市人均生活用能量大约是农村人均生活用能量的 2～4 倍，城市居民生活能源消费主要集中在饮食、热水、照明、室温调节、清洁、家用电器、交通等方面，所以城镇居民节能减碳建设对于低碳生活的推广显得尤为重要。当前要大力改变城市居民传统的高能高碳消费生活模式，这不仅需要政府引导城市居民的消费价值观、群体文化心理、对社会规范的感知等逐渐转变，还需要引导居民购买节能高效的设备设施。另外应当制定出台一系列的政策措施，从命令控制型、经济激励型与自愿参与型三方面构建起引导和控制居民节能减排的政策体系，促进城市居民消费观念向节能环保转变，生活方式向低碳节能转变。在节能减碳家庭行动中，大力提倡重拎布袋子、菜篮子，自觉选购节能家电、节水器具和高效照明产品，减少待机能耗，拒绝过度包装，使用无磷洗衣粉等。

（2）城市低碳出行建设。以提高交通资源利用效率为核心，综合运用"设施网络优化、智能管理强化"等手段，逐步构建立体化公交网络，全面增强城市交通承载能力，降低交通领域的资源能源消耗强度。优化公交线网，提高公交整体运行效率，提高公交出行比例；加快主要拥堵路段新改建，系统提高路网的通行能力。建立健全区域交通信号控制、智能化交通应急指挥和智能调度等系统，提升交通综合运行指挥调度能力；加快道路信息诱导系统建设，充分利用媒体和手机、车载导航等信息终端，为居民出行提供更为实时、便捷的交通信息服务；积极鼓励个人购买新能源汽车；积极鼓励居民自行车出行，将自行车出行纳入城市交通规划；完善部分道路和重点区域两侧非机动车专用道，增强自行车租赁服务，提高自行车出行比例。

（3）城市低碳能效建设。把污染物总量减排与产业结构调整、推进新型工业化结合起来，严格执行主要污染物总量控制指标，促进城市大气环境质量和水环境质量达到明显改善的目标；加大落后产能行业淘汰力度，加快钢铁、煤炭、水泥、造纸、电石等行业淘汰落后产能步伐；对超标排污企业以及对环境造成重大损害且限期内整改达不到排放标准的企业和项目，由有关部门联动执法，严肃查处并实行停电、停运等措施；明确规定建筑工地的物料堆存和运输、施工作业等环节的扬尘污染控制措施，加大对建筑工地的检查力度，切实减轻建筑施工产生的扬尘对环境空气质量的影响；加强机动车尾气治理，实行机动车尾气检测，对不达标车辆进行治理，公交车、出租车推广使用清洁能源。

（4）城市绿色食品供给建设。着力构建食品安全生产、供应体系，健全食品安全监管组织网络和责任追溯机制，切实保障居民绿色健康饮食；完善绿色食品供应体系，加强食用农产品标准化基地建设，实现基地建设规模化、产地环境无害化、生产过程标准化、质量控制制度化、产品流通品牌化、生产经营产业化，使产品全面达到无公害标准，提高绿色食品、有机农产品的生产量；加快食品安全监管装备标准化建设，为执法人员配备先进快速检测装备，具备对重点农药、兽药残留和食品中非法添加物定性分析能力；有效整合检测资源，培育提升一批综合性重点实验室；完善食品安全风险评估机制，推进食品安全风险评估中心的建设。

（5）农村低碳能源建设。加强有机食品、绿色食品和无公害食品基地的建设，推广节肥、节药、节水技术，大幅减少化肥和农药施用量，降低农业生产对化石能源的依赖。大力发展农村户用沼气和大中型畜禽养殖场沼气工程，推广省材节煤灶，因地制宜发展小水电、风能、太阳能以及农作物秸秆气化集中供气系统；大力发展农村沼气，围绕沼渣、沼液和农业废弃物资源化利用；推广农作物秸秆综合利用技术，实现农作物秸秆资源循环高效利用；推广生态环保健康养殖技术，依托规模养殖场和养殖小区建设大中型沼气工程，实现畜禽养殖污染集中无害化处理。

（6）农村生态产业建设。积极开展秸秆综合利用，发展以秸秆为原料的加工业和以秸秆为原料的生物质能源。继续推广以农村沼气池为基础的生态农业开发模式，加快建设生态农业示范园区。推广保护性耕作、轮作施肥、秸秆还田、施用有机肥等技术，增加农田土壤有机质和固碳潜力。加大利用畜禽粪便生产沼气的示范和推广力度，积极开展畜禽减排量的碳汇交易，构建种植业、养殖业、碳汇交易之间的产业循环。

（7）农村低碳人居环境建设。大力开展农村环境综合整治，集中开展农村人居环境综合整治，加快农村净化、绿化、亮化、美化工程建设；解决农村垃圾、养猪等造成的水安全问题、工业污染向农村扩散的问题；集中清理农村粪堆、垃圾堆、柴草堆"三堆"，净化农村生产生活环境，搞好农村污水处理；在农村广泛开展环卫知识的宣传普及和教育活动，组织农民积极参与农村环境综合整治行动；加强农村环卫设施建设，合理规划布局建设农村垃圾收集站点，科学论证农村垃圾填埋场选址，做到专业设计、规范建设。

（8）农村绿色文明生活建设。积极倡导农民选用节能空调、节能灯，科学使用电视机、电脑、电冰箱、太阳能热水器；用完电器拔插头，循环利用水资源，尽量不用或少用一次性消费品，等等；倡导科学文明健康的低碳生活方式，扭转农村赌博的不良风气，破除陈规陋习，培育文明新风；政府应推进农村各项文化惠民措施，完善公共文化服务体系、网络设施及基本运行保障机制，抓好乡镇文化站建设及文化馆、图书馆、体育馆等公益性文化设施建设，努力使农民群众享有丰富多彩、健康向上的精神文化生活。

第 7 章

推进国民低碳生活的具体建议

推进低碳生活方式，应注重以下方面：养成低碳生活的基本理念，形成低碳生活的社会氛围，协调低碳发展与大众消费的利益关系，出台针对政府、企业、居民的低碳生活奖惩办法，鼓励全社会使用环保可再生产品，加强资源可回收领域的低碳循环利用，制定低碳生活评价指标体系，运用经济杠杆推进低碳生活，设立低碳生活发展基金，建立低碳消费示范基地，健全低碳消费融资模式。

7.1 协调低碳生活的利益关系

由于我国各地区的发展很不平衡，各区域、各部门之间的利益，当前利益与长远利益等复杂地交织在一起，推进低碳生活，势必造成区域、利益团体和个人在若干利益关系上的矛盾冲突，能否处理好这些利益关系的矛盾冲突，决定着低碳生活发展的前途和命运。因此要对现有经济模式下社会各方面错综复杂的利益关系重新审视和调整，具体来说要协调不同区域和不同部门之间的利益关系，协调低碳发展与大众消费的利益关系，协调低碳生活与经济目标的利益关系。

（1）协调不同区域、不同部门之间的利益关系。在国内的低碳利益格局中，存在着不同区域、不同部门之间的博弈。国内各地区之间，面对自身经济基础，对低碳生活会有不同的态度；不同部门如能源与汽车部门，大都会认识到自身部门在推行低碳生活中的重任，但在现有的利益格局和技术水平制约下，追求利益最大化而忽略低碳技术的研发和低碳生活的推广。对于不同区域而言，开放合作是实现低碳生活跨区域、全方位推广的必由之路。东部沿海地区，应率先建立起低碳产业体系，大力推行低碳消费模式，同时增加对中西部地区的经济支持；作为中西部地区，应发挥比较优势，发展适合自己的低碳产业，如清洁能源的开发为东部输送能源的同时，对中西部自身环境的消极影响却微乎其微，且可为中西部输送大量的资金支持，从而获得双赢。对于不同部门之间，可建立部门利益共享机制。强化低碳政策受益部门对利益受损部门转移支付、补贴等，确保政策效果的公平性，并确保低收入地区、行业、群体以及弱势部门和群体的生活水平和收益不因低碳政策而恶化。

（2）协调低碳发展与大众消费的利益关系。要成功地推广低碳生活，必须具有广大消费者对低碳技术、低碳产品较大的市场需求，即要使广大社会公众都成为低碳消费、低碳生活的主体，这是发展低碳经济的市场基础。但长期以来在传统经济模式下形成的大众消费一般都属于高碳排放型消费，目前低碳消费的市场受众毕竟还是少数，这显然与低碳发展所要求的低碳消费构成矛盾。要解决目前低碳发展与大众消费的矛盾，必须转变人们的思想观念，努力使低碳需要成为广大消费者的自觉需要，同时采取经济手段，促进居民节能减碳。一方面，政府、企业、文化教育部门等社会组织，通过各种宣传教育方式来引导社会大众的低碳消费需要，营造出一个低碳环保、节能减排的绿色文化氛围，使全体国民都成为发展低碳经济的真正主体，积极支持和参与低碳经济建设。另一方面，对居民消费行为综合利用税收、补贴和价格政策（能源价格与低碳产品价格）等经济手段，直接或间接干预能源、家电、汽车、服饰、五金等市场的供求关系来达到引导居民减少高碳消费需求的目标。

（3）协调低碳生活与经济目标的利益关系。从科学发展观角度看，低碳生活与经济目标并不矛盾，实质上应当是一种既相互对立，又相互依赖、相互制约的辩证统一关系，体现着人与自然共生共荣的和谐关系。推广低碳生活要真正树立起低碳目标与经济效益的双赢意识。一方面，我们应在全社会倡导低碳意识和低碳化原则，在经济活动中明确树立起低碳环保的价值取向和原则，并将其纳入经济发展战略目标中，作为一切低碳化创新活动的指导观念，在现实工作中将利用新能源技术、提高现有能源和资源利用率、降低能耗等低碳减排的要求与经济发展目标有机结合起来，实现经济效益与节能减排、降低能耗等方面利益的最优化。另一方面，我们还要努力破除作为传统经济模式主导思想的利润价值观。正确认识和把握好低碳目标与经济发展之间的辩证关系，推行全面考量经济与环境、资源等方面效益的低碳政绩观，在政绩考核上增加有关低碳减排、节能环保的具体指标，从各方面严格纠正片面追逐 GDP 政绩的错误做法。

7.2　出台低碳生活的奖惩办法

政府、企业、居民等都是低碳生活的实践者，有效推进低碳生活，应对各主体采取相应的奖惩措施。

（1）政府低碳政务奖惩办法。充分参考国外出台相关的奖惩办法，结合实际情况，初步建立并实施政府低碳生活工作问责制，作为政府领导干部综合考核评价的重要内容。建立政府低碳生活目标管理考核领导小组，负责制定考核指标与考核标准，以及政府部门低碳生活的具体考核工作。对于考核结果为"优秀""良好"的责任单位，政府予以通报表彰；对成绩特别优异的单位责任人，则可给予一定的精神和物质奖励；考核为"一般"的责任单位，政府责成责任人提出整改措施；对弄虚作假、谎报成绩的单位，将追究当事人的责任。

（2）企业低碳生产奖惩办法。建立健全企业低碳生产奖惩办法，充分调动企业从事低碳生产的积极性。政府可通过经济、社会、奖惩等手段激励企业推广低碳生产。实行一系列优惠政策积极引导企业加大资金投入，鼓励并扶持企业研发低碳产品。建立严格的行政审批制度，对高污染、高排放的企业禁止投产；对于污染物的转移排放，要实施严格的环保立法和标准；强化现有收费制度，按规定对企业排放的范围、数量征收排污费，超标处罚，在此基础上，转变排污费的使用处理方式，改变无偿拨款或贴息贷款给企业进行治污的形式，采用商业的模式运作，促使企业采取措施，积极防治污染。

（3）建立健全低碳运行机制。强化政府和企业责任，加快结构调整，加强重点领域节能减排，完善政策体系，健全保障机制，形成以政府为主导、企业为主体、全社会共同推进的工作格局。①建立健全节能减排工作责任制和问责制，完善节能减排统计、监测和考核体系。②建立新建项目准入制，严格执行新建项目节能评估审查、环境影响评价制度和项目核准程序。③建立落后产能退出机制，大力淘汰一些行业落后产能，继续开展小矿山冶炼、小水泥、小火电、小造纸以及城市污水等专项治理工作。④建立节能减排的市场化机制，推进资源价格改革和环境容量有偿使用制度改革,探索建立资源有偿使用制度、生态环境补偿机制和排污权交易制度。⑤建立节能减排投入机制, 做大节能减排专项引导基金,通过贷款贴息、以奖代补等方式引导社会资金投入。⑥积极推广清洁能源机制（CDM）、合同能源管理（EMC）等节能新机制,加快推进既有建筑节能改造,严格执行新建建筑节能标准。⑦强化高耗能行业和重点企业节能减排,实施重点企业能源审计和能源利用状况月报制度。

（4）居民低碳生活奖惩办法。制定系统可行的评比标准,深入开展"低碳生活示范家庭""低碳生活示范社区"等系列评选活动。"低碳生活示范社区"注重考核环境监督体系、污染防治措施,生态环境质量、社区文化氛围、居民环境意识等。对于成绩靠前的社区,除颁发荣誉证书外,还要给予一定的物质奖励,以激励全体居民争创低碳生活社会；而对于成绩靠后的社区,不仅要通报批评,还要给予一定的罚款。

7.3 鼓励使用环保可再生产品

环保可再生产品是指在社会生产和生活消费过程中产生的,已经失去原有全部或部分使用价值的各种废弃物,经过回收、加工处理,能够使其重新获得使用价值的产品,其再生过程既减少了资源的浪费和大量废弃物的污染,也减少了资源的消耗和生产过程中的大量污染,一举多得。从这个意义上说,环保可再生产品也就具有了多种环境优势,应对资源再生产品进行大力提倡和推广。通过对资源再生产品的消费和使用,能带动资源再生产品的生产和资源再生产业的整体发展,并真正推动低碳生活的建设。在推动使用环保可再生产品时,应积极发挥政府的宏观调控作用,适度强化企业有效推动作用,有效发挥社会监督管理作用,多管齐下,全方位提倡居民使用环保可再生产品。

7.3.1 积极发挥政府宏观调控作用

组织开展立法调研,尽快制定有关废弃物再生、垃圾分类回收、节能减排、清洁生产、资源有效利用等方面的地方性法规。在保障层面,重点运用行政、金融、财政、政策、技术等引导废旧资源回收,加快环保可再生企业向园区集聚发展；建设层面,加快回收网点建设、环保可再生产业园建设、固体废弃物处理中心的建设,以及其他相关配套设施的建设,见图7-1。加大对环保可再生企业扶持力度,激发企业有效利用废弃资源。推行政府采购环保可再生产品,鼓励节约使用和重复利用办公用品。

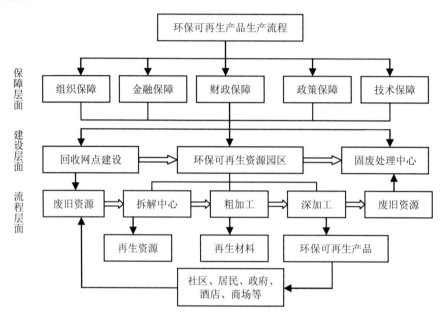

图 7-1　环保可再生产品生产流程

7.3.2　强化环保可再生企业的推动作用

企业加快资源再生利用产业化,对废旧机电设备、电线电缆、通信工具、汽车、家电、电子产品、金属和塑料包装物以及废料中可循环利用的钢铁、有色金属、贵金属、塑料、橡胶等废弃资源进行规模化深度加工,见图7-1。同时企业本身应推广先进的低碳技术、更新生产设备,淘汰落后产能,使用低污染的能源和原料,努力提高能源资源利用效率,以最低的消耗生产尽可能多的环保再生产品。加快技术改造和设备更新。根据国家产业结构调整指导目录,加快淘汰落后技术、工艺和设备,提高生产效率和能源利用率,实现产业低碳化改造。加强淘汰落后产能核查,建立淘汰落后产能的社会公告制度,定期向社会公告淘汰的落后产能。

严格控制高耗能、高污染行业发展，落实新开工项目管理的部门联动机制和项目审批问责制，严格执行项目开工建设的"六项必要条件"，即必须符合产业政策和市场准入标准、项目审批核准或备案程序、用地预审、环境影响评价审批、节能评估审查以及信贷、安全和城市规划等规定和要求；提高产业准入门槛，实行严格的节能减排准入管理，控制高耗能、高污染项目。

强力推进清洁生产。扩大清洁生产规模和范围，将清洁生产理念引入产业集聚基地、产业带建设过程中，通过实施清洁生产，实现企业及工业园区低碳化。重点推进"两高"传统产业的清洁生产，对污染物排放超过国家、省、市规定的排放标准或者超过核定的污染物排放总量控制指标的企业，强制实施清洁生产审核，并将实施清洁生产审核作为企业入园、扩大生产规模、搬迁及享受优惠政策等的约束条件之一，从产品生命周期全过程控制资源能源消耗，减少碳排放。

7.3.3　居民积极使用环保可再生资源产品

居民应积极学习使用环保可再生产品，购买环保可再生资源产品，自觉减少使用一次性用品，同时社区将环保可再生产品知识的普及宣传、环保活动的组织开展等纳入日常考核，强化社会组织的监督管理作用。专门制定包括使用环保可再生产品的创建标准，如建议对购买的一次性易耗品提倡反复使用和多次使用，对生活耐用品如衣服、旧家电、家具等自己不用了可以送给别人使用，不要随意丢弃等，加强居民低碳生活荣辱观的形成。

7.3.4　资源可回收领域的低碳循环利用

当前应在资源可回收领域倡导低碳循环利用，主要针对餐厨废弃物回收利用、建筑垃圾循环利用，鼓励使用环保可再生产品。

（1）低碳餐饮业建设。积极构建"生态农业—低碳原料采供—清洁生产—低碳服务与消费—餐厨垃圾再利用—生态农业"的循环产业链。其中，"生态农业"主要为低碳餐饮提供绿色产品；"低碳原料采供"主要是绿色农产品本地采购、减少库存、分类分段存放、先进先出、环保制冷等；"清洁生产"主要是依托清洁的能源、原材料、技术工艺，采用冷热电联供、集中供热等能源梯级利用技术，为消费者提供安全、优质的绿色餐饮；"低碳服务与消费"主要是积极推进绿色消费，倡导适量用餐、减少一次性餐具使用、提供打包服务等，减少浪费和餐饮废物的排放；"餐厨垃圾再利用"即对最终排放的餐厨垃圾经过再利用工艺，为生态农业的发展提供肥料与燃气。"生态农业"则主要是通过对餐厨废弃物的综合利用，为生态农业、生态村镇建设提供肥料、饲料及燃气，生产绿色产品以供餐饮业发展，实现物质和能源的循环利用。图 7-2 给出了餐厨废弃物回收循环利用框架。

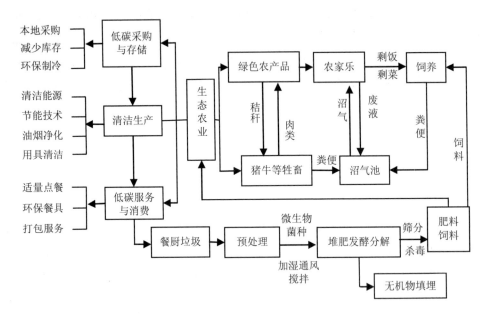

图 7-2　餐厨废弃物回收循环利用框架

（2）建筑垃圾资源化与综合利用。建筑垃圾包括废渣土、碎石块、废砂浆、砖瓦碎块、混凝土块、废玻璃、废竹木等，其资源化与重新利用是建筑行业实现循环闭合链的关键环节，对推进整个建筑行业循环经济的发展都具有重要意义。要把建筑垃圾综合利用当作建筑行业循环发展的切入点，利用现代化技术、装备、工艺积极探索建筑垃圾综合利用新途径，多层次深入利用建筑废弃物，形成多元化再生利用格局。图 7-3 给出了建筑废弃物回收利用框架。

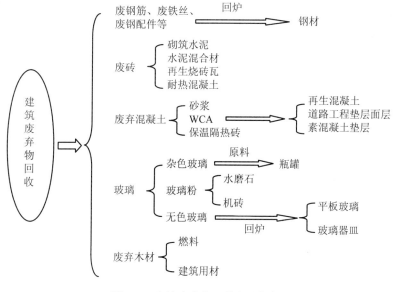

图 7-3　建筑废弃物回收利用框架

7.4　制定低碳生活评价指标体系

为科学指导和准确评价低碳生活水平，需要结合中国实际，建立具有较强操作性的评价与考核指标体系。根据低碳社会的内涵、特点，按照系统性、实用性、简明性、独立性等原则，从经济低碳化、基础设施低碳化、生活方式低碳化、低碳技术发展、低碳政策支持和生态环境优良 6 个方面出发，构建如下低碳城市评价指标体系（表 7-1）。综合评价指标体系包括 3 个层次：目标层、准则层和指标层，其中，高层次指标是低层次指标的综合，低层次指标是高层次指标的具体体现。

表 7-1　低碳生活评价指标体系

目标层	准则层	指标层	具体指标	单位	指标性质
低碳生活评价指标	经济低碳化指标	经济高效集约化水平	单位 GDP 能耗	t 标准煤	约束性
			人均 GDP 能耗	t 标准煤	约束性
			能源消耗弹性指数		约束性
			单位 GDP 水资源消耗	t 水	约束性
			单位 GDP 建设用地占地	km^2	约束性

目标层	准则层	指标层	具体指标	单位	指标性质
低碳生活评价指标	经济低碳化指标	产业结构合理程度	非农产值比重	%	目标性
			第三产业比重	%	目标性
			高新技术产业比重	%	目标性
			产业结构高度化		目标性
	基础设施低碳化指标	交通低碳化水平	到达 BRT 站点的平均步行距离	m	约束性
			万人拥有公共汽车数	辆	目标性
		建筑低碳化水平	公共建筑节能改造比重	%	目标性
			节能建筑开发比重	%	目标性
	生活方式低碳化指标	低碳消费观	低碳生活了解度	%	目标性
			节约消费赞同度	%	目标性
			低碳生活知识普及度	%	目标性
		低碳消费水平	人均城市建设用地	m^2	目标性
			人均家庭生活用水	t	约束性
			人均生活燃气用量	m^3	约束性
			人均生活用电量	kW·h	约束性
		低碳消费习惯	节能住宅购买率	%	目标性
			绿色出行方式使用率	%	目标性
			清洁能源使用比例	%	目标性
			节能家用电器普及率	%	目标性
			一次性物品使用率	%	目标性
			初级食品消费比重	%	目标性
		低碳文化消费水平	教育支出比重	%	目标性
			文化娱乐服务支出比重	%	目标性
	低碳技术发展指标	低碳技术研发水平	R&D 投入占财政支出比重	%	目标性
			万人科技人员数量	人	目标性
			千名科技人员低碳论文发表数	篇	目标性
			万人低碳专利授权量	件	目标性
		低碳技术运用水平	新能源比例	%	目标性
			热电联产比例	%	目标性
			资源回收利用率	%	目标性
	低碳政策支持指标	低碳政策完善度	税收政策完善度		目标性
			低碳激励监督机制健全度		目标性
	生态环境优良指标	环境美化水平	森林覆盖率	%	目标性
			人均绿地面积	m^2	目标性
			建成区绿地覆盖率	%	目标性
		环境保护水平	生活垃圾无害化处理率	%	目标性
			城镇生活污水处理率	%	目标性
			工业废水达标率	%	目标性

7.5 运用经济杠杆推进低碳生活

改革财政税制，利用价格、税收、财政等经济杠杆鼓励低碳生产和低碳消费。对低碳产品的生产和消费实行减免税优惠；对浪费资源、污染环境的高碳消费品征收高额附加税惩罚；积极参与低碳金融市场以活跃碳排放交易；建立应对气候变化的信贷模式和低碳信用制度。

（1）优化资源配置，发挥调控作用。在低碳消费导向下，采用征收能源税、财政补贴、税收减免、贷款优惠及许可证等，鼓励有关研究机构和企业增加对低碳技术的研究、开发与生产投入。通过税收，抑制消费主体的高碳消费方式。在居民低碳生活水平提升过程中，政府可以综合运用财政、金融等手段，发挥税收、价格等经济杠杆作用，从而推动低碳生活的施行。对于污染较重的企业征收环境污染重税，刺激企业为了减少成本、确保竞争力，主动加强对环保技术的研制和开发，使生产过程逐步低碳化。利用污染税税后利润继续支持和扶持低碳环保产业，促进低碳生活。

（2）在低碳领域实行绿色信贷。绿色经济的发展离不开商业银行信贷供给的支持，实施绿色信贷政策重点是扶持发展循环经济。采取"停贷治污"是治理环境的有效措施，把环境因素纳入贷款、投资和风险评估程序之中，推广绿色会计报表。对环境有污染的企业的贷款实施惩罚性高利率；对有严重污染的企业不对其贷款；对贷款之后发现有环境污染问题的企业提前收回贷款；而对有良好环保记录的普通企业则提供优惠贷款；对企业贷款用于改善环境污染问题的贷款项目应该予以支持，等等。以上一系列措施主要是通过融资环节影响企业资本成本进而对企业生产经营产生影响，目的是要引导企业走向环保之路。实施绿色信贷需尽快建立一套切实可行的环境风险评估标准和绿色信贷指导目录，并建立长效的信息共享机制。此外，还要鼓励个人"绿色消费"，对个人消费品的信贷采取差别政策。对公众购买环保型消费品，如环保汽车、家电等，银行可联手商家推出贴息甚至免息的消费贷款鼓励其消费。但是，如果购买对环境污染严重的消费品，如助力车等，则可以不予贷款，从而有效地抑制这类产品的消费。

（3）拉动低碳投资需求。强化财政"四两拨千斤"的杠杆作用，积极探索市场化运作机制，争取以少量的财政投入动员尽可能多的社会资金。对于低碳环保产业要认真贯彻落实投资抵免企业所得税政策和暂停征收固定资产投资方向调节税。金融机构应结合低碳发展实际，坚持区别对待、有保有压的信贷投放原则。银行部门应明确目标市场，对综合实力强、现金流量大、经营效益好的低碳客户、低碳项目和低碳产业给予积极的信贷支持，加快低碳经济发展。围绕低碳经济亮点，适当放开准入门槛，重点扶持一批有市场、有效益、有潜力、有信用与管理规范的低碳新兴企业，促进个人信贷业务的健康发展。

（4）拉动低碳消费需求。大力推进与低碳消费有关的标准及市场准入制度，并建设推广和实施能效标志制度、碳标志制度及其他的生态相关的标志制度，建立健全监督体制，提供良好的低碳消费市场。此外，在消费领域，推进二氧化碳可视化进程，为消费者选用低碳产品和低碳食品提供参考依据。建立促进低碳生活的激励机制。提高城市和农村最低生活保障水平，增加低收入群体的收入，不断提高人们对收入增长的心理预期，这是提高人们的消费素质、带动低碳生活的基础。政府根据居民的不同消费层次，给予一定的购物补贴。对购买低碳产品给予优惠，增加低碳产品上架率，使低碳生活得到宣传。

（5）制定有利于低碳产品推广的价格。为了缩小低碳产品和非低碳产品的差价，要将"污染者付费"和"环境有偿使用"的现代观念放入产品定价体系。非低碳产品在生产过程中，没有生态成本方面的支出，但产品出厂后需要支付各种污染税；而低碳产品的生产，在生产过程中，有生态成本方面的支出，如采用清洁技术、环境整治等支出，但产品出厂后无需再次支付生态成本。因此，可以通过对非低碳产品生产企业征收等同于或大于低碳产品生产过程中所要支出的生态成本大小的污染税，以引导非低碳产品企业向低碳产品企业转型。而且低碳企业还能得到一些税收优惠或补贴，这样低碳产品和非低碳产品的差价就不那么明显了，在同类产品价格的基础上确定一定的消费者可以接受的加价率，树立低碳产品优质高价的形象。完善基础设施的定价及收费机制，推动价格形成机制实现由计划机制向以市场机制为主配置资源的转变，既确保刺激企业愿意投资，主动降低成本，提高效率，又能满足公共利益的需要。

（6）加快公共领域价格体制改革。对政府立项的城市公用、公益事业、基础设施建设项目，广泛采取灵活的价费政策，为项目融资创造条件；对投资经营具有自然垄断性质的市政公用设施的建设项目，通过价格政策促使投资者获得合理的回报；对投资经营具有竞争性质的市政公用设施项目，放开价格，以吸引社会投资。

建立市场调节与政府调控相结合、以市场调节为主导的能源、资源和环保服务价格形成机制。对于具备市场竞争条件的产品和服务价格，实行市场调节价；对于具有自然垄断性及关系公共利益的重要产品和服务价格，建立有政府、企业、消费者共同参加的价格协商机制，实行政府定价或者政府指导价，并建立有利于节约资源和减少环境损害，有利于企业提高效益和效率的价格调整机制，形成反映资源稀缺程度、资源枯竭后退出成本和环境治理成本的价格体系。

（7）完善生态公益林地补偿机制。提高森林生态效益补偿标准，按照林地潜在经济价值，建立覆盖全部生态公益林的差别补偿制度。以签订公益林保护管理协议的方式，明确政府和管理实体及农户的责任、权利与义务，促进森林绿地和生态环境保护。规划新建、扩建、续建的森林公园、自然保护区、湿地保护区中的林（绿）地，等同重点公益林进行补偿。

7.6 系统设立低碳生活发展基金

在低碳生活基金的发展初期，应各方联动、多管齐下，努力营造有利于低碳产业投资基金持续健康发展的政策环境和市场环境，确保符合我国的低碳经济发展战略。政府牵头，设立"低碳生活发展基金"，形成由政府、中介结构、科研机构等组成的合作模式，培养低碳发展基金专业人才，将低碳生活发展基金运用到企业、科研机构中，推动低碳产品进行基础研发和应用示范，从而进行商业推广，大规模推向市场，见图 7-4。

（1）成立国家层面低碳发展基金，设定基金会组织机构。在我国发展低碳经济的现阶段，私人部门设立低碳发展基金的动力不足，即使成立个别低碳发展基金也无法形成一定的规模，更无法保证顺应国家低碳经济发展政策，很难发挥低碳发展基金的最大效用。因此，设立低碳发展基金要以政府财政为后盾，保证低碳发展基金的规模，并且确保低碳发展基金与国家低碳经济发展规划相结合，同时，政府应科学设计税收体系，把环境税纳入征税范围。将环境税收投入低碳发展基金，保障低碳发展基金的稳定的财政来源，从一定程度上促进节能减排的实现。设定基金会组织机构：理事会，主要是决策功能，负责制订低碳生活发展基金会工作计划并组织实施；秘书处，主要是执行功能，承担着承上启下的重要作用，内容涉及行政、财政、人事、外联等内部事务；监事会，主要是监督功能，为防止理事会滥用职权、牟取非法利益而设立的对应的监督、制衡机构。

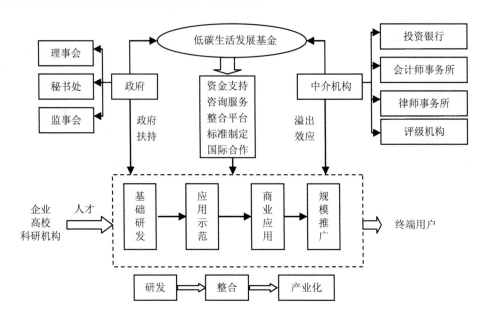

图 7-4　低碳生活发展基金作用机制

（2）稳步发展中介机构投资者，加强资金保障。逐步发展机构投资者，在发展壮大机构投资者整体规模的同时，进一步优化机构投资者的结构，允许各种资金进入低碳产业投资基金，不仅银行资金可以进入，在提高监控能力、风险防范水平的前提下，逐步解除各种政策壁垒，鼓励和引导保险公司、证券公司、养老基金等境内外机构投资者进入低碳产业投资基金，增强低碳产业投资基金的规模和实力。此外，通过财政税收优惠、成立政府引导基金等多种方式引导资金投向低碳产业投资基金，提升社会资金对低碳产业投资的参与度，使社会效益和经济效益达到最佳契合。

（3）努力培养专业管理人才。低碳生活发展基金作为一项金融创新，国内大多数基金管理公司对低碳产业的项目开发、审批，以及运作模式、风险管理、交易规则、利润空间等缺乏应有的了解，导致这一领域人才缺乏。应鼓励在投资银行、证券投资和资产管理等各方面的高素质金融人才加盟低碳产业投资基金。加快建设中高级金融管理人才培训平台，加强与高校和专业培训机构的合作，采取多种形式提高基金运作机构经营者和从业人员的素质。利用低碳产业投资基金筹建的契机，建立基金经理人执业资格认证制度，逐步规范低碳产业投资基金市场的从业环境。

7.7　建立低碳消费示范基地

示范型的低碳消费模式是国内开始普遍运作的一种方式，探索出成功经验后如何将政府、城市、企业、旅游区、社区、家庭、公共服务设施的发展经验扩展到全国地区，将是示范发挥作用的关键。利用示范、试点的方法，以点带面，稳步扎实地推动低碳发展目标的实施和低碳城市建设。结合我国的实际情况以及建设生态文明社会的总体目标，在省、市、县和乡镇、区和社区、企业、工业园区、公共领域等层面上发展一些低碳发展试点项目。加强对示范、试点工作的具体指导并在资金、政策上给予一定的支持。

政府应加大对低碳城市、低碳社区等的示范作用，同时加快制定低碳城市、低碳社区、低碳建筑的标准，做好低碳生活的技术推广与示范工程。着力在重点行业、重点领域、重点园区和重点城市，从企业到工业园区（产业基地）再到社会生产和生活逐层推广低碳理念和低碳技术应用，提出相应的低碳生活发展模式，使其在推动全国低碳生活的发展中起到辐射、带动、指导和借鉴的示范作用。

（1）低碳政府示范。发挥政府在低碳消费中的引领、示范和表率作用，开展以节约、节能为主题的"低碳办公"活动，建设节约型政府。制定和实施政府机构能耗使用定额标准和用能支出标准，实施政府内部日常管理的节能细则。推进政府机构建筑物、照明系统、电梯等节能改造。制定政府低碳采购产品目录，推行政府低碳采购。率先购买使用低碳节能型办公设备和办公用品，高效利用办公用品，减少一次性杯子的使用，减少纸张等一次性办公耗材用量。完善公务车辆配备配置标准和管理制度，优先选用节能和新能源车辆，减少公务用车数量。大力推进电子政务建设，推行"无纸化""网络化"办公，推广视频会议、电话会议。加强办公电器设备待机管理，减少不必要的电能消耗。率先垂范低碳政府相关工作，打造低碳政府，见表 7-2。同时政府要加强价格调控的引导功能，对水、电等的消费使用采取价格累进制，对居民消费进行合理引导；鼓励和引导消费者购买低碳节能产品，促进企业产品结构升级；加强对住房、汽车、装修等高档消费的政策引导，抑制高碳消费；全面推进禁塑工作，尽快研究出台相应的管理办法，限制一次性物品的使用。

表 7-2　低碳政府示范要点

示范领域	示范要点
节水	加强用水设备日常维护管理，安装或更换节水型龙头。提倡"一水多用"，鼓励雨水利用和"中水"回用，减少用水量
节电	夏季空调温度设置不得低于 26℃，提前半小时关闭空调，减少空调用电。充分利用自然光照，实行分路式控制照明系统、安装自动控制开关，公共区域设定隔盏开灯，减少照明用电。减少办公设备电耗和待机能耗，减少电梯用电
节材	尽量在电子媒介上修改文稿，实行双面打印，减少重复清印次数，减少使用一次性办公用品，提高办公用品使用效率
节油	严格执行国务院有关车辆节油规定，逐步更新不符合节能环保要求的车辆，新购公务用车优先选购节能环保型和清洁能源型汽车，严格控制高油耗车辆的购置，严格执行单车油耗定额，努力降低油耗，提高使用效益
政府采购	研究制定绿色产品政府采购目录等采购政策，形成定期更新与发布常态机制，将具有低碳标志、环保标志的产品优先纳入政府采购目录，优先采购低碳产品

（2）低碳企业示范。选择一批具备条件的重点用能企业作为低碳转型示范企业，开展应用低碳技术改造的示范应用，开展工业废水处理、废弃物循环利用、企业节能、低碳产品研发工作，在示范应用中逐步提高能源利用效率，减少碳排放，引导企业全面低碳转型，见表 7-3。

表 7-3　低碳企业示范要点

示范领域	示范要点
工业废水处理	针对大型工业企业以及排放污水企业的污水处理系统改造，利用技术减少向河流排放量，实现工业废水循环利用；严格规定排放废水指标，加强监管，使排放废水在水环境循环系统中能充分自净
废弃物循环利用	主要是指大型工业对于生产废渣的循环利用和处理，要拓宽工业废弃物利用渠道，扩大废弃物利用空间，积极形成企业生产上下游废弃物利用产业链，形成物质循环和能量梯次流动的闭环流动型经济
企业节能	选择节能的生产设备，采购环保的生产原料，选用可再生的新能源，最大限度地提高资源生产效率和能源利用效率，主动降低单位能耗的碳排放量以实现低碳化生产，积极开展清洁生产，发展循环经济，实现集中供热、供冷和建立废弃物集中处置中心，实现产品生产过程中资源消耗最少、二氧化碳排放最少、废物产生最小
低碳产品研发	加快节能、清洁能源、可再生能源、煤的清洁高效利用、碳捕获和封存、清洁汽车、农业和土地利用方式等涉及温室气体排放的新技术研发；加强低碳经济领域的国际、国内交流与合作，引进国外低碳经济先进技术，组织力量加以消化、吸收和创新；建立低碳经济信息网络和技术咨询服务平台，及时向社会发布有关低碳经济的技术、管理和政策等方面的信息

（3）低碳城市示范。各区结合自身区域定位和区域优势，以加速转变经济发展方式为目标，以低碳发展为核心驱动力，以区域主要碳排放领域为重点，着力于构建低碳产业体系、优化能源结构、提高能源效率、推进科技创新、创新体制机制、增强碳汇能力、倡导低碳生活方式、低碳区域空间布局等方面，开展低碳城区示范。增加低碳产品和服务的供给，推进公共型低碳消费。推进城市建设的节约化、低碳化，倡导城市景观建设的生态化和低碳化，限建高耗能的人工瀑布、喷泉等；在交通、供水、供热、污水和垃圾处理等方面广泛采用节能低碳新技术，提高城市电炊及天然气普及率。继续推进低碳商场、低碳饭店的创建工作；提高城市公交的数量和运行效率，在有条件的城市推广免费公交换乘和自行车租赁业务，提高公共交通出行方式的分担率和低碳出行比例。实施城市绿色照明工程。在城市道路、公共设施、公共建筑、公共机构、宾馆、商厦、写字楼等商贸流通和现代服务业及社区中大力推广高效节能照明系统，减少普通白炽灯使用比例，逐步淘汰高压汞灯，提高高效节能荧光灯等产品的使用比例。积极落实《国家发改委关于开展低碳省区和低碳城市试点工作的通知》要求，充分发挥国家低碳城市试点作用，多层次、多渠道开展示范和应用，积极探索低碳试点经验，加速城市低碳发展进程，见表7-4。

表 7-4　低碳城市示范要点

示范系统	示范要点
理论创新	主要借鉴循环经济理论、生态文明理论、可持续发展理论、协调发展理论、以人为本的理论等内容，以如何实现资源节约和环境友好的发展为主题，构建有利于生态环境保护的城市低碳产业结构、增长方式、消费方式，还要树立可持续发展的价值观、社会生态全面发展的价值观
规划创新	注重比较优势、地域特色、地域文化等方面，城市规划要协调统一，注意与周边城市的错位发展。侧重培育高新技术、先进制造和现代服务等产业部门。对于城市的产业结构、空间布局和功能区等，要进行生态化的改造
管理创新	转变政府职能，推进政务公开，突出公共服务和社会管理职能，推进服务性政府建设；充分发挥市场的主体作用，开展排污权交易试点工作，推进环境保护和污染治理的市场化运营；充分听取公众意见，鼓励公众积极参与管理，充分实现民主化、便民化、现代化的管理体制
评价创新	借鉴表 7-1 低碳生活综合指标体系，对城市健康持续发展进行评价。着重将单位 GDP 能耗、人均 GDP 能耗、单位 GDP 建设用地占地、高新技术产业比重、人均绿地面积等列入指标体系，从而突出低碳经济、生态环境、以人为本等核心内容

示范系统	示范要点
绿化系统	重点建设好城区绿地公园和城市周边生态公益林，净化空气，涵养水源，搞好水土保持
水环境系统	重点是城市河流、湖泊、湿地等水环境系统和城市地下水环境系统，对水源上游进行严格的生态保护，禁止不合理的开发，加强工业废水排放的监测及地下水的保护
大气环境循环系统	主要是指对于工业废气的处理系统，大型排废企业要实现废气的回收处理，循环利用和余热发电，实现人类生产生活对自然环境的低碳排放

（4）低碳旅游区示范。选择条件适宜的景区开展低碳旅游示范区建设，把低碳的理念贯彻到景区的规划、开发建设及经营管理整个过程，通过多种手段降低旅游行为中的"碳排放"。在旅游规划开发建设中，广泛采用节能和低碳技术，不建设高耗能、高排放的旅游接待设施，对现有的基础设施进行低碳化改造；积极推进太阳能、风能、生物质能等可再生能源在景区的有效利用，示范区可再生能源的利用率超过 50%以上；实行合同能源管理，对景区照明实施节能照明改造；减少甚至取消一次性用品在景区的投放和使用；限制私家车进入景区，在景区使用电动车、自行车等低碳交通方式；在旅游方式上，推行低碳旅行方式，包括自行车骑行、步行、露营等活动，为游客精心设计相关线路，方便游客选择低碳旅游方式；采用互联网等低碳宣传的方式进行旅游信息传播，尽量减少宣传印刷纸制品的消耗；推行碳补偿活动，倡导游客在旅游的同时对生态环境进行补偿，通过植树造林或认养一定面积的森林等方式以抵消旅行中排放的二氧化碳。

（5）低碳社区示范。低碳消费社区是指具备了一定的符合低碳消费的硬件设施、建立了较完善的环境管理体系和公众参与机制的社区。选择具备条件的社区，作为低碳示范社区，开展示范工作。通过能源、资源、交通、用地、建筑等综合手段，来减少社区规划建设和使用管理过程中的温室气体排放。全面推广低碳建筑模式，使用低碳节能建材，推广应用太阳能建筑一体化、节能照明等节能技术和产品，推广中水回用、垃圾分类、太阳能利用与节能管理，加强社区绿化等。低碳社区试点以社区低碳文化和低碳消费行为的培育为重点和内容，实施"低碳家庭、低碳街道、低碳企业"的评选活动，加大宣传力度，普及低碳发展理念和低碳生活方式，见表7-5。

表 7-5　低碳社区示范

示范项目	示范内容
社区人居环境建设	在社区推广使用节能环保材料、污水处理分类循环使用、太阳能供热，配套社区文明建设、社区绿化建设等内容，形成居住环境优良、人民生活和谐的人居环境
社区垃圾处理	对社区生活垃圾进行分类处理，实现垃圾资源化利用和无害化处理，对于已经由于掩埋垃圾造成的污染土壤要进行生态修复
社区节能资源管理	包括照明用电管理、智慧型控制排风、节约用水管理、杂用水或雨水管理、住户节电绩效、住户节水绩效等
社区公共建筑管理	以办公楼、公共卫生间、社区活动中心等公共建筑为重点，建立和完善公共机构建筑能耗统计、能源审计、能效公示、能耗标志、能耗定额等制度，大力推进公共建筑绿色建筑规模化建设和节能改造，积极推行绿色建筑认证和标志

（6）低碳家庭示范。低碳生活的建设具体落实在每个家庭身上，广大家庭如果能够自觉地节约一滴水、节约一度电、节约一张纸，不仅能减少家庭开支，更能为促进经济社会的全面协调和可持续发展带来巨大的效益。因此广大家庭成员应树立"节能减碳、保护环境"的意识，弘扬中华民族勤俭节约的传统美德，建立健康、文明、简约、环保的生活方式，要善于学习、发明、发现生活中低碳、环保、绿色的金点子、小发明，并把好的经验与方法推广给身边的人，以点带面营造节能减碳环保氛围，争做低碳生活的倡导者。

低碳家庭示范十五件事

①使用节能灯随手关灯、拔插头。②少用空调多开窗。③使用节水型洁具循环用水。④温水洗衣自然晾晒。⑤随身自备饮水杯，不用一次性纸杯。⑥少喝瓶装饮料多喝白开水。⑦外出用餐自备筷、勺等便携餐具。⑧购物使用布袋子尽量不用塑料袋。⑨电梯少乘几层楼梯多爬几层。⑩每周少开两天车多走路。⑪每周上班走路或骑自行车一到两次。⑫多在户外运动锻炼少去健身房。⑬提倡减少荤食合理健康饮食。⑭家里多养花种草绿化居室环境。⑮建立家庭低碳档案核算每月家庭减少的碳排放量。

（7）低碳交通示范。围绕低碳交通工具、低碳交通载体、低碳交通服务设施、低碳交通管理四大子系统，积极宣传推广绿色出行理念，引导市民采取非机动车、公交、自行车、步行等方式代替小汽车；强化交通新能源、新材料、新技术的运用，推广清洁燃料车辆使用，发展城市货物绿色配送体系，建立等级明确、衔接合理的道路等级体系，并配备完善的交通服务设施；强化交通需求管理，设立步行区、公交车、自行车专用车道，实施分时段的交通限制，缓解高峰期城市交通拥堵问题，构建便捷、安全、顺畅、环保、舒适的低碳交通体系（图7-5）。

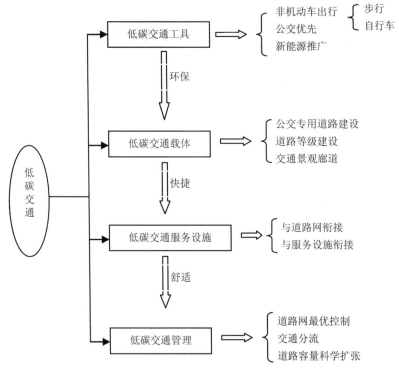

图7-5　低碳交通示范框架

7.8　健全低碳消费融资模式

在低碳消费融资上，银行、保险和证券等金融机构需要大力推进低碳金融业务，通过调整信贷政策、利率政策、准入政策等一系列优惠或限制政策，对技术可行和有市场前景的符合产业政策方向的项目给予贷款审核、贷款发放、还款期限、利率等方面的必要优惠，引导资金流向，促进产业结构调整升级，同时加快交易平台的建设，培育碳交易市场体系，加快低碳金融衍生产品的创新，见图 7-6。

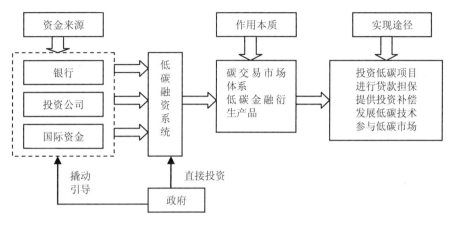

图 7-6　低碳消费融资模式

同时充分发挥市场机制在资源配置中的作用，引导国内外资金投向低碳发展重点项目。拓展融资渠道，创新金融制度和金融工具，支持低碳发展项目进行租赁融资、发行企业债券和上市融资，为低碳产业发展提供资金支持。鼓励不同经济成分和各类投资主体参与低碳发展项目的投资、建设和运营，形成良好的低碳发展市场化、产业化推进机制，促进资金和技术向我国低碳项目转移。积极争取利用外国政府、国际组织等双边和多边基金，开展低碳领域的能力建设与技术研发和推广。

（1）积极制订碳金融发展的战略规划。政府应当站在保护人类生存环境和可持续发展的战略高度，充分认识碳资源价值和相关金融服务的重要作用，准确评估面临的碳风险，从宏观决策、政策扶持、产业规划等方面来统筹碳金融的发展，加大宏观调控力度。发展碳金融是系统性工程，需要政府和监管部门根据可持续发展的原则制定一系列标准、规则，提供相应的投资、税收、信贷规模导向等政策配套。进一步出台鼓励支持政策，开辟 CDM 项目在项目审批、投融资、税收等方面的绿色通道，营造有利于碳交易发展的政策环境。

（2）银行、保险和证券等金融机构需要大力推进碳金融业务。从资本市场的角度来看，要鼓励低碳企业在证券市场上市融资，为低碳企业上市建立"绿色通道"，充分发挥资本市场资源配置的功能；同时可以考虑将耗能和碳排放量标准作为公司上市必须达到的强制性指标之一，形成对上市公司"节能减排"的硬性约束。允许符合发债条件的节能减排企业发行企业债券、中期票据和短期融资券等，以获得债券市场的资金支持。相关职能部门可考虑制定指导金融部门加强支持低碳生活发展和低碳城市建设的专项法规政策；继续完善"低碳信贷"机制，强化低碳信贷业务。

（3）健全碳金融监管和法律框架。碳金融是一个新事物，有许多问题需要不断研究、探索、实践和总结。金融监管机构要拓宽宏观视野，更新服务理念，转换监管方式，探索监管创新服务新思路。金融监管当局应规范碳金融管理机制，并积极吸取国际上的先进经验，对相关碳金融业务的具体风险因素进行分析，出台相关的风险控制标准，指导金融机构合理地开展碳金融业务。国家有关部门应当加强协调，要制定和完善碳金融方面的法律法规，用法律法规来保障碳金融市场的规范化。

（4）加快交易平台的建设，培育碳交易市场体系。要大力推广低碳消费融资模式，必须要有一个信息公开透明、交易活跃的市场。目前，我国的碳交易还处于起步阶段，碳交易市场的建设相对滞后。所以要加快碳交易市场的建设，建立一个统一的碳交易市场，将更多碳交易项目从场外逐步吸纳到场内交易所平台上。同时要加强制度建设，制定并逐步完善相关的配套政策法规；培育中介机构，开展碳金融服务；引导金融机构和其他机构投资者积极参与碳交易，充分发挥碳交易市场的价格发现的功能。各地城市可利用交易会、博览会等各种形式和机会积极搭建为本地及其他地区的低碳技术、项目和企业提供与国内外银行等金融机构、风险投资机构直接对接的投融资平台。

（5）加快低碳金融衍生产品的创新。碳交易市场主要分3个层面：项目层面、商品层面和碳金融市场层面。发达国家围绕碳排放，已经形成了碳交易货币，以及包括直接投资融资、银行贷款、碳指标交易、碳期权期货等一系列金融工具为支撑的碳金融体系。从目前中国的状态来看，碳金融产品种类单一，碳绿色信贷，尽管有很大的推进，但是还是存在很大的障碍，包括绿色信贷的标准，现在还是比较容易混淆，还没有统一的界定。要利用期货交易所、产权交易所在专业服务能力、市场基础设施、交易结算系统上的互补性，开展碳交易和气候衍生品交易，降低交易成本，提高交易的透明度和流动性，实现交易的规模效应；要建立为碳管理服务和低碳技术投资的碳基金，支持节能减排企业和环保项目发行债券，建立清洁能源、生态环保等产业投资基金，开发绿色建筑、节能和可再生能源、环保汽车等信贷业务和保险产品；要通过协同银行、保险机构以及机构投资者等机构，共同努力，以金融衍生产品为载体，融入低碳经济内涵、特征和技术等要素，创新碳现货、碳证券、碳期货、碳权质押贷款等各种碳金融衍生品。

（6）建立统一的碳金融市场。由于低碳产业有赖于高标准技术创新的支持与推动，其技术密集型要求与知识密集型要求更高，因此，简单的金融市场不能满足其高级化金融需求，必须加快高级化金融市场。从整个国际市场来看，碳市场、碳金融市场的容量是非常大。那么现在的状况是，全球的碳交易所，全球性的只有四个，都在发达国家，以发达国家为主导。与之相应的，中国既然作为一个碳的巨大碳交易国，我们不能被排斥在外。因此，要尽快建立和健全经济、行政、法律、市场四位一体的新型节能减排机制，引进先进的排放权交易技术，组织各类排放权交易，培育多层次碳交易市场体系。要积极研究国际碳交易和定价的规律，学习借鉴发达国家在制度设计、区域规划、平台建设三方面的经验，合理布局中国碳排放交易所，可以相对集中发展有特色、分层级的区域性交易市场。要对当前各地争相规划"碳排放交易所"（就像近年来各大城市争相规划金融中心一样）的现象有所警惕，不能过多过滥。目前，北京、上海、天津、广州、徐州等城市已经通过碳交易所、环境交易所、产权交易所、能源交易所或者其他形式开始碳排放项目交易和绿色金融项目服务，但是还没有形成统一的、标准化的期货合约交易中心。要通过积极开展区域性信息平台和交易平台的构建，使中国未来的碳市场具有区域碳市场，它们连接起来，进而构成统一的国内碳市场。

7.9 养成低碳生活的基本理念

充分调动社会各领域力量，形成全方位推行低碳生活，践行低碳生活的合力。加大低碳宣传力度，全面普及低碳理念，积极引导和鼓励居民低碳生活，形成可持续的低碳生活方式，为整个社会低碳转型奠定基础。多领域践行低碳生活，大力推行绿色公务、清洁生产、绿色商务，全方面引导社会低碳转型，多层次践行低碳生活。

（1）强化政府的低碳引导功能。政府是低碳生活的引导者，不仅要出台一些正面激励的政策（建立垃圾分类处理制度，制定相关法律法规），以引导人们的低碳生活行为，还应考虑采用适当的惩罚措施（如对垃圾进行收费，征收环境税），以强化企业和居民的低碳生活意识，鼓励企业采取绿色生产方式企业是低碳生活的载体，培养居民的低碳生活意识，居民是否采取低碳生活行为直接决定着绿色市场的有效需求和社会化程度；由政府牵头，大力推广与普及绿色产品的使用，构建低碳生活行为规范，能够有效增强整个社会群体的低碳生活意识，形成合理的低碳生活结构、多样化的低碳生活方式等。

（2）发挥媒体的宣传导向作用。充分利用广播、电视、互联网、报刊等媒体，加大低碳公益广告力度，采取专题讲座、研讨会、成果展示会等形式，加大低碳理念宣传力度，组织开展低碳理念宣传活动和科普活动。宣传低碳生活理念，减少温室气体排放，促进全社会从战略和全局高度认识低碳发展的重要性；鼓励居民使用低碳产品，举行低碳生活义演晚会或活动，募集捐款；开展一年一度的"低碳生活示范家庭""十大绿色生产杰出企业""十大低碳生活杰出个人"等网络或电视评选活动；逐步提高居民的低碳生活意识，培育低碳生活的价值理念和社会文化，形成宏大的道德规范和行为约束，使低碳生活理念成为每一个居民的自觉行为；成立低碳生活宣传组织，以大学生和中学生为主要推广志愿者，促进绿色产品的推广和绿色文化的广泛传播。

（3）加强低碳宣传教育，全面提升公众低碳意识。形成"政府引导、全民参与"的良好氛围，开展低碳教育。鼓励中小学校创新开展低碳教育，开展各种形式的低碳专题活动，普及低碳知识，树立低碳理念，倡导低碳生活，培育低碳生活习惯；强化公众低碳意识。这是居民低碳生活建立的重中之重，要通过政策鼓励、产品支撑、教育与引导并行的手段改变居民的固有消费观念；在生活中注意细节，养成良好的生活习惯，节约每一度电、节约每一滴水，朝着低排放、低消耗、自然化、健康化、可持续化的方向努力。

7.10 形成低碳生活的社会氛围

政府部门可同时采取行政、法律、市场等多种手段，来引导低碳市场的发展，扶持低碳技术产品的研发和利用，对积极实行低碳发展战略的企业和利益相关者予以一定的扶持和激励，开展"六个一"工程；对于社会来说，发挥"两个舆论"作用，即舆论引导与舆论监督相结合；对于居民来说，实现"两个转变"，转变生活方式和消费方式；对于企业来说，作为真正的市场经济主体，更应当把低碳价值导向与市场规律有机结合起来，为居民提供绿色产品，创新商务发展，构建以低碳为特征的新型商业模式，见图 7-7。

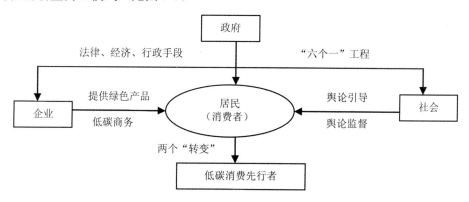

图 7-7　低碳生活"四位一体"示意

（1）政府。开展"六个一"工程。围绕积极应对全球气候变化这个主题，主动响应国家节能减排目标，制订一个完整的居民绿色消费行动方案。构建一个指标体系则应该由政府部门牵头，组织经济学、地理学、社会学等领域的专家、市民代表研究制定出一个低碳生活发展指标体系与标准。出台一个行为守则结合实际，建议出台《居民低碳生活行为守则》，以有效引导居民低碳生活转型。颁布一个指导手册收集、整理国内外居民低碳生活的小窍门和实用方法，按餐饮、服饰、交通等要素分门别类地总结形成便于居民学习、操作的《居民低碳生活指导手册》。发出一个倡议书为提升居民低碳生活水平，提高居民低碳生活意识，加快居民低碳生活转型。做好一批试点居民低碳生活水平的提升是一个系统性工程，广泛涉及餐饮的绿色化、交通的绿色化等多个方面，加之城乡社会经济发展水平的差异化，这些客观情况决定了提升居民低碳生活发展水平必须在试点的基础上总结经验教训，如先期遴选若干低碳生活示范村、低碳生活示范社区等，从而逐步建立起一批有带动性、示范性和辐射性的低碳生活示范区（点）。

（2）社会。发挥舆论引导的组织功能。坚持正确的舆论导向，把人们的思想和行动统一到低碳生活上来，使可持续发展始终成为舆论引导的主旋律。充分发挥各类媒体的作用，靠主流媒体组织宣传并引导舆论，靠网络媒体抢占先机并互动参与；认真关注大众需求，积极回应群众普遍关注的热点难点问题，宣传人民群众从低碳生活中得到的好处，引导群众积极参与低碳生活实践；加强对舆论监督导向的引导，有针对性地提高其监督素质，积极引导其客观、正确地进行监督，提高监督质量，避免由于监督不当对低碳生活的推进带来一些负面影响；职能部门要加强培养从业人员良好的职业道德素养和敬业精神，使其更有效地履行舆论监督的职能。

（3）居民。转变生活方式和消费方式。联合国环境规划署（UNEP）发布的一份名为《改变生活方式：气候中和联合国指南》指出，"消除碳依赖或许比想象的更加容易，人们只需要采用气候友好的生活方式，这既不会对各自的生活方式产生重大的影响，也不需要做出特别大的牺牲。"因此，低碳城市建设，必须将低碳理念引入城市生活的衣、食、住、行等各个方面，推进城市生活低碳化。低碳生活，是指生活作息时所耗用的能量尽量减少，从而降低碳排放特别是二氧化碳排放量；尽量减少使用消耗能源多的产品，从而减少对大气的污染，减缓生态恶化。积极引导合理选购、适度消费、简单生活等低碳生活理念成为社会时尚，形成低碳生活模式和低碳生活方式。

（4）企业。积极倡导清洁生产和绿色商务。企业应着力淘汰高能耗、高物耗、高污染的工艺和装备，积极在企业内部推行清洁生产，发展绿色环保生产工艺，从源头上减少固废的产生；开展绿色商务活动，在产品推介、营销、售后服务及回收利用等各环节融入绿色低碳理念，提倡目录销售和电子商务，鼓励发展网上交易、虚拟购物中心等新兴服务业态；搭建绿色物流体系，鼓励物流企业共享第三方物流平台，实施一批共同配送示范项目；完善绿色市场服务，加强对绿色产品流通销售的支持力度，坚持实施"限塑"行动，系统开展限制过度包装工作。

第 **8** 章

研究结论与前景展望

气候变暖正在成为人类面临的重大问题。控制温室气体，尤其是二氧化碳的排放，是国际社会面临的共同议题。低碳现已成为全人类的共识，低碳概念如何渗透到我们的日常生活，如何引导我们衣、食、住、行、游等各个方面，显然具有重要的现实意义。从餐饮、服饰、人居、出行、购物、旅游、家居、办公、休闲等方面践行低碳生活，引领人们共同构筑绿色低碳的美好未来。

8.1 研究结论

8.1.1 阐述了低碳生活的提出背景

气候变暖正在成为 21 世纪人类面临的最大的问题之一。在一些西方主流科学家和政治家多年的宣传下，尤其是联合国政府间气候变化专门委员会（IPCC）的报告的推动下，温室气体（GHG）排放已经成为公众心中的全球气候变暖的主要原因。控制温室气体，尤其是二氧化碳的排放，是国际社会面临的共同议题和各国在国际政治经济下的新的博弈点。

气候变暖导致自然系统遭到破坏，人类生存面临前所未有的威胁。①气候变得更暖和，冰川消融，海平面将升高，引起海岸滩涂湿地、红树林和珊瑚礁等生态群丧失，海岸侵蚀，海水入侵地下淡水层，沿海土地盐渍化等，从而造成海岸、河口、海湾自然生态环境失衡，给海岸带生态环境带来了极大的灾难。②水域面积增大，水分蒸发也更多了，雨季延长，水灾正变得越来越频繁。遭受洪水泛滥的机会增大、遭受风暴影响的程度和严重性加大，水库大坝寿命缩短。③气温升高可能会使南极半岛和北冰洋的冰雪融化，北极熊和海象会逐渐灭绝，许多小岛也将会无影无踪。④由于热力惯性的作用，现有的温室气体还将继续影响我们的生活。⑤对生产领域，如农业、林业、牧业、渔业等部门的影响。⑥传染病肆虐，病菌通过极端天气和气候事件（厄尔尼诺现象，干旱，洪涝，热浪等），扩大疫情的流行，危害人体健康。

在此背景下，气候问题引起了全世界各国人民的关注，要实现人类生存与发展，需要有一个所有国家认可和参与的国际协议来划分责任，促进合作。1997年，在日本京都召开的《联合国气候变化框架公约》第三次缔约方大会上，签订了《京都议定书》，"低碳"的概念正式走上全人类的发展日程。低碳是指较低（更低）的温室气体（二氧化碳为主，其他气体还包括甲烷、氧化亚氮、氢氟碳化物、全氟碳化物、六氟化硫等）排放，其实质是资源、能源的使用效率和能源使用结构问题，要求提高能源利用效率，创新清洁能源结构，追求绿色GDP；核心是能源技术创新、消耗制度创新和人类生存发展观念的根本性转变；目标则是减缓气候变化和促进人类的可持续发展。低碳生活是其概念在生活领域的延伸，是以低碳消费为基础，低能耗、低污染、低排放为基础的生产生活模式构建体系。

8.1.2 梳理总结了低碳生活的理论体系

低碳生活的研究以及低碳生活模式的建立需要理论的支撑，本书分别从低碳生活的哲学基础、社会学基础、经济学基础、环境学基础、工程技术基础等方面探讨了生态价值观、可持续发展、公共外部性、气候变暖、低碳技术（碳捕获与碳中和技术）等的理论支撑体系。为研究低碳生活的概念、实现路径、引导策略及前景发展提供了理论参考。

（1）低碳生活的哲学基础。生态自然观的形成是低碳生活产生的哲学背景。从生态学角度而言，人类生存于一个巨大的、由各种生物与自然物质组成复杂、封闭的生态系统。生态系统的稳定取决于它的内在自然补偿功能的效力，如果生态系统所承受的负担或作用过大，超出了它的自我补偿功能所能调节的程度，整个系统就会崩溃，作为此生态系统一员之人类毫无疑问地亦无法幸免于难。低碳生活要求"人与自然、人与人、人与社会和谐共生、良性循环、全面发展、持续繁荣"，要求人类在利用自然界的同时又主动保护自然界、积极改善和优化人与自然关系，实现低碳生活和生态文明有机结合、相互促进。

（2）低碳生活的社会学基础。可持续发展即是低碳生活的社会学基础，它具有三个方面的特征：一是人类的公平性，包括代内公平、代际公平、公平分配有限资源；二是经济和社会的持续性，但不能超越资源与环境的承载能力；三是人与自然的共同性。各国提倡低碳生活，发展低碳经济，外因是应对全球气候变化可能带来的不利影响，内因则是长期可持续的能源战略之需要，环境保护是二者结合点。换言之，低碳生活旨在降低人类对传统化石能源的依赖程度，从而在保证各国能源安全的同时，减少了温室气体排放，保护环境，实现环境、经济和社会的持续、健康、协调发展。

（3）低碳生活的经济学基础。外部性往往是在缺乏相关交易的情况下，当社会成员（包括组织或个人）在从事经济活动时，其经济行为影响了他人的福利，却没得到相应补偿或承担相应义务的经济行为。而温室气体的排放所带来的外部性的经济损失，就构成了社会总成本的一部分。第一，低碳领域的外部性体现为公共外部性，即地球生态环境及气候是全球性的公共物品，涉及的不仅仅是生产者和消费者的利益，还关系到主权国家之间的利益。第二，低碳领域的外部性还体现为代际的外部性，资源耗竭和气候恶化留给后代的只能是灾难。第三，低碳发展不仅要面对生产的外部性，还要面对消费的外部性。第四，在低碳外部性产生前，是无法产生任何交易行为的。第五，低碳经济中外部性存在产权的缺失，使事后的补偿和谈判存在困难。解决这些外部性问题的办法一是政府干预，二是碳交易。在碳交易中，无论产权如何界定，通过相应的机制设计，碳交易也可以达到低碳经济的福利最优。因此，从经济学的角度分析，只要有合理的制度安排，碳排放是可以通过政府干预或者碳交易市场机制达到帕累托最优的。

（4）低碳生活的环境学基础。一是温室效应理论及其发展。从 18 世纪初就陆续有学者研究气候变化问题，并得出结论气候有变暖的趋势，且与人类活动有关。1988 年，国家航空和航天局戈达德空间研究中心主任在美国参议院能源和自然委员会上正式提出了"温室效应"的概念，标志着人类阻止全球气候变暖行动的真正开始。二是碳循环理论与碳排放控制、固碳技术。从碳的地球化学循环、碳的生物循环、土壤有机碳、人类活动对碳循环的影响去寻求碳在地球系统中的足迹，对我们进一步研究碳排放控制和固碳技术提供理论基础。其中，减碳方面，主要是节能减排和开发低碳或无碳能源。增加碳汇或固碳方面，包括物理固碳和生物固碳。同时，应将增强土壤有机质和加大土壤固碳作用作为耕地保护的重要战略措施，实现污染减排、农业增产、环境净化和沙化防治等"多赢"局面。

（5）低碳生活的技术工艺基础。随着经济全球化深入发展，降低能耗和减排温室气体成为国际社会面临的严峻挑战，以低能耗、低污染为基础的"低碳生活"和"低碳经济"成为国际热点，成为继工业革命、信息革命之后又一波可能对全球经济产生重大影响的新趋势。据预测，走"低碳"的发展道路，每年可为全球经济产生 25 000 亿美元的收益，到 2050 年，低碳技术市场至少会达到 5 000 亿美元。为此，一些发达国家大力推进向"低碳"转型的战略行动，着力发展"低碳技术"，并对产业、能源、技术、贸易等政策进行重大调整，以抢占产业先机。"低碳技术"包括在节能、煤的清洁高效利用、油气资源和煤层气的勘探开发、可再生能源及新能源、二氧化碳捕获与埋存等领域开发的有效控制温室气体排放的新技术，它涉及能源、交通、建筑、冶金、化工、石化、汽车、农业、林业等部门。

8.1.3 研究指出了低碳生活的引导策略

低碳生活的概念如何运用到日常生活中，如何引导我们的衣、食、住、行、游等各个方面，是最现实也是最实用的研究内容。本文分别从餐饮、服饰、人居、出行、购物、旅游、家居、办公、休闲等9个方面给出了低碳生活的引导策略。

（1）餐饮方面。应尽量多选择本地食品；减少肉类消费，多吃水果和蔬菜；选择当季水果和蔬菜；选择简单包装的食物；学习低碳烹饪方法和技巧；养成良好的饮食习惯；杜绝浪费食物的现象；节约厨房用水等。

（2）服饰方面。应少买不必要的衣服；多选择棉、麻等低碳材质；少穿羊绒衫；适当进行旧衣改造；小件衣服尽量用手洗；机洗衣服时少用洗衣粉；晾衣时用自然阳光和风晾干。

（3）人居方面。应根据人口数，选择面积适宜的住宅；建造房屋时，尽量选择节能砖建造；装修时，减少铝材等耗能材料的使用，少用木材等有固碳作用的材料；

合理使用空调，通过增减衣服来适应环境温度；合理采暖，多尝试新能源（太阳能、地热能等）；每个家庭要节约用电，养成良好习惯。

（4）出行方面。较近的地方，尽量选择步行或骑自行车；较远的地方，搭乘公共交通工具；需要使用小汽车时，选择低碳汽车，如电动汽车或混合动力汽车；有车一族要注意保养，定期检查；养成低碳驾车习惯；每周试着少开车 1～2 天。

（5）购物方面。合理安排开车购物的时间；尽量选购低碳商品，少用塑料制品；出门自备手帕，用手帕代替纸巾消费；减少使用过度包装物，少买独立包装的产品；提倡"无纸化"拜年，减少节假日购物的消耗；紧随时代步伐，倡导绿色低碳网购。

（6）旅游方面。应从旅游生产和旅游消费两个方面同时进行约束。针对旅游产业和旅游生产企业，如宾馆饭店、景区景点、乡村旅游经营户等，应积极利用新能源新材料，广泛运用节能节水减排技术，实行合同能源管理，实施高效照明改造，减少温室气体排放，积极发展循环经济，进而推动旅游产业的升级；针对旅游消费，游客在旅行中应尽量减少碳足迹与二氧化碳的排放，比如个人出行中携带环保行李、住环保旅馆、选择二氧化碳排放较低的交通工具等。

（7）家居方面。应积极采用节能的家庭照明方式；合理使用冰箱，倡导选择节能冰箱；合理使用电视机，调低电视屏幕亮度，每天少开半小时，给电视机加盖防尘罩等；合理使用电风扇，不要贪凉，多使用中、低挡；合理使用空调，在国家提倡的 26℃基础上调高 1℃，选择节能空调；适时将电器断电。

（8）办公方面。应合理选择电脑配件，避免配置过高造成的浪费；合理使用电脑，为电脑屏幕设置合适的亮度，关闭不需要的程序，少用音箱；合理使用纸张，选择大小合适的字体，尽量采用双面复印和打印，尽可能阅读电子文档；选择低碳公务出行方式，减少乘坐飞机的次数，多用电话会议或视频会议；选择低碳办公方式，采用自然光照和通风，少用一次性物品。

（9）休闲方面。减少不必要的电视机开启时间；低碳享受试听娱乐同样有影院和歌厅的效果；选择低碳健身方式，如慢走、跳舞、打拳、郊游、做家务等。

8.1.4 通过实例调查测度了当前我国低碳生活现状和优化思路

本文以湖南省为例，选择 2005—2009 年 5 年为时间跨度，根据 IPCC 的碳排放计算指南，分别测算了城市与乡村两个维度的居民生活直接能源消费及碳排放量和间接能源消费及碳排放量。

结果显示，湖南省城镇居民生活的直接能源消费总量上呈现逐年递增的趋势，但直接能源消费结构有所优化，煤炭消费量总体上是下降的，并且占城镇居民生活的直接能源消费总量的比例也是下降的；石油消费量下降幅度有限；天然气消费总体上是上升的，并且占城镇居民直接能源消费总量的比例也是上升的；电力消费整体上呈现逐年增长的趋势。这从总体上反映出近年来湖南省城镇居民的能源选择逐渐趋于清洁化。

湖南省农村居民家庭生活能源消费不同于城镇居民家庭，其能源消费可简单划分为商品能源以及资产的生物质能两部分。总体上看，湖南省农村居民生活的直接能源消费总量呈现逐年递增的趋势。具体来看，煤炭消费量下降，且占农村居民生活的直接能源消费总量的比例也是下降的；石油消费量整体上呈现上升趋势；液化石油气消费量整体递增；天然气所占比例较小；电力消费呈现出微弱增长的趋势；其他能源，如农村居民利用沼气、太阳能等可再生能源占有较大比重。

在间接能源消费方面，湖南省城镇居民生产间接能源消费量呈现较大幅度的增长。消费结构中，比例最大的是居住，其次是教育文化娱乐能源消费，食品低于教育文化娱乐，占比最小的是杂项商品和服务。而湖南省农村居民生活间接能源消费量增长远小于城镇居民消费量的增幅，消费结构中，除居住能源外，比例最大的食品，其次是教育文化娱乐，综合说明了当前湖南省广大农村居民虽然开始追求精神生活，但仍以提高物质生活水平为主。

在碳排放方面，2005—2009 年，湖南省城镇居民和农村居民生活的碳排放总量从总体上均呈现上升趋势，其中城镇居民生活的碳排放总量基本呈直线上升，农村居民生活的碳排放总量呈波动性增长趋势。湖南省各项目的碳排放强度具有显著差异，其中居住行为的碳排放远远高于其他各项，与此同时，居住项目产生的间接碳排放也是各项目中最高的，这说明当前控制城镇居民家庭间接碳排放的重点应在于居住行为的低碳化。另外，城镇居民生活间接碳排放比例中，教育文化娱乐比例超过食品、衣着等比例说明城镇居民的生活消费模式总体上已经由生存型消费模式走向发展型消费模式；而农村居民生活间接碳排放比例中，食品比例仍然大于教育文化娱乐，综合说明当前农村居民的生活消费模式总体上还是以生存型消费模式为主，并开始向发展型消费模式转型。

通过构建指标体系评估了湖南省城乡居民低碳生活水平。结论显示，伴随着城乡居民收入水平的提高以及对高层次物质生活的追求，低碳要素引发的碳排放日益增多，并最终导致湖南省城乡居民低碳生活水平并没有伴随低碳科技、低碳经济、低碳资源环境等评价值的增长而增长。综合来看，当前影响湖南省城乡居民低碳生活水平的主要因素仍然是以食品、衣着、教育、医疗保健、文教、家庭服务、居住等要素的低碳化为主，然后是第三产业的发展、城乡人均收入等低碳经济要素以及低碳科技因素，影响最小的是低碳资源因素。

根据数据分析结果，指出了湖南省城乡居民低碳生活存在的主要问题：一是生活碳排放的发展主体是城镇居民；二是低碳科技的强大支撑力尚未凸显；三是低碳经济的核心驱动力尚需提升；四是低碳要素的碳排放强度亟须降低；五是低碳资源的基础保障力有待提升。相应的优化思路为：一是厘清低碳优化主体，注重城镇居民的节能减排；二是研发应用低碳科技，强化低碳生活的科技支撑；三是大力发展低碳经济，提高低碳生活的经济驱动；四是注重生活消费细节，降低城乡居民生活碳排放；五是普及低碳资源能源，巩固低碳生活的资源保障。

8.1.5　设计了一套低碳生活的支撑体系

（1）政策支撑体系。在不同行业制定相应的低碳节能法律法规，加强执行节能法案，完善对节能产品生产厂家的评估体系；从规划着手，将居民低碳生活发展目标纳入国民经济发展规划中去，同时设计分区域、分部门的规划发展政策；加快生态文明建设、“两型社会”建设、循环经济发展、新能源发展等领域奖励机制的制定，给绿色产品的研发予以资金支持，降低营业税等。

（2）资金支撑体系。从资金来源上，现阶段主要依靠政府支持与金融机构提供的信贷服务来满足低碳生活发展资金需求；在金融环境上，应逐步改善金融环境，建设稳定的经济环境、完善的法制环境、良好的信用环境、协调的市场环境和规范的制度环境，促进其更好地为低碳生活建设服务；在银企合作上，银行与企业要按照“诚实信用、互惠互利、风险共担、共同发展”的原则，结合自身特点，遵循建设低碳生活的总体要求，切实处理好双方关系，推进其合作的长效机制。

（3）技术支撑体系。制定低碳技术标准，依据国际规则，引进国际低碳技术的新理念、新创造，结合中国的实际进行研究；开展低碳技术的研发，有针对性地选择一些有望引领低碳生活发展方向的低碳技术进行集中研发力量投入，重点攻关，促进低碳技术和产业的发展；加强科技成果的转化和应用，让低碳技术真正融入到产品中去，真实地为广大群众所用；建立低碳技术激励机制，借鉴国外经验，建立绿色证书交易制度和环境标志认证制度，通过制定和实施低碳财政、税收、融资等优惠政策，引导产业进行转型升级。

（4）项目支撑体系。作为一项影响因素广、涉及领域多的系统性工程，低碳生活的建设需要众多的项目支撑，必须长期进行有计划有步骤的低碳技术示范项目的建设。可以从低碳生产提质工程、低碳交通出行工程、低碳建筑示范工程、低碳产品推广工程、低碳生活引领工程、清洁能源应用工程、废弃资源利用工程、生态环境整治工程等多方面进行着手。

（5）传媒支撑体系。低碳生活观念要为广大民众所接受，除政府加强宣传教育、居民自身素质提高外，还必须借助大众传媒的宣传与引导，提升居民低碳生活水平。需要学校、大众媒体、社会团体、社区等各方面的努力，从政策宣传、典型示范、热点引导等方面大力营造低碳生活的浓厚氛围，引导广大居民积极投身到低碳生活队伍中来。

8.2 养成低碳生活习惯

8.2.1 低碳是一种生活习惯

近几年来，全球变暖、大气污染等一系列问题，使人类不得不认真思考我们赖以生存的环境。现在的人们早已经意识到生产消费过程中所排放的过量碳是形成环境污染问题的第一大要素，必须要减少碳排放，必须要约束某些生产活动和优化某些消费活动。因此"低碳生活"的理念也渐渐被世界各个国家接受，各国人民也都在努力地做真正的"低碳一族"。

"低碳"是一种生活习惯，是一种自然而然地去节约身边各种资源的习惯，只要人们愿意主动去约束自己，改善自己的生活习惯，就可以加入进来。当然，低碳并不意味着就要刻意去节俭，刻意去放弃一些生活的享受，只要人们能从生活的点点滴滴做到多节约、不浪费，同样能过上舒适的"低碳生活"。简单理解，低碳生活就是返璞归真地去进行人与自然的活动，倡导低碳，呵护地球。其核心内容是低污染、低消耗和低排放。

8.2.2　节能减排是方向

在中国，80%的二氧化碳排放来自燃煤，而其中超过 50%的煤炭消费用于火力发电，即中国 40%的二氧化碳排放来源于火电。虽然近年来水电、风电、核电等较为清洁的发电方式已经有了较大发展，但是，目前火力发电仍是我国最主要的发电方式。因此，对于实现低碳生活来说，节约用电是有效途径之一。

随着生活水平的提高，人们越来越讲求生活效率和精神享受，无论是单位还是个人，都有了各种各样的车辆。汽车在提高生活节奏、增加运输量、使人们享受方便快捷的同时，也进一步加重了二氧化碳等温室气体的排放，从此，人们在二氧化碳排放"贡献"方面深深地留下了自己的"碳足迹"。因此，减少以石油为燃料的机动车辆的使用，也是实现低碳的有效途径。植物通过光合作用能够有效吸收大气中的二氧化碳，释放氧气。1 hm^{2}森林 1 年可以吸收约 500 kg 二氧化碳。因此，应该大力提倡植树造林，保护森林，少向树木索取或高效利用树木。

8.2.3　环保消费应提倡

倡导低碳生活，要求我们平时也带着绿色环保的眼光去评价和选购商品，仔细审视这种产品在生产、运输的过程中会不会污染环境，只选购那些符合环保要求的产品；反之，不符合环保要求的产品，我们就不去购买，并带动周围的人也不去购买它，这样这类产品就慢慢地逐渐被淘汰，形成健康的消费模式。现代化生活中存在着太多的一次性用品，诸如一次性筷子、一次性牙具、一次性文具、一次性照相机等。虽然这类一次性用品能给我们带来一定的便利，但却给生态环境带来巨大的危害，给地球带来了灾难。所以我们在购买商品时，最好不去购买一次性用品，逐渐减少并消除"一次性消费"，多使用耐用品。而生活中其他消费品的购买也同样能体现"低碳生活"的方式，如购买节能灯来替换普通灯泡；平常出门尽量步行、骑自行车或乘公交车出行；购买小排量的汽车；用烤面包机代替烤箱；购买节水型淋浴头；上超市购物随身携带购物袋等。

8.2.4　动手动脑降能耗

在日常生活中，只要勤动手勤动脑，其实也可以实现"低碳"生活。因为"低碳"就在我们身边。比如，一些收入颇高的市民，也会穿着旧衣服去早市买便宜青菜；骑自行车出游；煮鸡蛋早关1分钟天然气；用洗完衣服的水冲厕所；随手关灯关水龙头；随手拔掉电源插头；晾晒衣物代替洗衣机甩干桶；到附近公园慢跑代替跑步机的锻炼；不用纸巾带手帕；打印用双面纸等习惯早已深入到部分老百姓的生活中。

平时，每个家庭都有很多废弃不用的盒子，如食品盒、香皂盒、奶制品盒等，其实稍加动手，就可以将它们化腐朽为神奇，可以制作成装东西的小储物盒，可以在里面放一些闲散的小物品；把喝过的茶叶渣，晒干做一个茶叶枕头，既舒适还能改善睡眠；把橘子皮晾晒成干，可以装枕头也可以冲水喝，还有生津止渴、明目静心的功效。地球需要我们共同爱护，我们通过勤动手、勤动脑，从身边的小事做起，珍惜资源，降低能耗，就能逐步实现低碳生活的目标。

简单来说，低碳是一种生活习惯，是一种自然而然地去节约身边各种资源的习惯。低碳并不意味着就要刻意去节俭，刻意去放弃一些生活的享受，而是能从生活的点点滴滴做到多节约、不浪费。

从细节处入手，养成低碳生活习惯

每天的淘米水可以用来洗手擦家具，干净卫生，自然滋润；将废旧报纸铺垫在衣橱的最底层，不仅可以吸潮，还能吸收衣柜中的异味；用过的面膜纸也不要扔掉，用它来擦首饰、擦家具的表面或擦皮带，不仅擦得亮还能留下面膜纸的香气；出门购物，自己带环保袋，无论是免费或者收费的塑料袋，都减少使用；出门自带喝水杯，减少使用一次性杯子；多用永久性的筷子、饭盒，尽量避免使用一次性的餐具；养成随手关闭电器电源的习惯，避免浪费用电；尽量不使用冰箱、空调，热时可以用电扇或者扇子；每天使用传统的发条闹钟，取代电子闹钟；在午休和下班后关掉电脑电源；选择晾晒衣物，避免使用滚筒式干衣机；在附近公园中的慢跑取代在跑步机上的 45 min 锻炼；用节能灯替换 60 W 的灯泡。

据统计，少搭乘 1 次电梯，就减少 0.218 kg 的碳排放量；少开冷气 1 小时，就减少 0.621 kg 的碳排放量；少吹电扇 1 小时，就减少 0.045 kg 的碳排放量；少看电视 1 小时，就减少 0.096 kg 的碳排放量；少用灯泡 1 小时，就减少 0.041 kg 的碳排放量；少开车 1 km，就减少 0.22 kg 的碳排放量；少吃 1 次快餐，就减少 0.48 kg 的碳排放量；少烧 1 kg 纸钱，就减少 1.46 kg 的碳排放量；少丢 1 kg 垃圾，就减少 2.06 kg 的碳排放量；少吃 1 kg 牛肉，就减少 13 kg 的碳排放量；省 1 度电，就减少 0.638 kg 的碳排放量；省 1 t 水，就减少 0.194 kg 的碳排放量；省 1 m³ 天然气，就减少 2.1 kg 的碳排放量。"如果一天能做到每一项，那么我们每天能减少 21.173 kg 的碳排放。" 区环保局倡议，市民应积极参与环保事业，尽量节约能源，减少有害物质的排放。

8.3 打造低碳生活家园

城市地区人口密集，工业交通集中，植被稀少，是二氧化碳排放的高值区。随着城市化的发展，越来越多的人居住在城市。所以，建设低碳城市是打造低碳生活家园的首要任务。世界自然基金会认为，低碳城市是指城市在经济高速发展的前提下，保持能源消耗和二氧化碳排放处于相对较低的水平。换句话说，就是在保证不影响生产的情况下尽可能少地消耗能源。低碳城市的建设包括以下几个方面：

（1）全面的绿色规划。城市要减缓全球气候变化，发展低碳经济，其中最关键的是要有明确的纲领和行动计划，制定严格的温室气体减排措施和标准。有效的温室气体减排战略，还需要清晰的目标作为前提。只有制定了具体的可量化的减排目标，才能让公众有明确的预期和监督城市的措施是否有效。科学的城市规划是建设低碳城市的第一步，低碳理念和原则在产业规划、交通规划和绿化规划方面的体现，是建设低碳城市的关键。①在城市发展规划中，要降低高碳产业的发展速度，提高发展质量，要加快经济结构调整，加大淘汰污染工艺、设备和企业的力度；提高各类企业的排放标准；提高钢铁、有色、建材、化工、电力和轻工等行业的准入条件。也就是说，要从决策源头上保证城市总体规划符合可持续发展原则，在规划阶段就推动向低碳城市的方向发展。②低碳城市的交通战略可从两个方面实现：一方面是控制私人交通出行的数量，如果这个数量是下降的，那么在单位排放为一定的情况下，城市交通的碳排放就降低；另一方面是降低单位私人交通工具的碳排放，如果私人交通出行的数量是一定的，那么只要持续降低单位汽车的碳排放量，就可以降低整个城市交通的碳排放。以上两个方面说明，低碳城市需要倡导和实施公共交通为主导的交通模式，在城市规划阶段采取预留公交、自行车空间，限制私家车的使用等措施，同时交通工具要尽可能采用低碳、无碳能源。③绿色植物具有吸收二氧化碳生产氧气的重要作用。此外，城市绿化带还可以净化空气、调节气候、美化环境、减弱噪声等多方面的环境功能。要尽量提高城市的绿化率，同时在工业区与住宅区之间，交通干线沿线都要建设绿化带。植树造林、增加碳汇是城市实现低碳的有利条件。

（2）三位一体的治理结构。低碳城市的启动和发展依赖于制度层面的变革，没有强有力的政策安排，没有政府、企业、社会公众的共同参与，没有主要领域标杆性项目的示范，城市要实现经济增长的同时大幅度减少化石能源消耗和二氧化碳排放的目标是不可能的。建设低碳城市应发挥政府、企业、社会公众三类主体的作用，政府要承担统筹低碳经济发展的领导与管理功能，通过财政补贴和税收以及搭建碳交易平台，营造有利于低碳发展的外部环境；企业应该成为低碳产业和低碳产品的开发主体；社会、居民应该成为低碳消费和低碳生活的主体。在政策制定和实施过程中，由政府主导，促进政府、企业、公众的广泛参与和合作，促进企业决策者和公众转变观念，发动全民参与低碳城市建设，引导公众进行相应的行为建设。

（3）主动促进低碳产业发展。产业发展是城市经济发展的基础和支柱，调整产业结构、促进高碳产业向低碳产业转型升级和优化是低碳城市发展的重点。目前，我国许多城市都存在产业结构不合理问题，尤其是一些老工业城市以及资源型城市。2008—2009 年，国务院审定了 44 个我国资源枯竭型城市，包括辽宁阜新、山东枣庄等这些城市都存在产业结构不合理、过度依赖资源、产业间关联度较低的问题。目前，许多城市第三产业结构不合理，第二产业比重过大，特别是重工业比例过大，而第二产业的能耗强度与碳排放强度远高于第一产业和第三产业，是第一产业的 5 倍多、第三产业的 4 倍多，可见，城市的产业结构决定对城市的能源消费总量和碳排放总量有着重要的影响。推进低碳城市发展，必须加快优化升级城市产业结构，限制高能耗和高碳排放产业、企业的发展，实现经济效益与环境效益的"双赢"。

（4）积极开发绿色能源。低碳城市的建设首先要推广绿色能源。绿色能源可概述为清洁能源和可再生能源。狭义地讲，绿色能源指氢能、风能、水能、生物能、潮汐能、太阳能等可再生能源，而广义的绿色能源包括在开发利用过程中低污染的能源，如天然气、清洁煤和核能等。绿色能源"低碳"或"无碳"，因此推广绿色能源对建设低碳生活十分重要。目前"绿色能源"在全球能源结构中的比重已占到15%～20%，今后由石油、煤炭唱主角的局面将得到改善。人类必须大力发展"绿色能源"以适应低碳城市的要求。

（5）优先发展清洁技术。工业主要集中在城市，建设低碳城市实现低碳生产十分重要。实现低碳生产，就必须实行循环经济和清洁生产。循环经济是一种与环境和谐的经济发展模式，它要求把经济活动组织成一个"资源—产品—再生资源"的反馈式流程，其特征是低开采、高利用、低排放甚或零排放。它要求所有的物质和能源在经济和社会活动的全过程中不断进行循环，得到合理和持久的利用，以把经济活动对环境的影响降低到最低程度。清洁生产是在资源的开采、产品的生产、产品的使用和废弃物的处置的全过程中，最大限度地提高资源和能源的利用率，最大限度地减少它们的消耗和污染物的产生。循环经济和清洁生产的一个共同目的是最大限度地减少高碳能源的使用和二氧化碳的排放，这与低碳城市的要求不谋而合。因此，实施循环经济和清洁生产是低碳城市建设必须坚持的原则和方向。

（6）大力倡导绿色建筑。建筑施工和维持建筑物运行是城市能源消耗的大户，推广绿色建筑是国外低碳城市建设的一个普遍经验。绿色建筑需要既能最大限度地节约资源、保护环境和减少污染，又能为人们提供健康、适用、高效的工作和生活空间。要倡导绿色建筑，设定节能标准，实施太阳能屋顶计划，通过定量分析，合理设计遮阳、建筑朝向、绿化带分布，控制热岛效应，实现最佳的自然通风效果。绿色建筑的建设包括：建筑节能政策与法规的建立；建筑节能设计与评价技术，供热计量控制技术的研究；可再生能源等新能源和低能耗、超低能耗技术与产品在住宅建筑中的应用等；推广建筑节能，促进政府部门、设计单位、房地产企业、生产企业等就生态社会进行有效沟通。在减少碳排放的进程中，绿色建筑的普及和推广将具有重要的意义。

（7）努力探索低碳交通。城市交通是城市能源消耗和碳排放量的大户，约占城市总量的30%，打造城市绿色交通可以大幅降低城市的碳排放总量，有效提高城市交通运作的效率。不同的交通工具行驶过程中产生的碳排放量也是不同的，私家车的平均碳排放是最高的，而步行则为零碳出行。近年来，私家车增长速度惊人，成品油（汽油）的消耗量也快速增长，IPCC 报告中指出汽油的碳排放因子为 2.3，而家庭私家车每百公里平均油耗约为 9.5 L，足见其碳排放量之大。探索城市绿色交通可以从 3 个方面来考虑：①推进低碳城市公交体系。以小汽车为主的交通模式能耗高、污染大，同时也会降低城市交通效率，要确立城市公共交通在城市交通中的优先地位，发展城市轨道交通如地铁、轻轨等，同时可以带动其他相关部门的减排。政府要做好轨道交通扶持政策，建立交通系统节能减排激励机制，并将轨道交通与其他出行方式有机结合，鼓励市民少开私家车、公交出行，打造低碳化城市交通系统。②构建城市慢道交通系统。鼓励和支持自行车、电动自行车的发展，城市推行公共自行车租借制度，扩建自行车租借点，鼓励家庭、个人使用公共自行车出行，科学规划和建设城市自行车和步行慢道系统，为市民低碳出行提供良好条件，科学合理地处理私家车停泊过程与自行车、电动自行车行驶过程中争夺路权问题。积极探索城市停车收费政策，提高市区繁忙路段私家车的使用、停车成本，实行单双号制，控制私家车行驶总量。③推广新能源汽车，尤其是电动汽车。逐步取消城市高污染黄标车，鼓励市民购买小排量车，并给予实质性的优惠或补贴，加大对大排量、高污染私家车购买的税收制度，推广新能源汽车如电动汽车、混合动力汽车，同时，也给予新能源汽车相应的补贴。2010 年 6 月 1 日，财政部、科技部、工业和信息化部、国家发展改革委联合发布了《关于开展私人购买新能源汽车补贴试点的通知》并圈定上海、长春、深圳、杭州、合肥等 5 个城市启动私人购买新能源汽车补贴试点工作。目前，电动汽车技术正处在产业化、市场化、实用化阶段，城市可以通过编制电动汽车发展规划，对充（换）电站网络进行科学布局和建设，收费停车场为电动汽车提供 40 专门车位（有充电柱）和半价停车、社区为新购电动汽车提供停车位、所有单位停车场开辟专门车位（有充电柱）。

表 8-1 不同交通工具出行的人均百公里的碳排放量比较

出行方式	私家车	飞机	高铁	地铁	轮船	自行车	步行
kg/100 km	21.6	12.2	1.4	1.3	1.02	0.01	0.0

（8）用心提倡低碳消费方式。"低碳消费"的概念随着低碳经济理念的形成应运而生，将传统消费模式转向低碳消费模式，可以减少温室气体排放、降低能耗、减少污染，研发低碳产品，拓展新的消费领域，可以形成生产力发展新趋势，实现可持续发展。城市低碳消费的主体是广大市民，而民众参与低碳消费的前提是引导

教育，要引导市民崇尚低碳健康的生活方式，加强低碳理念教育，提升市民的低碳意识，鼓励市民参与低碳城市决策，尊重传统文化的同时，改变以往高碳的消费模式。同时，树立低碳消费典范，鼓励市民积极参与低碳城市决策，建立全民监督的低碳生活体系。日本是提倡低碳消费的典型，值得学习，川崎市集学校教育、社会教育、家庭教育三位一体，开展节能环保教育，率先实行了垃圾分类、综合循环利用制度；东京市对家电产品引入能效标志制度，进行节能定级，东京亦是世界上单位 GDP 能耗水平最低的城市之一。目前，我国部分城市出台了鼓励低碳消费的相关政策，通过减免税费、提供财政补贴等措施调节居民消费行为，改善消费结构，如鼓励居民尽量减少私家车出行，实行节能家电产品购买补贴，采用灵活电价，对居民生活消费和生产消费的废弃物进行回收和再生利用，空调使用遵循"2620"原则，遵循"5R"原则，实行新型循环消费模式（夏天不低于 26℃，冬天不高于 20℃）等。上海市于 2006 年出台了《居民节能 36 计》，为其他城市居民低碳生活树立了典范，取得了良好的效果。

（9）切实营造城市低碳环境。改革环境是城市居民生产、生活的载体，低碳社会的打造，是构建低碳城市的重要组成部分。首先，城市要搞好生态环境建设，打造低碳社会，要增加城市绿化碳汇，积极采用土地利用调整和植树造林等措施。众所周知，植物通过光合作用可以吸收二氧化碳，降低城市热岛效应，相关资料显示，2000—2050 年，全球最大碳汇潜力为每年 15.3 亿～24.7 亿 t 碳，其中，造林的碳汇潜力为 28%，再造林为 14%，农用林为 7%，专家调查估计，我国森林植被净吸收二氧化碳的功能将增强到 4.5 亿 t，相当于我国每年工业排放的二氧化碳量 3%～4%，可见，城市通过建立绿化带、增加植被面积等方式提高绿化率，既美化了城市环境，又净化了城市空气。其次，需注重集约城市土地利用，合理布局城市空间规划。根据城市自身特点，充分利用资源，紧凑城市空间，多建生态景观，城市要保留原有自然山体与河湖水景观，自然景观带给城市的是城市生态和城市旅游经济双重效益，需合理引导与发展。生态景观也包括建筑绿化，如建筑外墙绿化、屋顶绿化等，据测算，城市屋顶面积全部实行绿化，城市上空的二氧化碳将减少 80%，可见低碳环境在低碳城市发展中的重要地位。最后，政府要倡导居民低碳生活，树立低碳社区、低碳商场、低碳建筑、低碳楼宇品牌项目，加强低碳科技知识的普及，运用各类宣传媒体，形成良好的低碳生活氛围，可以通过成立绿色、低碳的环保组织来推进低碳城市建设。

8.4 出台低碳生活准则

低碳生活准则制定的依据主要是节能、减排、环保。凡是能节约能源、减少温室气体排放、保护环境的行为就可以列入准则。低碳生活准则制定的原则包括全面性、普遍性、可操作性等。全面性是指准则应涵盖衣、食、住、行、购等生活的各个方面；普遍性是指大部分人都可以做到；可操作性是指具体可行。具体准则见表8-2。

表 8-2　低碳生活准则

项目	准则
衣	购买衣服多选棉质、亚麻和丝绸，环保时尚耐穿；儿童部分衣物二手的就好；少买不必要的衣服，少买一件衣服可省煤 2.5 kg，少排二氧化碳 6.4 kg；衣服攒多了再洗；选择晾晒衣服，避免使用干衣机
食	少用餐巾纸、一次性餐具；不要过量食肉，减少饮食浪费；冰箱内存放食物过多或过少都费电，占容积的 60%~80% 为宜；剩菜冷却后再送进冰箱免结霜，少费电；能煮的食物不用蒸，不易烂的用高压锅
住	选购高能效、采光好的住宅；面积够用就行，拒绝大户型；环保装修，购环保家具；多种树、养花、种草；垃圾减量和分类
行	多步行、爬楼梯，少坐电梯；骑自行车、坐公共交通工具；少开私家车，开低排量车；定期更换车辆润滑油和过滤器；定期检查轮胎气压，过低过足都会增加油耗；少用急刹，停车时关掉发动机
用电用水	电器不用拔掉插头，待机状态使耗电量增加 10%；关掉不用的电脑程序、音箱、打印机等；少用空调，多用风扇，夏天空调调至 26℃，冬天调至 18~20℃；短时间不用电脑时，启用电脑的"睡眠"模式，能耗下降 50%；定期清洗空调；尽量使用自然光和节能灯；随手关灯；减少冰箱、空调启动次数；调低显示器的亮度；看电视，先开机顶盒，等指示灯全部亮后再开电视机；用洗菜、洗衣等积水冲洗马桶；少用浴缸，多用淋浴，缩短淋浴时间；购买低流量喷头，并尽量降低水温；洗衣时将水温放置冷水挡，衣服较多时再洗；把马桶水箱里的浮球调低；购买节水型厕具和洗衣机，可节水 50%；淘米水洗脸洗手天然美白
购	购买节能电器；购买当地、当季蔬菜、水果，减少运输和包装耗能；多参加跳蚤市场，淘二手生活用具、用品；不使用一次性牙刷、一次性塑料袋、一次性水杯；自备环保购物篮（袋），不购买过度包装物品

8.5　确立低碳消费模式

低碳消费是低碳经济的重要组成部分和实现低碳经济的重要环节,构建低碳消费模式有助于推动低碳经济的快速发展和整个社会文明的进步。低碳消费模式主要强调低碳化的消费结构,其理念和形式体现在日常生活消费的各个方面。确立低碳消费模式,需要采取完善政策法规、鼓励技术革新、改变消费观念等一系列系统性的措施。

(1)完善政策法规,政府积极引导低碳消费。低碳消费要落实到位,需要充分发挥政府的引导作用。一方面,政府需要建立健全与低碳消费相关的政策法规,在全社会范围内营造向低碳消费模式转变的制度环境。具体而言,一是加快建立和完善与低碳生产和消费相关的法律体系,使低碳消费发展走上法制化轨道。二是依靠制度和政策激励企业低碳生产,引导公众低碳消费。对开发低碳产品、投资低碳生产的企业,给予贷款、税收和政府采购等方面的优惠政策。同时出台价格补贴、税收减免和绿色信贷等优惠政策引导消费,鼓励人们购买低碳产品,增加低碳消费需求。三是不断增强市场监管力度,规范经济秩序,优化消费环境。加快建立相应的市场准入制度,限制并逐步减少非低碳产品进入市场,使低碳产品的供应结构更加合理。加强对低碳市场的检查力度,坚决打击假冒伪劣低碳产品,切实保护消费者的合法权益。四是政府需要增加财政投资,放宽贷款限制,同时鼓励、吸引外商和民间资本投资低碳产业,确保低碳产业的有序发展。另一方面,政府消费是社会消费的重要组成部分,因此政府自身运作也必须低碳化,在确保行政效率的前提下,在日常办公和政府采购过程中努力践行低碳消费,积极推广低碳消费模式,发挥示范带头作用。

(2)鼓励技术革新,企业积极推动低碳消费。企业作为商品生产者,不可避免地要消耗大量的石化资源,同时排放大量的二氧化碳,因此,企业只有从产品研发、设计、生产、营销等各个环节实行全过程低碳化控制,才能生产出真正的低碳产品以满足市场需求,进而通过产品低碳化带动消费低碳化。首先,企业要重视低碳技术的研发,加强技术创新,以技术进步带动整个产业升级。企业只有不断推动低碳技术的开发和应用,才能在未来的市场竞争中抢占制高点。其次,企业要积极采用先进技术,改进传统生产方式,探索绿色生产工艺,选择节能的生产设备,采购环保的生产原料,选用可再生的新能源,最大限度地提高资源生产效率和能源利用效率,主动降低单位能耗的碳排放量以实现低碳化生产。最后,企业应该优化市场交易方式,加大对低碳产品的营销力度,制定合理的低碳产品价格,创造低碳消费的便利条件,不断提高消费者使用低碳产品的热情。简言之,企业有能力且有责任生产低碳节能产品,这样不但扩展了企业的发展空间,而且满足了消费者多样化的消费需求,有助于低碳消费模式的进一步推广。

（3）改变消费观念,消费者积极参与低碳消费。公众是低碳产品的最终消费者,低碳消费模式的构建与推广离不开公众的参与和支持。一方面,公众应树立科学的消费观。消费者必须自觉抵制消费主义的思潮,培养节能、环保的消费意识,建立科学、合理的消费观。既要约束炫耀消费、攀比消费等非理性消费行为,还要加强精神消费和文化消费,切实改变高碳低效的消费陋习,建立适度消费的价值观。另一方面,政府要重视对公众的宣传教育。可以通过网络等大众媒体开展低碳消费宣传,大力普及低碳消费知识,积极倡导低碳生活方式,科学指导公众进行低碳消费,针对不同的消费群体,有区别地采用通俗易懂的方式进行低碳消费专题宣讲,提高全民低碳消费意识,营造低碳消费的文化氛围,把低碳消费变成每个消费者的自觉行动。同时,逐渐完善教育体制,把消费环保化教育纳入整个教育体系,充分发挥学校教育的辐射带动作用,全面推进国民低碳消费教育,从而使低碳消费家喻户晓。

总之,倡导与我国国情相适应的文明、节约、绿色、健康的低碳消费模式,有利于推动低碳生产的发展,有利于缓解能源和环境压力,有利于落实科学发展观,有利于构建社会主义和谐社会。

8.6 推进低碳生活的突破口

低碳生活的实现是一项长期、艰巨的任务,但只要各方同心协力,低碳生活模式在未来必定会逐步建构起来,当前应以低碳饮食、低碳建筑、低碳交通、低碳日用等为突破口,重点推进,并以此带动其他低碳生活领域的推进,从而全方位实现低碳生活。

（1）以营养健康为导向的低碳饮食。低碳饮食,就是对碳水化合物的消耗量进行严格限制,同时稳步提高蛋白质和维生素的摄入量。实现低碳饮食,①要平衡膳食,在保证营养、健康的前提下,提倡少食肉禽蛋奶,多吃五谷杂粮、瓜果蔬菜,尤其是尽量选取当地、应季的天然食材。这样不仅可以提高人的身体素质，还可以降低碳的排放量。②养成良好的饮食习惯，平时要均衡饮食，外出就餐时要酌情点餐、杜绝浪费。③低碳做饭，采用蒸、煮、拌等节能烹饪方法，选用节能冰箱、节能灶具、节能电饭锅等高效厨房系统，从源头上减少日常饮食的能源消耗，降低碳排放量。

（2）以生态节能为导向的低碳建筑。低碳建筑是指按照生态住宅标准，在建筑物的规划设计、施工建造、使用运营到装修改造的整个生命周期内，采用节能环保的建筑技术、设备和材料，提高效率、降低能耗，力求获得一种与自然和谐的建筑环境。实现低碳建筑，①建筑物外墙及屋面要尽量选用隔热保温的新型材料，降低传统建筑材料的使用率，还要采用分户取暖热计量收费、补贴外墙外窗改造、太阳能蓄热、地热取暖等方法，这样不仅能有效减少建筑用能量，还能降低二氧化碳排放；②推广使用太阳能路灯和景观灯，楼道照明采用声控灯技术，室内照明推广使用节能灯等；③多营造树林绿地，绿化城市屋顶，这样既可使建筑防水隔热，节能降耗，又可以净化空气，美化环境。

（3）以绿色环保为导向的低碳交通。低碳交通，就是从节约能源、保护环境出发，日常出行选择低碳的交通方式，不断提高交通运输的能源效率，大力开发低能耗的新技术和交通方式。实现低碳交通，①优先发展公共交通系统，持续提高公共交通的利用率，为居民出行提供方便快捷、舒适安全的公共交通服务；②严格控制私人汽车拥有量的增长速度，其增速一定要与城市的发展规模相适应，同时，相关部门要进行科学的引导与管理，使其合理发展；③鼓励购置小排量汽车，大力发展电动汽车、太阳能汽车和混合动力汽车等新能源交通工具，倡导低能耗、低污染的绿色交通方式；④短距离鼓励步行、自行车出行，交通设计及道路指挥体系要有利于慢速及公共交通系统的推广和使用。

（4）以经济适度为导向的低碳日用。低碳消费要从日常点滴做起。①选择低碳家电，选购在技术上推陈出新、在生产中采用环保材料的节能家电；②低碳穿衣，尽量选用自然环保面料和可循环利用材料制成的衣服，减少洗涤次数，鼓励手洗衣服，自然晾干；③减少生活垃圾，对垃圾进行合理的分类，提高回收利用效率；④低碳办公，采用无纸化办公平台，通过网络在线处理公文，多用即时通信工具沟通，少用传真机和打印机，在减少纸张消耗的同时，更可成倍提高办公效率；⑤提倡合理消费、文明消费，淡化面子消费，戒除奢侈消费，减少非理性的消费行为。

8.7 低碳生活前景展望

（1）低碳生活理论研究领域的丰富和拓展。我国现阶段对低碳生活的理论研究主要集中在低碳生活概念引进、低碳生活政策鼓励、企业的低碳生活、城市居民"低碳生活"、家居"低碳生活"等方面。将来的研究领域和研究视角将会更多元化、深入化、系统化，把低碳生活和社会学、心理学、经济学等学科结合起来，对低碳生活的影响因素、低碳生活的推进动力、低碳生活的微观应用、低碳生活的实证研究、低碳生活的定量分析，如投入产出分析（IOA）、消费方式分析（CLA）和生命周期评价（LCA）等常用方法进行拓展和丰富。

（2）低碳生活实践应用的深入和广泛。实现"低碳"，归根结底取决于低碳生活，低碳生活是实现低碳生产的重要推动力。生活方式低碳化强调理念与行为方式的转变，强调城市居民日常活动和消费的低碳化，以达到人类社会与自然的和谐发展。为促进个体生活方式转变，国外城市纷纷开展低碳或低能社区建设，如英国贝丁顿项目、德国的"弗班可持续模式"计划、瑞典的韦克舍等。我国在低碳生活实践应用方面尚处于起步阶段，可以多借鉴国外成功经验，如理念上，生活品质不会因环保而降低；技术上，新能源利用与节能、废弃物回收利用、环保与低冲击材料、共乘与绿色交通；管理上，优化社区结构与倡导共同治理等。

（3）低碳技术的攻关和创新发展。实现低碳生活的目标，低碳技术的研发和推广是关键。可发展的低碳技术有如下几类：一是节能减排技术。如循环经济技术、煤基多联产技术、资源综合利用技术、垃圾资源化利用技术、清洁生产技术等。二是新能源和可再生能源技术。新能源技术包括风能技术、太阳能技术、地热能技术、海洋能技术、生物质能技术、氢能技术、核聚变能技术、天然水合物利用技术等。可再生能源技术是指风能、太阳能、水能、生物质能、地热能和海洋能等连续、可再生的非化石能源的开发和利用技术。三是 ICT 技术、碳捕获与封存技术等高新科学技术。

而低碳技术在生活中的应用方面，可考虑宏观和微观、城市营造和居民日常。在宏观和城市营造上，如城市中可以利用中水浇灌绿地，利用太阳能等可再生能源进行照明和日常使用，利用煤层气等清洁能源作为汽车的燃料，利用污水源、浅层水源、深层高温地下水源、土壤源等可再生能源热泵技术解决建筑的供热等。在日常食品、衣着、日用品等的低碳化方面，则需要相关产业加大产品的低碳技术研发、低碳产品的生产和推广。

（4）低碳政策制度的不断完善。政府推动和政策支持是当前低碳发展的基本特征，其对于推动全社会范围向低碳经济转型、保障低碳生活模式顺利运行具有重要意义。这方面，中国应向西方发达国家学习，从发展战略、低碳模式、交易机制、标准制定、市场准入等层面进行积极谋划与部署。充分利用市场机制激励企业节能减排，综合运用征税、补贴、基金、市场交易等工具，积极发挥非政府"中间力量"作用，共同推动低碳生活执行的政策制度建设。在战略上，一方面要开展社会经济不同层面的低碳战略的编制，为不同经济发展领域低碳经济运行提供制度保障；另一方面要积极开展整套低碳经济政策工具的制定，如政策路径的优选、碳税的实施、碳基金的设立、碳金融和碳市场的建设等。在发展模式上，要编制中国特色低碳生活发展道路的总体规划和路线图，根据不同地区经济发展水平、产业结构等制定适宜度分析和路径设计，开展低碳生活试点。在碳减排标准规范制定上，要依据经济发展阶段确定碳减排的刚性及可控性的指标，研究低碳生活与低碳经济、循环经济、节能减排等的衔接制度，更好地推行低碳生活的实现和发展。

附件 1
国外低碳生活实践案例分析

1.1　丹麦模式——低碳社区

丹麦低碳生活发展的典型代表是低碳社区。低碳社区主要是从全球气候变化的影响和减少碳排放的国家能源政策目标出发，努力发挥地方政府在节能应用中的先锋作用，大多数采取以低碳化节能示范性项目为先导进行社区节能实践。低碳社区一般遵守十项原则：零碳、零废弃物、可持续性交通、可持续性的当地材料、本地食品、水低耗、动物和植物保护、文化遗产保护、公平贸易以及快乐健康的生活方式。

丹麦的太阳风互助社区是由居民自发组织起来建设的公共住宅社区，竣工于1980 年，共有 30 户。该社区最大的特点就是公共住宅的设计和可再生能源的利用。公共住宅是指为了节约空间、能源、资源而建立的共用健身房、办公区、车间、洗衣房和咖啡厅的私人住宅或公寓。社区的名称"太阳风"，就映衬了社区以太阳、风作为主要能源形式的特点，强调尽量使用可再生能源和新能源，降低能耗和节约能源，采用主动式太阳能体系。这种模式在能源使用过程中还强调节能降耗，最大限度减少温室气体的排放和保持社区的优美环境。

用全球的气候领跑者或者绿色能源的领先者来形容丹麦，一点都不为过。丹麦政府非常重视国家能源战略的制定，在能源发展战略目标的指导下，通过制定能源政策引导能源利用方式改变，建立并严格执行明确的节能利用激励机制，并注重能源利用的过程管理和能源战略的实施。在这个国家，可再生能源发电占到其总发电量的 30%，在过去的 25 年中，丹麦经济增长了 75%，但能源消耗总量却基本维持不变，创造了独特的"丹麦模式"。在丹麦的可再生能源发电量中，绝大多数来自风能，目前，在丹麦的陆上和海上共安装了 5 000 多台风机，总装机容量达 3 200 MW，这些风机为整个国家提供了大约 20% 的电力供应。

在丹麦哥本哈根，电力供应大部分依靠零碳模式，大力推行风能和生物质能发电，随处可见通体白色的现代风车，有世界上最大的海上风力发电厂。2008 年，哥本哈根被英国生活杂志 *Monocle* 选为世界 20 个最佳城市，以生活质量高和重视环保等因素位列榜首。2009 年，丹麦的哥本哈根宣布到 2025 年有望成为世界上第一个碳中性城市。其计划分两个阶段实施，第一阶段目标是到 2015 年将全市二氧化碳排放在 2005 年基础上减少 20%；第二阶段是到 2025 年将排放量降为零。所谓碳中性，就是通过各种削减或者吸纳措施，实现当年二氧化碳净排放量降低到零。哥本哈根对提出的应对气候计划有如此大的信心，是源于这个市区独特的低碳发展模式和政府的政策支持。具体来说，哥本哈根市政府计划在以下 6 个领域来实施这 50 项政策措施建设低碳城市，涉及大力推行风能和生物质能发电，实行热电联产，推广节能建筑，发展城市绿色交通，鼓励市民垃圾回收利用，依靠科技开发新能源新技术等方面（附表 1）。

附表 1　哥本哈根建设低碳城市的政策措施

领域	政策措施
能源结构	目前，哥本哈根最大的碳排放源来自于电力和供热系统，而电力中有 73% 来源于煤炭、天然气和石油。为此，政府颁布了 7 条政策来转变现有能源结构，包括将燃煤发电转化为生物燃料或木屑发电，建立新能源发电和供热站，增加风力发电站，增加地热供热基础设施建设，引进烟道气压缩冷凝机，改进垃圾焚烧场的热能效率，完善区域供热体系等
绿色交通	尽管交通并不是温室气体的最大制造者，但是市政府出台了 15 项政策来建设一个更加有利于市民健康的交通体系。这些政策包括改善交通指示灯系统及停车位预报系统以减少交通拥堵：使用 LED 节能路灯。其中，重点计划将风能作为电动汽车的氢气动力汽车的充电来源，并为这类车提供免费停车优惠。目标是在 2011 年 1 月 1 日前，所有政府用车全部换为电动或氢气动力汽车。到 2015 年，全市有 85% 的机动车为电动或氢气动力汽车。另外，作为国际自行车联盟（International Cycling Union）命名的世界首个"自行车之城"，哥本哈根极力推行"自行车代步"。市内所有交通灯变化频率都是按照自行车的平均速度设置的，反映出对自行车的重视程度

领域	政策措施
节能建筑	通过通风、温度控制、照明、噪声控制 4 个维度进行节能管理。有 10 项政策用于这一管理：规定市内所有新建筑都必须符合节能标准，政府建立能源基金用于资助现有建筑进行升级或改造，对房屋出租者、建筑工人等利益相关者进行减排知识的培训，政府网站提供温室气体排放源的路线图，发展太阳能建筑等
公众意识	市政府通过提供信息、咨询和培训来提高公众的低碳意识，改变人们的思维方式。其中，培养新一代的"气候公民"被列为灯塔计划的重要内容。儿童和青年是家庭中最大的能源消耗者，他们影响着家庭的生活习惯和对气候的认识，也是未来气候问题的解决者，对新一代"气候公民"的培养因而被视为整个气候政策中最具决定性的环节
城市规划	政府为建设碳中和城市，要求所有市政工程的建设都必须严格遵守可持续发展原则，并计划对隔热、建材、外墙、电力、通风等各个环节设立明确标准。建筑规划要尽可能减少对交通工具的依赖，使人们通过步行或自行车就能方便到达目的地。通过建立，不断探索新的发展路径
天气适应	制订天气适应计划无疑是一项着眼于未来的投资。市政府计划制订一套综合的气候应对战略，开发多种应对暴雨天气的排水方案，应用于整个城市：通过增加绿地面积、袖珍公园（Pocket Park）、植物屋顶与外墙延缓雨水，避免洪灾；通过天棚、通风等方式调节室内温度。其中，修建袖珍公园被列为灯塔项目。袖珍公园是城市中的小型绿地，既能给城市降温，又能在洪涝天气中涵养水分。同时还为市民提供休闲和运动的场所。市政府计划每年至少新建两座袖珍公园

　　丹麦在低碳理念的践行和低碳生活的树立方面都走在了全世界各国的前列，其中低碳社区的规划和建设模式值得中国大多数城市借鉴。而国家政策和战略层面的重视，可再生能源的大力推行，并通过能源结构、绿色交通、节能建筑、公众意识、城市规划、天气适应等 6 个领域来实施 50 项政策措施建设低碳城市，很多好经验值得中国学习。

1.2 英国模式——应对气候变化的城市行动

　　英国是低碳城市规划和实践的先行者。为了推动英国尽快向低碳经济转型，推行低碳生活理念，英国政府于 2001 年设立"碳信托基金会"与"能源节约基金会"，联合推动了英国的"低碳城市项目"。首批 3 个示范城市在专家的技术支持下制定了全市范围的低碳城市规划。城市规划重点在建筑和交通两个领域推广可再生能源应用、提高能效和控制能源需求，促进城市总的碳排放降低，各种措施的制定、实施和评估都以碳排放减少量为标准，同时强调技术、政策和公共治理手段相结合。

在英国，伦敦政府的地区规划有很大的自主权，因此修订《伦敦规划》时，规划框架必须将可持续发展、气候变化整合到伦敦的发展计划中。在最后的征询阶段，修订的《伦敦规划》要求实现可持续发展型设计和建筑，以碳为基础的节能型能源分层，分散式能源的清洁生产及使用 20%当地可再生能源，同时还寻求垃圾回收、水资源管理的方法，以及应对气候变化所需采取的措施。《伦敦规划》将有力地保证伦敦今后的发展符合可持续发展及气候变化的标准。建立公平的竞争环境确保了竞争并非单一目的，而实际上推进伦敦地区有竞争力的、可持续型市场的发展。

伦敦市低碳城市建设有以下政策导向：①改善现有和新建建筑的能源效益。推行"绿色家居计划"，向伦敦市民提供家庭节能咨询服务；要求新发展计划优先采用可再生能源。②发展低碳及分散的能源供应。在伦敦市内发展热电冷联供系统，小型可再生能源装置（风能和太阳能）等，代替部分由国家电网供应的电力，从而减低因长距离输电导致的损耗。③降低地面交通运输的排放。引进碳价格制度，根据二氧化碳排放水平，向进入市中心的车辆征收费用。④市政府以身作则。严格执行绿色政府采购政策，采用低碳技术和服务，改善市政府建筑物的能源效益，鼓励公务员习惯节能。

2007 年，伦敦颁布了《伦敦气候变化行动纲要》，设定了减碳目标和具体实施计划，主要集中在《伦敦规划》所未覆盖的 3 个重要方面，包括现有房屋贮备、能源运输与废物处理和交通三部分。综合了 LCCA 的研究成果后，《伦敦气候变化行动纲要》明确了将这一系列措施落实到房屋建设上。《伦敦气候变化行动纲要》成为了伦敦迈向低碳城市的里程碑。其目标是，以 1990 年为基准，2025 年要减排 60%，其中的 35%是通过伦敦直接的行动实现，25%通过英国政府承担。

2007 年，英国皇家污染控制委员会提出"低碳城市"，要求英国所有建筑物在 2016 年实现零排放。为降低新建筑物能耗，2007 年 4 月英国政府颁布了"可持续住宅标准"，对住宅建设和设计提出了可持续的节能环保新规范。在具体操作层面，政府宣布对所有房屋节能程度进行"绿色评级分"，从最优到最差设 A 级至 G 级 7 个级别，并颁发相应的节能等级证书。被评为 F 级或 G 级住房的购买者，可由政府设立的"绿色住家服务中心"帮助采取改进能源效率措施，这类服务或免费或有优惠。

英国重视低碳社区的规划和建设。始建于 2002 年伯丁顿低碳社区，是世界自然基金会（WWF）和英国生态区域发展集团倡导建设的首个"零能耗"社区，成为引领英国城市可持续发展建设的典范，具有广泛的借鉴意义。伯丁顿社区零能源发展设想在于最大限度地利用自然能源、减少环境破坏与污染、实现零矿物能源使用，在能源需求与废物处理方面基本实现循环利用。

2009 年 7 月，英国又公布了详尽的《英国低碳转型》国家战略方案，方案涉及能源、工业、交通和住房等社会经济各个方面，同时出台的配套方案有《英国可再生能源战略》《英国低碳工业战略》和《低碳交通战略》等。2009 年 11 月，英国能源与气候变化部公布了能源规划草案，明确提出，核能、可再生能源和洁净煤是英国未来能源的 3 个重要组成部分。

在英国，无论是政府还是社会团体及各社区都对节能减碳状况密切关注。每年政府都通过出版物及其他媒体，向公众免费发布节能减碳状况的信息。在介绍节能减碳状况的同时，还向公众说明形成低碳生活形态与经济社会可持续发展的关系。而且还建立起众多的教育项目，对大众特别是中小学生进行节能减碳方面的教育，使他们能够对减碳有深入的了解。在政府及社会各民间团体的长期宣传教育下，全国上下已经形成了一种大家共同关心节能减碳，保护生态环境人人有责，形成低碳生活全民参与的良好风尚，节能减碳的生态环保意识成为英国的一种生活主流价值。目前，英国已初步形成了以市场为基础，以政府为主导，以全体企业、公共部门和居民为主体的互动体系，从低碳技术研发推广、政府发挥建设到国民认知姿态等诸多方面，都处在了世界领先位置。

英国的低碳实践是从城市角度进行的，首先从规划上进行全局把握，把低碳理念贯穿始终，无论从城市建设、交通规划还是能源技术、社区营造都以低碳为目标和宗旨。其次是自上而下的践行氛围，政府以身作则，公众意识的宣传和教育，让全社会、全体大众尤其是新兴人群对减碳、低碳、节能、尚俭的风气成为生活主流价值，给其他国家树立了很好的榜样。

1.3 德国模式——新型能源探索的先驱

为了应对气候变化，德国以其强大的经济实力与领先的高技术优势，较早地制定了削减温室气体排放的发展战略，通过立法和建立约束性机制，促进低碳经济的发展，并取得突出的成效。根据《京都议定书》，2008—2012 年，德国的温室气体平均排放量应该比 1990 年减少 21%，到 2008 年温室气体减排比例已达 23.3%，超过了《京都议定书》规定的减排目标。尽管 2008 年的一次能源需求增加了约 1%，但二氧化碳的排放量却减少了 1.1%。

德国是可再生能源起步最早、发展最快的国家之一，可再生能源产业在世界上居领先地位，尤其是太阳能和风能，位居世界第一。2008 年营业额达 287 亿欧元，生产设备销售额达 131 亿欧元，设备运转营业额达 156 亿欧元，其中生物质能源贡献最大，占 37.2%；其次是太阳能，占 34%；风力为 20.2%、水力为 4.7%、地热为 3.8%，比 2007 年增加 12.5%、出口额达 90 亿欧元，从业人员为 28 万人。2008 年，德国可再生能源的使用量占一次能源需求量的 7.4%。

2009 年，德国国内生产总值萎缩、电力消耗减少的同时，可再生能源的发电量却由一年前的 927 亿 kW·h 上升到 930 亿 kW·h。这主要得益于生物质能和光伏发电的增长。到 2009 年年底，德国可再生能源的发电量已占德国电力消耗的 16%，远远超过欧盟为其成员国设立的年可再生能源占电力消耗的目标。权威机构预测，根据德国目前的技术，德国的二氧化碳排放到 2020 年时可在 2010 年的基础上减少 50%。到 2050 年，德国的能源消耗几乎可以全部来自可再生能源。这是世界范围内第一个提出在未来 40 年内将全部采用可再生能源的国家。

1.3.1　宏大的减排规划与不断完善的政策法规

德国是一个能源紧缺的国家，能源供应在很大程度上依赖进口。为了摆脱对进口和传统能源的长期依赖，德国政府在制定能源政策时，把重点放在了节约传统能源、发展可再生能源和新型能源两个方面，以期实现能源生产和消费的可持续发展。德国不仅把发展可再生能源作为确保能源安全和能源多元化供应以及替代能源的重要战略选择，而且也把它作为减少温室气体排放和解决化石燃料引起的环境问题的重要措施。

2000 年 3 月出台了全世界第一个真正意义上的可再生能源法，开始通过法律手段促进可再生能源的利用。2002 年 4 月，德国政府在"加大可再生能源的利用、提高能源利用效率并大力节约能源"的调整方向下，基于对核废料处理及经济等方面的考虑而"先行一步"，《全面禁止核能法案》正式生效，对现有的 19 座核电站作出了到 2020 年全面停止运行的强制规定。2004 年，德国政府出台了《国家可持续发展战略报告》，其中专门制定了"燃料战略——替代燃料和创新驱动方式"，以减少化石能源消耗，达到温室气体减排。"燃料战略"共提出 4 项措施：优化传统发动机、合成生物燃料、开发混合动力技术和发展燃料电池。2005 年 7 月 13 日，德国政府通过《国家气候保护报告》，提出到 2012 年和 2020 年减少温室气体排放的具体目标，强调进一步开发汽车相关技术和推广住宅能源节约计划，争取到 2020 年使德国温室气体排放比 1990 年减少 40%。2008 年 6 月 18 日，德国政府宣布通过保护气候方案第二部分，以应对日益加剧的全球变暖现象。这份德国自认为是世界上前所未有的雄心勃勃的能源和气候计划提出的目标是，到 2020 年之前减少二氧化碳排放 40%。6 月初，德国议会通过一项新的决议，制定了对可再生能源和中央电站进行节能改造的具体措施，计划改造后，德国的中央电站将大幅提高输电能力和供热能效。此外，德国政府希望通过加强建筑业中的节能措施和推广智能电表的安装来节约电能损耗，为了鼓励普通国民自觉采取节能措施，居民缴纳采暖费用中的个人比例将由目前的 50% 上调到 70%。

《可再生能源法》等政策法规实施以来，使可再生能源得到了蓬勃发展，大大减少了温室气体的排放。德国可再生能源行业总销售额为 216 亿欧元，投资规模为 87 亿欧元，拥有 214 000 名员工，可再生能源的出口销售额规模已经达到了 46 亿欧元。2008 年德国温室气体排放减少 1 200 万 t，比上年减少 1.2%，创 1990 年以来的最低水平。按照《京都议定书》，德国承诺在 2008—2012 年将年均温室气体排放量（相比 1990 年）降低 21%。在目标时期的第一年，德国已经实现年排放总量降低 23.3%。2008 年，德国二氧化碳排放总量是 9.45 亿 t，比上年减少 940 万 t，降幅为 1.1%；二氧化碳排放在全部温室气体排放总量中占 88%。

德国政府希望通过可再生能源的发展和能源使用效率的提高，计划 2020 年可再生能源在初级能源使用中的比重将占到 12%，在发电量中的比重将占到 30%，2050 年可再生能源发电在发电总量中的比重将达 68%，在供暖中的比重将达约 50%。而 2050 年二氧化碳的排放量与 1990 年相比减少 80%。

1.3.2　太阳能高速发展

德国位居高纬度，日照时间并不多，不像地中海沿岸国家那样拥有得天独厚的太阳能资源，但由于政府的高度重视和大力扶植，加之技术上的优势，太阳能应用领域一直名列世界前茅，并后来者居上，到 2004 年首次超过日本一举成为太阳能发电世界第一大国。

早在 20 世纪 90 年代，德国政府就推出了"百万屋顶计划"，鼓励居民在自家屋顶上安装太阳能光伏发电系统，产出的电由政府强制命令电网公司出资收购。每个家庭安装太阳能发电设备后所卖的电钱，不仅能支付购买太阳能设备成本，还能产生额外利润。而德国太阳能发电热的高涨，得益于迄今为止根据《可再生能源法》而实施的可再生能源固定购买制度，特别是 2004 年修订后太阳能发电市场进一步扩大。2006 年太阳能电力的买进价格为 51.8 欧分/（kW·h），是普通电力价格的 10 倍，是风电买进价格的 5 倍。

"百万屋顶计划"和《可再生能源法》的出台大大刺激了太阳能的发展。2004 年，德国全境新装配了 10 万组太阳能发电设备，合计装机容量达 3 万 MW，当年太阳能业总产值达到 20 亿欧元，同比增长 60%，以后来居上的姿态，首次超过日本，成为世界头号太阳能强国。2007 年，新入网的太阳能装置的峰值输出功率达到了 110 万 kW，与 2006 年同比增长近 30%。2009 年计划新增 150 万～200 万 kW 太阳能发电量。

太阳能发电事业销售额的 1/3 以上为住宅所有者，降价幅度以每年平均 8%～10% 的比例推进。国际金融危机也没有阻挡德国推进和普及太阳能发电的步伐。德国国内 2009 年的太阳能产业销售额顺利超过 2008 年的水平，其中对太阳能终端顾客的销售额大体与 2008 年的约 70 亿欧元持平。与 2008 年相比，德国 2009 年太阳能发电设备将大幅降价 15%，政府也将对可再生能源实行奖励政策，以促进太阳能发电事业的发展。

同时，德国已经铸造了一条完整的贯穿上下游的太阳能产业链，并催生了一批举世著名的明星企业，成为世界上最大的太阳能电力生产国和光电子技术国，几乎占领了全球近 1/3 的太阳能市场，全世界每 3 块太阳能电池板，每 2 个风力发电机就有 1 个来自德国。太阳能发展战略也成为各国纷纷效仿的榜样。

1.3.3 称雄全球的风力发电

德国是世界风力发电发展最快的国家，从 20 世纪 90 年代初期以来，得到了快速发展，2001 年年底，风力发电总装机容量达到 8 750 MW，占世界总装机容量的 35.7%。特别是 1998 年以来，年平均增长率达到 43%，2000 年的增长率更是高达

6%。2004 年，风力发电量达 250 亿 kW·h，首次超过水力发电量的 210 亿 kW·h，成为德国最重要的可再生能源，总装机容量和技术一直处于世界领先地位。2008年，德国风力发电占全国发电总量的近 8%，而萨安州的风力发电占发电总量的比例已高达 40%。

德国政府运用经济杠杆和法律手段，采取扶持措施，为风电产业的发展营造了有利的外部条件。包括制订发展规划目标、电力信贷和许多其他相关政策以及软贷款、出口协助等。为了支持德国产风机的发展，政府为风力发电项目提供利率极低的软贷款，政府还出台了一些开拓国际市场的优惠政策。

1.3.4 热能渐成新宠

德国地热资源丰富，其地下 3 000～4 000 m 深处的温度在 100～170℃。研究表明，德国地热发电的总潜力相当于其全国电力年需求量的 600 倍，其非电直接利用的潜力相当于全国供暖年需求量的 1.5 倍。

2003 年 11 月，位于德国东北部诺伊施塔特一格莱沃的德国第 1 座利用地热发电站正式投入运行，计划为该地区 500 户人家供电。电站在地下 2 000 m、温度达97℃，高温产生的能量转化为蒸汽，依次驱动水面的涡轮产生电能。

2007 年年底，第 1 座地热电站已开始无污染排放为 6 000 户家庭供电，为约300 户家庭供暖。2008 年 6 月，位于慕尼黑附近翁特哈兴（Unter haching）的德国最大的地热发电站正式投入运行，这座新建的地热发电站预计应能提供3.36 MW 的电力拥有 23 000 人的翁特哈兴镇约有 1/3 的家庭受益于这个地热发电站，每年该站应减少 4 万 t 的二氧化碳排放量。德国地热加快发展，在可再生能源中所占的比例从 2006 年的 1% 提高到 2008 年的 3.8%，有约 150 座地热电站正在建设和规划中。

德国经过多年的研发与实践，主要是以地下水开采井、井下换热器以及换热桩等技术途径获得浅部地热能源，这些技术与热泵技术结合使用热泵可以从温度较低的热源中获取热量，释放出较高温度的、可利用的热量，与燃烧天然气或电力驱动的供暖系统比较，热泵需要的常规电能要少 75%，同时二氧化碳的排放减少 20%～25%，与燃煤的供暖系统相比，排放减少更多。

1.3.5　越加风行的新能源汽车

2005 年 7 月,德国政府通过的《国家气候保护报告》提出了到 2012 年和 2020 年减少温室气体排放的具体目标,强调进一步开发汽车相关技术和推广住宅能源节约计划。

2007 年,欧盟环境委员会出台强制欧盟汽车业生产节能型汽车的文件,规定欧盟汽车商未来生产汽车必须采用多项新技术,以确保洁净及节能要求。其中包括:小型卡车的每千米二氧化碳气体排放量必须低于 175 g;出厂的新车必须装配能够显示轮胎压力的警告灯,以避免因压力过低而导致不必要的高能耗等。

2009 年 1 月,德国政府公布了乘用车新车税制,对所有车辆采用同一基本税率计算,但是柴油引擎乘用车基本税率将比汽油车高。而百公里二氧化碳排放量低于 120 g 的车辆可以免除两年(2010 年、2011 年)的排放税。另外,随着车辆减排技术的不断发展,120 g 的下限还将进一步下调,到 2012 年和 2013 年,调整为 110 g/km,2014 年为 95 g。超过免排放税下限的车辆按照每克 2 欧元的价格征税。

从 2009 年起启动了一项 36 亿欧元的车用锂电池开发计划,几乎所有德国汽车和能源巨头均携资加入。该计划的实施,标志德国将进入电动汽车时代。与此同时,戴姆勒汽车公司和 RWE 能源公司将携手合作在国内兴建 500 个电动汽车充电站。德国汽车业联盟预计,2012 年以前德国将完成电动汽车的系列化并拉开商品化生产序幕。

2009 年 9 月,德国内阁已批准了由联邦环境部提交的 2012—2014 年电动车促进计划,消费者在此期间购买电动汽车,即可享受 3 000～5 000 欧元/辆的环保补贴或税收优惠。2015 年起的促进措施待定。该计划出台的背景不仅在于欧盟对降低尾气排放设定了严格的时间表,同时来自德国汽车业在蓄电池领域面临亚洲厂商的强大竞争。2012—2014 年,德电动车销量将达 3 万辆,之后 5 年内每年增加 10 万辆,2019—2020 年每年增加 25 万辆,2020 年德国电动汽车保有量将达 100 万辆。

1.3.6 借鉴意义

德国在探索新能源及推广应用上值得大多数国家借鉴，从规划到立法，从政府到民众，从太阳能、风能、地热能到新能源汽车，全民参与的热情和决心令人佩服。政策法规的出台和实施在这场规模浩大的行动中不容忽视，德国强大的技术研发力量也为探索新能源提供了强有力的智力支撑，而如何把新型能源用在日常生活中，则更需要政府、企业及民众的全方位积极配合。

1.4 瑞典模式——可持续行动计划

可持续发展是瑞典政府内政外交的核心目标，其主要原则是当代人应为后代节约资源。为实现可持续发展，各级政府必须积极宣传和制定政策，每项决策都要平衡对经济、社会和环境的影响。瑞典是世界上最早实施可持续发展战略的国家之一，在解决环境问题时，瑞典不仅关注新能源开发利用，还会对人类社会对于环境的依赖行为进行研究，进而从国家经济状况、法律环境、社会环境出发，制订综合性的可持续发展方案。2004 年，瑞典政府制订了本国可持续发展规划。以下四大战略目标是该规划的重点：建设可持续发展社区、促进全民健康、应对人口挑战、推动经济可持续增长。该规划涵盖了可持续发展的立体三维——经济、社会和环境。瑞典实施可持续发展的成就主要体现在社会经济持续发展的情况下，污染物排放大幅度减少，环境质量优异，自然资源和生态保护良好，质量优异，以实现社会经济与资源环境的良性发展。

瑞典很多城市和地区都在积极制订社会可持续发展规划。这意味着城市建设和改造等工作都在以兼顾适宜型生态和环境的方式展开，比如斯德哥尔摩的汉马贝湖城，马克默的汉姆恩西区。汉马贝湖城是斯德哥尔摩多年来最大的城市建设项目。到 2017 年，该区将建成可容纳 2.5 万人的 1.1 万套公寓房。该区已计划采用生态循环系统，旨在创建生态和环境敏感型建筑与生活方式。为此，需要有巧妙的解决方案，包括：能源和自然资源的消耗下降到最低程度，尽可能使用可再生能源；在尽可能低的基层范围内完成生态系统的循环，如利用废热为住房供暖；使用环境或人体健康有害成分最少的建材；尽量不开车。为此要扩建公交系统，大力发展人行道和自行车道，开通连接斯德哥尔摩南城区的水上免费交通线。

马尔默的汉姆恩西区，该区拥有独立住房、联排住房和 600 套公寓房，还有办公楼、商店和其他服务设施。未来几年该区将继续发展，目标是在人口稠密的城区树立与环境和谐发展的典范：新区将全部使用可再生能源，而且是该区或邻近地区生产的能源。供暖所需热力大多由海洋或基岩层地下水转换而得，也有部分取自太阳能电池板。电力来自风能和太阳能电池。该区生活垃圾产生的生物气可用于住宅供暖，也可用作车辆燃料。应尽可能少用车，便捷的公交出行将引起人们兴趣，会很自然地成为居民的选择。承诺高标准建设人行道和自行车专用道网络，可鼓励居民步行或骑车。骑自行车者永远优先于机动车驾驶人。该区会欣然接纳各种生物，为此会划定各种自然栖息地，以利各类动植物物种生长繁衍。为了增加绿地面积，还将在屋顶和墙上培育植物。

瑞典马尔默，它不仅是瑞典第三大城市，也是世界闻名的低碳城市。马尔默是从工业城市成功转型为知识生态城市的典范。其中，该市的西港区，更是著名的"哈默比"，也就是生态城。这个城市的其中一个特点就是 100% 的能源是来自可再生能源，包括太阳能、风能，还有用垃圾来发电。20 世纪马尔默也是一个以工业为主的城市，然而，2001 年，马尔默政府对城市开始改造，进行了可持续发展的超前转型尝试。目前，该城市拥有低碳、环保、生态特点。马尔默拥有瑞典最大的光伏发电站，太阳能采集面积达 1 250 m²，峰值发电功率可达 166 kW，全国大部分的太阳能能源是在马尔默生产的。

瑞典的低碳实践从更宏观的角度——可持续发展来进行，关注经济、社会、环境的平衡，关注全人类的未来发展。通过制订一系列可持续发展规划来约束城市建设行为、企业经济行为、居民生活行为，并在生活细节上给出了很多很好的低碳生活施行方法，如生活垃圾产生的生物气可用于住宅供暖，也可用作车辆燃料；小区划定各种自然栖息地，以利各类动植物物种生长繁衍等，都值得我们借鉴。

1.5 日本模式——低碳社会行动计划

作为《京都议定书》的发起和倡导国，日本提出打造低碳社会的构想并制订相应的行动计划。受地理环境等自然条件制约，全球气候变化对日本的影响远大于世界其他发达国家。而对气候变暖可能给本国农业、渔业、环境和国民健康带来的不良影响，日本政府积极应对气候变化，主导创建低碳社会。日本提出"低碳社会"理念，认为没有"低碳社会"就无法发展"低碳经济"，"低碳社会"遵循的原则是：减少碳排放，提倡节俭精神，通过更简单的生活方式达到高质量的生活，从高消费社会向高质量社会转变，与大自然和谐生存，保持和维护自然环境成为人类社会的本质追求。

2004 年 4 月，日本环境省设立的全球环境研究基金成立了"面向 2050 年的日本低碳社会情景"研究计划。该研究计划由来自大学、研究机构、公司等部门的约 60 名研究人员组成，分为发展情景、长期目标、城市结构、信息通信技术、交通运输等 5 个研究团队，同时项目组还与日本国内相关大学、海外研究机构合作，共同研究日本 2050 年低碳社会发展的情景和路线图，提出在技术创新、制度变革和生活方式转变方面的具体对策。

2006 年 5 月，日本经济产业省编制了《新国家能源战略》，通过强有力的法律手段，全面推动各项节能减排措施的实施。提出从发展节能技术、降低石油依存度、实施能源消费多样化等 6 个方面推行新能源战略：发展太阳能、风能、燃料电池以及植物燃料等可再生能源，降低对石油的依赖；推进可再生能源发电等能源项目的国际合作。

2007 年 9 月以来，日本政府相关部门共召开了 12 次会议，在听取专家学者意见的基础上，整理出基本理念，公布了建设低碳社会的计划。日本中央环境审议会地球环境分会对建设低碳社会进行的讨论提出了以下 3 个基本理念：一是实现最低限度的碳排放，此关键在于构建一个社会体系，使得产业界、政府、国民等社会所有组成部门都认识到地球环境的不可替代性，树立走出大量生产、大量消费和大量废弃这种传统社会模式的意识，在做出抉择时，充分考虑到节能、低碳能源的利用和推进循环经济，以及提高资源利用效率等方式来实现最低限度的碳排放。二是实现富足而简朴的生活。即鼓励人们从一直以来以发达国家为中心形成的通过大量消费来寻求生活富足感的社会中挣脱出来。人们选择及追求简朴生活方式和丰富的精神世界的价值观变化必将带来社会体系的变革，使低碳型富裕社会得以实现。此外，生产部门也需要结合消费者的意向进行自我改革。

2008 年 5 月，日本内阁"综合科学技术会议"公布了"低碳技术计划"，提出了实现低碳社会的技术战略以及环境和能源技术创新的促进措施，内容涉及超燃烧系统技术、超时空能源利用技术、节能型信息生活空间创生技术、低碳型交通社会构建技术和新一代节能半导体元器件技术等五大重点技术领域的创新。日本政府还制定了"技术战略图"，根据"技术战略图"动员政府、产业界、学术界构成的国家创新系统调动国家和民间的资源，全方位立体地开展低碳技术的创新攻关。该计划实际上是日本实现低碳社会的技术战略。

2008年7月，日本政府根据提案内容的先进性和地区性等标准对多个参选城市进行了评定。这些"环境模范城市"将多项活动加快向低碳社会转型的步伐，包括削减垃圾数量、开展"绿色能源项目""零排放交通项目"等。这些城市大力发展风能、太阳能，推广环境可持续的交通体系，实施二氧化碳减排，以促进社会低碳化发展，建设低碳型城市。按照规定，入选城市中的居民主要消费当地产的食品，并且充分利用了当地的太阳能、风能、生物能、地热能等自然资源。通过推动节能住宅的普及、充分利用生物资源、完善轨道交通网络建立便捷的公共交通体系，尽可能减少人流和物流产生的碳排放。日本内阁会议还通过了"实现低碳社会行动计划"，明确阐述了日本实现低碳社会的目标以及为此所需要做出的各种努力。为落实"低碳社会行动计划"，2008年11月，日本政府设立了创建低碳社会的战略性研究机构"低碳研究推进中心"，经济产业省、文部科学省、国土交通省和环境省联合发布了《为扩大利用太阳能发电的行动计划》。

2010年3月，《日刊工业新闻》消息称，为尽早实现低碳社会，日本文部科学省正式启动研究开发与实践相结合的综合战略项目，即在本年度成立"低碳研究推进中心"。中心将开展以社会为基础的技术示范和战略性的社会实践研究，并使之成为日本建立低碳社会的智囊机构。建立可持续发展的低碳社会是日本政府的重要任务之一，历来放在国家战略的重要位置，为此，文部科学省认为，有必要对实施这一重要战略目标进行详细研究，并将研究开发与实践相结合，从而提出了战略性整合的构想。尽管政权更迭，文部科学省仍将按原政权的部署，成立以大臣本部长的"建立低碳社会研究开发战略本部"，以下再设"建立低碳社会研究开发战略推进委员会"，并在上述机构设专门负责提供建议的部门，以"绿色创新"为目标，不断开发有利于环境的新技术。

日本的低碳实践开始得比较早，作为《京都议定书》的发起和倡导国，日本提出打造低碳社会的构想并制订相应的行动计划，并在逐年推行。从成立研究计划到召开部门会议，专家讨论认证到理念提出，编制《新国家能源战略》、"低碳技术计划"，开展"绿色能源项目""零排放交通项目"等，从政策、理论、实践等方方面面践行低碳生活理念,尤其是设立专门的低碳社会研究开发战略的部门很值得中国政府借鉴。

1.6 美国模式——低碳城市行动计划

尽管美国拒绝加入《京都议定书》并履行温室气体减排义务,美国各界并未消极看待气候变化,也未放弃对低碳发展的探索。美国主张通过技术途径解决气候变化问题。2007 年 11 月,美国进步中心发布《抓住能源机遇,创建低碳经济》报告,承认美国已经丧失在环境和能源领域关键绿色技术优势,提出创建低碳经济的 10 步计划。2007 年 7 月 11 日,美国参议院提出了《低碳经济法案》,表明低碳经济的发展道路有望成为美国未来的重要战略选择。2009 年 1 月,奥巴马宣布了"美国复兴和再投资计划",以发展新能源作为投资重点,计划投入 1 500 亿美元,用 3 年时间使美国新能源产量增加 1 倍,到 2012 年,将新能源发电占总能源发电的比例提高到 10%;2025 年,将这一比例增至 25%。2009 年 2 月 15 日,美国正式出台了《美国复苏与再投资法案》,投资总额达到 7 870 亿美元,到 2012 年,保证美国人所用电能的 10%来自可再生能源发电。《美国复苏与再投资法案》将发展新能源为重要内容,包括发展高效电池、智能电网、碳捕获和封存、可再生能源如风能和太阳能等。在节能方面最主要的是汽车节能。此外,应对气候变暖,美国力求通过一系列节能环保措施大力发展低碳经济。

在金融危机带来重组以及奥巴马政府策略的影响下,低碳、减排已成为美国大部分州政府的重要发展战略之一。美国的低碳发展政策发源于地方各州,通过区域合作提升影响力,才能进入联邦政府提案,逐渐扩展到联邦范围。当前的低碳发展区域政策主要分为东北、西部、中西 3 个范围。东北各州的区域温室气体行动(RGGI)项目于 2009 年 1 月开始启动,约束的对象为发电能力超过 25MW 的发电企业,这些企业贡献了美国东北各州二氧化碳排放的 95%。项目分为两个阶段,阶段目标分别为:2009—2014 年保持排放量不变;2015—2018 年每年排放量减少 2.5%。该项目将根据每个州 2000—2002 年的排放水平,给各州分配排放配额。由加州政府牵头提出的西部气候行动(WCI)项目预计 2012 年开始实施,持续 3 年。该项目将对温室气体排放量大于 25 000 t(等量二氧化碳)的设施进行约束——这些设施贡献了 WCI 区域温室气体减排协议(MGGRA)也将上马,项目覆盖美国中部的大部分州和加拿大的曼尼托巴，主要针对大型工业设施和发电厂。项目目标是 2020 年排放量减少 2005 年的 15%～25%；2050 年减少 2005 年的 60%～80%。

西雅图是全美低碳城市的典范。美国是全世界温室气体排放量最大的国家，而西雅图是美国第一个达到《京都议定书》温室气体减排标准的城市。在减排目标的指引下，"保护气候，西雅图在行动"（Seattle Climate Action Now）和"西雅图气候合作伙伴计划"（Seattle Climate Partnership）两个项目被提上日程，以促进居民、企业和其他部门参与减排，从而全面应对气候变化，实现低碳发展。在气候合作项目的基础上，西雅图组织了一系列以实现低碳为目标的各个部门共同参与的气候行动。首先是公众参与。西雅图市进行公众教育，告诉市民为什么要采取环保措施和节能减排措施，每人具体可以做哪些事情，例如向市民发放节能灯替代白炽灯，把家庭的淋浴喷头换成流量较小的节水节能的型号，鼓励人们生活中的废物进行循环利用，减少废物的产生，同时实施一些包括罚款在内的处罚措施，同时也通过价格、税收等手段加以调节，实现日常生活的低碳化。其次，西雅图以较低的审计成本来计算家庭以及企业办公室的碳排放。通过家庭能源审计，西雅图市希望达到以下几个目标：创造一些新的就业岗位，让众多失业的年轻人通过培训可以从事审计工作；帮助家庭降低能源方面的支出；通过帮助家庭节约用电，关闭一些火电厂和燃油电厂。再次，阻止城市继续向外无限扩大，把重心重新放回中心城市建设，其工作主要集中在两个重点领域：改善建筑物的能源效率；改善公交系统的效率，控制公共交通的碳排放。最后，积极改善电力供应结构。西雅图电力公司大量利用融雪等水利设施进行发电，另外还在华盛顿州东部地区投资风电厂。这些措施都取得了显著的减排和经济效果，例如通过提高建筑排放标准，西雅图平均每年每座建筑减排二氧化碳 1 000 t，并且使该市的低碳可持续建筑密度跃居全美前列，逐步形成年收入达 6.7 亿美元的可持续建筑工业。

西雅图市编制了详细的温室气体排放清单，其温室气体排放清单提供了一张城市二氧化碳排放的快照，显示了不同部门的碳排放，包括发电、电力消费、天然气消费以及交通运输等。这可以帮助行动规划师决定优先考虑哪些排放部门，以及优先采取哪些行动。同时，西雅图市每 3 年都会聘请第三方机构来追踪减排进度，以展示这些减排行动在不同部门的效果，并揭示出碳排放的变化是由于城市的哪些行动或者来自不受城市控制的因素，如区域性因素或更大规模的经济趋势。例如，西雅图温室气体排放清单表明，西雅图市 60% 的温室气体排放来自交通运输活动。这促使市长、绿丝带委员会、市政府和市民通过了一项针对交通运输的 9 年征税和集资计划。该计划 25% 的金额，即 1.35 亿美元用于提高行人和自行车安全，建造可安全到达各学校的道路，并提高运输速度和可靠性。

西雅图在低碳城市建设中促进一些新兴产业的诞生和发展，非常具有建设性意义。首先，率先倡导绿色建筑，这为设计师、工程师、建筑工人等提供了大量就业机会。他们的专长、经验知识也可以与其他城市分享，从而给他们广阔的发展机会。其次，利用太阳能、地热、风能和潮汐能等可再生能源进行发电，替代以前的火电和燃油发电，这方面也可以创造很多的新的就业机会。最后，新材料、新技术的研发和应用也可以创造大量的就业机会。比如，波音公司正在研制一种生物燃料来替代航油，这样可以大大降低整个民航业的碳排放，同时研发这些新技术以及应用也可以创造更多的就业。

低碳发展需要城市间的协同合作。在经济全球化的背景下，任何结果的促成都有赖于各主体的协同合作，唯有如此才能在复杂的环境中找到解决问题的办法。应对气候变化，不同的城市都会有自己的优势和挑战，城市不同，解决方案也不一样。因此，不同城市间的合作需要一个强力的、共同的但有区别的责任框架下有序的开展。这就需要各城市政府以及社区领袖的领导力，也需要各城市为了达到一个共同目标所必需的包容力，更需要有为了当下、为了我们子孙后代福祉而不断努力的决断力。只有这样才能不断地推进城市低碳发展模式，为人类发展作出更大的贡献。

1.7 巴西模式——清洁能源与碳信用机制

巴西是世界上排放二氧化碳最多国家之一。1990 年排放量为 79 400 万 t，1994 年则增加到 103 000 万 t，2006 年为 114 100 万 t，在全球排名第 5。面对电力短缺的严峻形势和执行《京都议定书》规定的温室气体减排任务，巴西近年来加快发展清洁能源，节能减排，推进低碳经济的发展，并取得明显成效。

1.7.1 走在世界前列的地上植物 "石油"

巴西大规模鼓励发展和使用可再生能源。2005—2006 年可再生能源的生产能力增长了 717%。到 2008 年，巴西 9 万 MW 电力能力中增加了 3 300 MW 可再生电力项目。新增能力将包括风能、生物质能和小型水力发电。政府规划在 20 年内使上述 3 种可再生能源必须达到电力消费的 10%。

便宜又干净的乙醇、生物柴油等生物燃料被普遍认为是新型能源，在这一领域，巴西已经走在了世界的前列。1975 年，巴西开始实施国家乙醇计划。通过补贴、设置配额、统购燃料乙醇以及运用价格和行政干预等手段鼓励民众使用燃料乙醇。随着各国对乙醇燃料兴趣的日益高涨，巴西政府已经制订了乙醇燃料生产计划。根据这项计划，到 2013 年，巴西燃料乙醇的年产量将扩大到 350 亿 L，为目前年产量 170 亿 L 的两倍以上，其中大约 100 亿 L 将用于出口，成为世界最大的乙醇出口国。政府为甘蔗种植提供补贴，在大中城市强制加油站提供乙醇，并积极研发以乙醇为燃料的车辆发动机。由于巴西在生物燃料领域有着相当的发展，从甘蔗中提取的乙醇早就成为了一种被普遍应用的燃料。乙醇燃料以其废气排放低（其二氧化碳排放量比化石燃料低 90%）、价格低廉、原料丰富且可再生等优势，像一颗璀璨的明珠，深受巴西人的青睐。

纯乙醇燃料的动力仅为汽油的 3/4，但价格却比普通汽油低了 30%。在巴西，公交车、垃圾车等公共服务的车辆更是以乙醇作为燃料。到 21 世纪 90 年代初，巴西国内销售的车辆有 85% 都使用乙醇燃料。日系车商中，本田和丰田都已在巴西推出了这种汽车，三菱向巴西市场推出既能完全使用乙醇燃料，又能完全使用汽油，同时还可使用混合燃料的汽车。巴西的加油站一般均备有 4 个品种的汽油燃料供应，第一种是标准汽油，第二种是标准乙醇，第三种是掺添加剂的标准汽油（即在标准汽油中掺加一定比例的添加剂，以保持汽车油路系统清洁及减少废气排放），第四种是保险汽油。巴西法律强制性规定，所有品种的汽油中均须掺加一定比例的乙醇，目前掺加乙醇比例为 25%。因此，巴西全国的加油站几乎找不到纯正的汽油，消耗总量中乙醇汽油已占到 45% 以上，2008 年巴西的乙醇销量已经超过了汽油。而在里约热内卢的大街小巷，除了那些极为陈旧的老爷车，几乎看不到有汽车尾巴冒黑烟的情景。

巴西致力于研究用甘蔗来生产乙醇的先进技术。到 21 世纪初，生产成本也从每升 0.6 美元降至 0.2 美元。巴西国家石油公司按汽油价格的 2/3 来给常规乙醇定价并销售。

但是巴西生物燃料的发展模式也有一定的特殊性。首先便是大自然对巴西的青睐。巴西共拥有 8.5 亿 hm^2 的土地，其中 4.44 亿 hm^2 可用于农业生产。作为巴西生物燃料的主要原料，甘蔗和大豆的种植面积仅占其可耕用地的 5%。同时，由于气候条件的适宜，巴西在大部分地区都可推广种植甘蔗、大豆、油棕榈等作物。据统计，巴西每年的甘蔗播种面积达到 680 万 hm^2 左右。全国有 300 多家甘蔗加工厂，其乙醇在 2007 年的产量可能突破 170 亿 L，相当于 8 400 万桶石油，而其出口量也将接近 40 亿 L，成为世界上第二大乙醇燃料生产国和第一大出口国。

巴西发展蔗糖乙醇的经验表明，政府的支持是新能源发展成功的关键。巴西建立了一个由政府部门组成的执行委员会来监督可再生能源与能源效率方面的研发，其中包括科技部、矿产能源部和国家电力管理机构。这个研发计划的一个目标是增强巴西电力制造业的竞争能力。这个计划获得电力公司 1% 的净收入，2001 年总共为 2 760 万美元，2004 年为 4 130 万美元。

巴西另外一种重要的生物燃料则是生物柴油，主要以大豆油、棕榈油等为原料。1980 年，巴西一位大学教授注册了全世界第一项关于生物柴油的专利，但直到 2004 年，巴西政府才正式将发展生物柴油列入日程，同时还以法律的形式规定，生物柴油在普通柴油中的添加比例在 2007 年达到了 2%。

1.7.2　风电，巴西的又一个发展目标

乙醇计划首战告捷后，风电成为巴西的下一个目标。2003 年，巴西风电的总装机容量仅为 31 MW。巴西全国潜在风能资源约 250 MW，主要集中在东北地区、南部沿海及里约热内卢、圣保罗和贝洛奥里藏特 3 座主要城市的西北部。

巴西政府主要是通过新能源立法对可替代资源发电项目的鼓励计划，制定了管理风电场发展的政策，包括严格的国产化要求，规定固定电价合同，到 2006 年强制购买 3 300 MW 可再生能源电力，并在风电、生物质能和小水电方面进行细分。再生能源项目还有权使用优惠贷款。

从 2005 年 1 月开始，新能源立法要求风电场设备和服务总投资的 60% 必须在巴西国内采购，而只有能保证达到这些目标的公司才有资格参与投标。2007 年后将增加到 90%。根据上述的新能源法案，国家电力公司以一个极具竞争力的价格，与风电场签订 20 年的购电协议。新能源第一批项目于 2006 年 12 月并网。

1.7.3　抢救亚马孙森林

巴西绿色和平组织公共政策负责人说"巴西对遏制气候变化所能作出的最大贡献就是结束亚马孙地区的森林采伐。"2008 年 12 月，巴西宣布了今后 10 年将亚马孙地区森林采伐量减少 70% 的计划。这一计划将每年的采伐面积减少到 60 万 hm^2 以内，这相当于目前年采伐面积的一半左右。

该计划的提出表明巴西对减少全球二氧化碳排放的承诺。亚马孙地区的森林砍伐量已在 2 年内下降了 52%。截至 2018 年的 10 年中，亚马孙地区减少的森林采伐量将会减少二氧化碳排放 48 亿 t。这一数字超过所有发达国家规定的减排量。

1.7.4　碳信用额机制点石成金

巴西有很大的潜力发展 CDM 项目，目前已经通过了 102 个清洁发展机制项目，还有 58 个项目正在审批中。这些项目总共可以减少 1.89 亿 t 二氧化碳的排放，占巴西 1994 年排放量的 18%。1/3 的 CDM 项目与生物质发电有关，其他的 CDM 项目包括从垃圾填埋场收集燃气、小型水电站以及养猪废料的利用。

随着"碳信用额"机制引起各工业化国家公司的浓厚兴趣，旨在减少温室气体排放的项目在巴西遍地开花。虽然在气候变暖《京都议定书》的框架下，巴西无须减少其温室气体的排放，但就这些方面的投资总额而言，巴西排在墨西哥和中国之前、印度之后，在发展中国家里排名第二。

在发展中国家中，巴西是第一个提出并建立碳交易（碳信用额市场）的国家。巴西的碳交易市场于 2005 年启动；巴西股票交易市场的官员希望，碳交易 2007 年初进行首次拍卖。2008 年 7 月，为支持把 REDD 纳入后气候体制的国际对话，建立了 UN-REDD 项目。这是联合国环境规划署（UNEP）、联合国发展规划署（UNDP）以及联合国粮农组织（FAO）的一个联合项目。2008 年 8 月，巴西建立了一个国际基金，为亚马孙地区减少森林砍伐提供资助，它着眼于到 2021 年筹措至多 210 亿美元的资金。第一笔 1 亿美元的承诺资金来自挪威。巴西的亚马孙可持续基金会（FAS）的森林锁碳项目是与亚马孙当地社区一起开发的，它评估土著居民在保护森林方面的作用，并为此提供补偿。根据 FAS，森林锁碳项目已经向将近 5 000 个家庭提供了每月的奖励。FAS 还帮助管理祖马（Juma）保护区——这是由亚马孙州政府于 2006 年建立的，它包括了近 60 万 hm² 的亚马孙森林的一个 RED 项目，在这个项目中，用于森林砍伐监测和控制的资金将通过出售碳信用额获得。Juma 项目有望阻止超过 36 万 hm² 的热带森林被砍伐，并阻止了相应的 2 亿多吨二氧化碳的排放。

1.7.5　借鉴经验

巴西的减碳计划在很多领域都走在了世界前列，且具有创新性。善于利用国家机构进行新计划的实施和推广是巴西成功的关键，如巴西建立了一个由政府部门组成的执行委员会来监督可再生能源与能源效率方面的研发。另外，碳信用机制的建立也为低碳生活的践行提供了很好的约束管理环境。在发展中国家中，巴西是第一个提出并建立碳交易（碳信用额市场）的国家，这种先行先试的胆识值得很多发展中国家学习。最后，拯救亚马孙计划作为巴西的一个特色，让更多国家和地区反思，在低碳实践中除了可以借鉴的普适经验外，还需关注具有地域特色的特殊道路。

1.8　国外低碳生活建设的主要经验

1.8.1　政府主导，确立目标

发达国家在低碳社会建设上显示出政府主导的国家行为，目标明确。英国是低碳经济的倡导者和先行者，已形成了清晰的低碳战略。早在 2003 年，英国政府就发表《能源白皮书》，计划到 2010 年二氧化碳排放量在 1990 年水平上减少 20%，到 2050 年减少 60%。2009 年 7 月，英国发布了《英国低碳转换计划》，该计划细述了英国如何实现在《气候变化法案》中列出的国内气候目标，即到 2020 年温室气体的排放在 1990 年的基础上减少至少 34%，目前已经减少了 21%。英国能源、商业和交通等部门还在当天分别公布了一系列配套方案，包括《英国可再生能源战略》《英国低碳工业战略》和《低碳交通战略》等。日本近年来不断出台重大政策，2004 年，日本发起的"面向 2050 年的日本低碳社会情景"研究计划，其目标是为

2050 年实现低碳社会目标而提出的具体对策。2008 年 5 月，日本发布了《面向低碳社会的十二大行动》。2009 年 4 月，日本又公布了《绿色经济与社会变革》的政策草案，目的是通过减排强化低碳经济。韩国于 2009 年 9 月出台了《低碳绿色增长战略》，明确了韩国未来经济发展方向。其目标是到 2030 年，韩国经济的能源强度要比目前降低 46%。2009 年 1 月，新年的第一次国务会议上通过了政府提出的"绿色工程"计划，其目标有 3 个：创造就业岗位、扩大未来增长动力和基本确立低碳增长战略。澳大利亚于 2008 年发布了《减少碳排放计划》政策绿皮书，提出了减碳计划的三大目标：减少温室气体排放，立即采取措施应对气候变化，推动全球实施减排措施。澳大利亚的减排目标是 2050 年达到 2000 年气体排放的 40%。欧盟是低碳经济发展的倡导者，2008 年，欧盟制定了应对能源与气候变化的"一揽子"政策，包括《欧盟碳交易机制修改指令》《碳捕获与封存（CCS）指令》《促进可再生能源利用指令》和《关于为实现欧盟 2020 年减排目标，各成员国减排任务分解的决议》等。欧盟为自己确定的目标是：到 2020 年减少 20%，到 2050 年减少 60%~80%的温室气体排放量。

1.8.2 政策推进，法律保障

积极构建政策法律体系，引导和规范低碳社会建设。2007 年 6 月英国出台的《气候变化法案》，使其成为世界上第一个对碳排放立法的国家。2007 年出台的英国建筑能源法规，要求英国 2013 年以后所有公共支出的项目、住房必须达到零能耗，即第六级标准，任何私人的建筑都必须在 2020 年后达到零能耗。2009 年 4 月，英国又成为世界上第一个立法约束"碳预算"的国家。德国是欧洲国家中法律框架最完善的国家之一。2004 年德国政府出台了《国家可持续发展战略报告》，其中专门制定了"燃料战略——替代燃料和创新驱动方式"。德国的《废弃物处理法》最早制定于 1972 年，1986 年修改为《废弃物限制及废弃物处理法》。1996 年德国提出了新的《循环经济与废弃物管理法》，2002 年出台了《节省能源法案》，建立了系统的法律体系。2008 年 12 月，欧盟批准了能源气候的"一揽子"计划，包括欧盟排放权交易机制修正案、欧盟成员国配套措施任务分配的决定、碳捕获和封存的法律框架、可再生能源指令、汽车二氧化碳排放法规和燃料质量指令等 6 项内容。其亮点是其承诺的"3 个 20%"：到 2020 年将温室气体排放量在 1990 年基础上减少至少 20%，将可再生清洁能源占总能源消耗的比例提高到 20%，将煤、石油、天然气等化石能源消费量减少 20%。美国虽未签署《京都议定书》，但也很重视推动低碳模式的法规建设，2005 年 8 月通过的《能源政策法》，2007 年 7 月美国参议院提出了《低碳经济法案》，2009 年 6 月美国众议院通过了《美国清洁能源安全法案》。作为世界上最大的能源消耗和污染物排放国，美国早在 1976 年就制定了《固体废弃物处置法》，后又经过多次修改。其法律法规对能源消耗和污染标准规定限制严格，任何企业如有违规，处罚十分严厉。2010 年 4 月，韩国政府公布了《低碳绿色增长基本法》，主要内容是在 2020 年以前，把温室气体排放量减少到温室气体排放预计量的 30%。

1.8.3 科技支撑，技术创新

科技创新是促进低碳社会建设的重要保证。发达国家的低碳政策多把重点放在改造传统高碳产业，加强低碳技术研发创新上，但又各有侧重点。总体来看欧盟领先，日本次之。低碳技术的研发中，欧盟的目标是追求国际领先地位，开发出廉价、清洁、高效和低排放的世界级能源技术。2007 年，欧盟委员会通过了欧盟战略能源技术计划，其目的在于促进新的低碳技术研究与开发，以达成欧盟确定的气候变化目标。其成员国依靠政策引导，开发出了一系列的新工艺和新技术，通过不断改造工业制造业高耗能设备，以及更多地采用供热、供气和发电相结合的方式，提高了热量回收利用效率。为推动低碳经济，日本每年都投入巨资致力于低碳技术。根据日本政府 2008 年 9 月发布的数字，在科学技术相关预算中，仅单独立项的环境能源技术的开发费用就达近 100 亿日元，其中创新型太阳能发电技术的预算为 35 亿日元，并采取有效措施吸纳私人投资。这些措施使日本在许多能源和环境技术方面走在了世界前列。按照韩国的规划，到 2012 年，韩国研发支出占 GDP 的比例要从 2006 年的 3.23%增至 5%。英、德两国将发展低碳发电站技术作为减少二氧化碳排放的关键。德国还实施了气候保护高技术战略，先后出台了 5 期能源研究计划，以能源效率和可再生能源为重点，为"高技术战略"提供资金支持。2007 年，德国联邦教育与研究部又在"高技术战略"框架下制订了气候保护技术战略。美国是世界上低碳经济研发投入最多的国家，成立了专门的国家级有关低碳经济研究机构，从国家层面上统一组织协调低碳技术研发和产业化推进工作。2009 年 2

月，联邦政府向国会提交的 2010 年年度预算中，仅对清洁燃煤技术的研究就提供了 150 亿美元的拨款，并计划在 2012 年建成世界上第一个零排放发电厂。美国还不遗余力发展清洁煤，在《清洁空气法》《能源政策法》的基础上提出了清洁煤计划。

1.8.4 经济杠杆，财税调控

一些发达国家充分运用经济手段推进低碳经济，已形成了较完善的低碳经济税收体系。①气候变化税。英国在全球率先推出了气候变化税的税种，并从 2001 年 4 月 1 日开始征收。气候变化税实际上是一种能源使用税，根据使用的煤炭、天然气和电能的数量来计税。如使用生物能源、清洁能源和可再生能源均可减免一定额度的税收。②碳税。开征碳税被发达国家认为是富有成效的政策手段。低碳能源的税负要低于高碳能源的税负。近几年，英国、美国、日本、德国、丹麦、挪威、瑞典等发达国家对燃烧产生的二氧化碳的化石燃料开征国家碳税，如英国对与政府签署自愿气候变化协议的企业，如果企业达到协议规定的能效或减排就可以减免 80% 的碳税。③财政补贴。一些国家把财政补贴作为促进低碳经济发展的一项重要经济手段。英国对可再生能源的使用采取了一系列财政补贴措施。如英国的电力供应者被强制要求提供一定比例的可再生能源（由 2005—2006 年的 5.5%提高到 2015—2016 年的 15.4%）。与此相应，英国政府对电力供应者提供了一定补贴。丹麦对绿色用电和近海风电的定价优惠，对生物质能发电采取财政补贴激励。加拿大自 2007 年起对环保汽车购买者提供 1 000～2 000 加元的用户补贴，鼓励本国消费者购买节能型汽车，减少二氧化碳排放。④税收优惠。以税收优惠的方式，鼓励纳税人从事有利于环境保护的经营行为税收优惠政策，主要包括所得税、增值税和消费税的减免以及加速折旧等。美国政府规定可再生能源相关设备费用的 20%～30%可以用来抵税，可再生能源相关企业和个人还可享受 10%～40%额度不等的减税额度。欧盟及英国、丹麦等成员国规定对可再生能源不征收任何能源税，对个人投资的风电项目则免征所得税等。日本规定企业购置制定的节能设备，可按设备购置费的 7%从应缴所得税中扣除，以应缴所得税的 20%为限，并还可在普通折旧的基础上，按购置费的 30%提取特别折旧。荷兰对建筑物的保温隔热高能效生产设备、余热利用设备等均可享受 10%的税收优惠。⑤污染税。通过对各类污染排放采取直接征收税款的方式来直接限制各类污染排放。丹麦于 1992 年对家庭用能的二氧化碳排放征收二氧化碳税；对工业和商业用天然气征税；1996 年开始对使用含硫的木材秸秆和废物的企业征收二氧化硫税。荷兰分别于 1969 年和 1995 年开征了地表水污染税和地下水税，污染全国性水系的缴中央税，污染非全国性水系的缴地方税；并于 1990 年对所有能源征收二氧化碳税。荷兰也是较早开征垃圾税的国家之一。美国对各类包装和材料征税，对特定的新闻制品和饮料的征税，以及对生产商、批发商、零售商的税收。另外，各国对白色污染方面也制定了一系列税收政策，如丹麦对镍和镉充电电池、塑料和纸餐具等征税，加拿大对每销售一条新轮胎征收 3 加元的环境税等。

1.8.5　公众参与，低碳生活

低碳生活是指通过转变消费理念和行为方式，在保证生活质量不断提高的前提下，减少二氧化碳等温室气体排放的生活理念和生活方式。英国运用多种手段引导人们向低碳生活方式转变，有效地利用当前的电视、广播、报纸、互联网以及其他媒体，并将低碳经济的有关知识引入教科书，从学校的孩子们入手，引导广大公众的参与，已初步形成了以市场为基础，以政府为主导，以全体企业、公共部门和居民为主体的互动体系。要求所有新盖房屋在 2016 年达到碳的零排放，新建房屋中至少有 1/3 要有碳足迹减少计划，不使用一次性塑料袋等。芬兰的低碳没有标语口号，而是实际的节能行动。如电梯门全部手动，洗手间没有抽取式的擦手纸，用泥炭（一种变质程度不高的煤）发电，用木头做燃料等。瑞典将环保真正地落实到了现实生活的细处，贯彻落实了低碳经济。澳大利亚政府全方位建设一个低碳经济环境。政府对家庭购买太阳能系统的均给予资金奖励，以实现家庭节能减碳。城市是温室气体的主要排放源，日本政府选择不同类型的横滨等 6 个城市，作为低碳试点市。

国内低碳生活实践案例分析

2.1　厦门模式——公共领域的低碳之路

厦门位于中国东南部，属闽南地区，北部与泉州市，南部与漳州市接壤，与宝岛台湾和澎湖列岛隔海相望，是我国海峡西岸经济区的重要中心城市。厦门市是我国较早实行改革开放的经济特区，是两岸区域性金融服务中心，东南国际航运中心，大陆对台贸易中心（两岸新兴产业和现代服务业合作示范区）。

厦门市能源和土地等资源十分稀缺，99%以上的能源从外地调入。厦门市人均水资源占有量仅 547 m³，约为全国人均的 25.44%。人均耕地面积 0.009 8 hm²，远低于全国人均 0.098 hm² 的水平。高碳排放也越来越制约厦门经济发展。发展低碳经济，势在必行。

2.1.1　规划先行

作为海峡西岸经济特区，厦门市是较早进行低碳规划编制的城市之一。2009年年底，厦门市率先在全国出台了《厦门低碳城市总体规划纲要》（以下简称《纲要》），其"低碳城市"也写进了厦门市的《政府工作报告》。作为低碳规划的先行者，厦门市在《纲要》中提出，到 2020 年，厦门 GDP 总量是 2005 年的 7.14 倍，单位能耗只是 2005 年的 60%，二氧化碳的排放总量要控制在 6 864 万 t，在 GDP 大幅增长的前提下降低单位能耗和控制排放总量双管齐下。《纲要》尝试了减排指标在行业内的分解，并确定了 3 个重点的低碳领域（建筑、交通和工业），对于各个领域的排放指标进行了分解，其中建筑领域区分为居住建筑和公共建筑。2010 年 5 月 28 日，由厦门市建设与管理局编制出台的《厦门低碳城市建设》，特别对厦门市构建低碳交通体系进行了专项规划和建议。2011 年 3 月，国家通过了《厦门市低碳城市试点工作实施方案》（以下简称《方案》）。《方案》从城市建设、居民生活、对台交流与合作、产业结构、能源结构、试点工程和体制机制创新几个方面确定了低碳发展目标和行动纲领。此外，厦门市先后出台了《关于发展循环经济的决定》（2005 年）、《厦门市发展循环经济建设节约型城市的工作意见》（2005 年）、《厦门市固定资产投资项目节能评估和审查暂行办法》（2008 年）、《厦门市节约能源条例》（2008 年）等一系列政策法规，从制度层面上规范政府、企业、公众的行为，为低碳城市转型提供了制度环境。

2.1.2 公共领域的低碳化发展

（1）低碳建筑领域。厦门在全国率先确定了各类建筑物的基准能耗值，为建筑物开出了"低碳体检单"，建筑物排碳是否达到"健康"标准，将有据可依。而以节能改造为核心的建筑节能服务与管理，也将形成一条新兴的产业链。厦门市提供的几类建筑的"低碳体检单"中，商场建筑的单位面积能耗最高。而在分项能耗上，商场建筑的空调系统，非政府办公建筑的照明插座系统，宾馆、饭店建筑的动力设备系统用能最大。

（2）低碳交通领域。近年来，随着汽车保有量尤其是私家车数量的攀升，厦门市交通运输领域碳的排放量不断增加。为此，厦门着重从 3 种途径来推广低碳交通：①大力发展公共交通，完善公交线路布局，建设 BRT 快速公交系统，减少小汽车的出行量；②推广使用天然气公交车及出租车，减少汽车尾气碳的排放量，2010 年投入 300 辆天然气公交车，使用清洁能源的公交车达 50%，天然气出租车约为 20%；③推进步行区建设，禁止商业密集区车辆通行，有效减少了车辆拥堵产生的二氧化碳。

2010 年，厦门市出台了《厦门低碳城市建设》，对厦门市构建低碳交通体系进行了规划和设计：根据远期规划，以后厦门岛内居民出岛、岛外居民进岛，都将以轨道交通作为主要出行方式。由于轨道交通体系存在建设与运营成本高、建设周期长、初期客流不足等缺点，所以厦门决定近期先建设部分快速公交线路，并与规划中的轨道系统衔接。除此之外，该规划还从出行方式和道路的管理方面提出了不少建议：在市内将自行车的出行比例提高 15%～20%，这样既方便了市民自行车出行，同时也达到了低碳出行的目的；大力发展和改善提升城市步行系统，鼓励市民步行出行，同时辅以水上巴士等出行方式；加强管理，开展道路拥挤区段的收费研究，减少道路在时间和空间上的拥挤状况，既有效提高现有道路的利用效率，又能促使更多的市民选择公交出行。

厦门快速公交系统

厦门快速公交系统（Bus Rapid Transit，BRT）是目前国内快速公交系统建设中级别最高的公共交通项目，创下了多个全国首创纪录：全国首创多形式组合、全国首创采取高架桥模式、全国首创一次成网。厦门快速公交最大的特色是在岛内闹市区建设高架桥，岛外新开发地段则规划设置专用道，这样就保证了快速公交拥有全程封闭的专有路权，克服了城市公交最难解决的与其他车辆及行人相互干扰的弊端。由于一次性开通 3 条快速公交，优化公交线路，增设链接线，厦门快速公交是国内第一个一次成网的 BRT 系统。

厦门快速公交系统以方便城市居民和环保低碳为出发点，在发展建设中遵循如下原则：①与厦门市用地布局相协调，促进城市发展。结合厦门市城市发展 规划和用地布局原则，在厦门市主城区形成以地铁、轨道交通和 BRT 为骨干，以普通公交为基础的城市公交系统网络。同时通过提高公交服务水平，为城市的土地利用开发提供必要的保证，并进一步促进城市按照规划格局顺利发展。②兼顾、利用现有线路，综合协调新老公交线路以及轨道线路间的关系。充分体现快速公交的大容量、速度快的优势，在道路条件允许的主要公交走廊尽可能开辟快速公交线路。同时要注意现有公交线路的调整。充分考虑地铁、轻轨规划的线路，对轨道交通没有覆盖的区域进行必要的补充，并做好快速公交线路与常规公交线路、规划地铁、规划轻轨的衔接，方便居民换乘，体现和贯彻以人为本的思想。

（3）节能节水领域。与大多数人口稠密的沿海港口城市一样，厦门的淡水资源相对匮乏，城市日常用水将近 80%取自市区外的九龙江，用水紧缺成为困扰厦门经济社会发展的一大难题。厦门市在高度重视城市供水工作的同时，采取多种举措加强城市节水工作：①严格执行城市节水"三同时"（节水"三同时"指节水设施与主体工程同时设计、同时施工、同时投入使用）的规定；②改进和规范城市计划用水管理；③强制推广应用节水型生活用水器具；④在计划用水单位强制开展水平衡测试；⑤强化环保监测，促进工业用水的循环再利用；⑥利用海水交换工程，以海水作为淡水资源的有效补充，缓解淡水资源的紧张。通过一系列措施，大大提高了城市用水的效率和效益。2009 年厦门市在全国评比中被住建部授予第四批"全国节水型城市"。

2.1.3 厦门低碳模式的发展启示

发展低碳经济必须出台"一揽子"政策文件，以有效支撑低碳经济发展。在这方面，厦门市走在了其他城市的前列。厦门市针对自身资源禀赋，因地制宜地制定低碳发展政策。厦门市淡水资源和土地资源相对缺乏，因此在公共领域必须实行低碳化。厦门市认真组织调研，重点在低碳建筑、低碳交通、节能节水方面下工夫，大大提高了城市用水用地的效率和效益，也为厦门市更好地发展低碳经济和建设低碳城市提供了良好条件。

2.2 保定模式——清洁能源的实践和变革

保定市位于太行山北部东麓，河北省中西部，北靠北京市，东邻廊坊市和天津市，与北京、天津构成黄金三角带。年平均气温 12℃，年降水量 550 mm，属温带季风性气候，冬季寒冷有雪，夏季炎热干燥，春季多风沙，素称"京畿首善之地"。该市下辖 3 区、4 市、18 县，总人口数为 1 119.44 万，主城区人口近 240 万人，总面积 2.21 万 km²。近年来，依托京津唐城市群的带动效应，区位优势明显。作为内地首批世界自然基金会项目"中国低碳城市发展项目"的两个试点城市之一，保定市在低碳经济理念和行动方面走在了前列。

2008 年保定市出台了《保定市低碳城市发展规划纲要（2008—2020 年）》。该

《纲要》提出保定市发展的战略定位是走上一条城市经济以低碳产业为主导、市民生活以低碳为理念和特征、各部门以加强低碳管理为重要内容、政府以低碳环保社会的建设为目标的切合实际的可持续发展之路。其战略目标是降低二氧化碳的排放强度，调整产业结构，提升新能源产业占工业总值的比重。到 2020 年，全市万元 GDP 二氧化碳的排放量要比 2010 年下降 35%；新能源环保产业占规模以上工业总价值比重 25%。

保定市"低碳城市"建设重点

"中国电谷"建设工程　将用 10 年左右的时间，建设太阳能光伏发电、风电、高效节电、新型储能、电力电子器件、输变电和电力自动化等产业园区，建成国际化新能源及能源设备制造基地。

"太阳能之城"建设工程　力争用 3 年左右时间在市区建筑、交通、工业生产、能源供应等多个领域基本实现太阳能综合利用。

城市生态环境建设工程　力争用 3 年时间，全面取缔市区建成区内分散的燃煤锅炉，加快实施城市区域集中供热，并逐步实现向卫星城集中供热。加快城市水系建设，对护城河和防洪堤进行开发改造；实施"绿荫行动"，到 2015 年，人均绿地面积达到 13.5 m^2，绿地率达到 40%，绿化覆盖率达到 43%。

办公大楼低碳运行示范工程　加快对各级政府办公大楼低碳化运行改造，更换节能灯、安装太阳能照明系统、推广电子政务、控制夜间照明、控制空调使用，建立办公大楼能源需求与使用管理系统。

低碳化社区示范工程　开展低碳社区的方案设计和试点，在 2015 年前，低碳化社区建设力争达到已有社区的 50% 以上。

低碳化城市交通体系整合工程　在城市规划上，合理配置主城区和卫星城内部的城市就业、居住、公共服务和商业设施，减少不必要的交通需求。同时，加快都市区各组团之间快捷公共交通网络建设。到 2015 年，建立快速公交系统，建成市区内部及市区与卫星城之间快捷的公共交通网络。控制高耗油、高污染机动车发展，鼓励使用节能环保型车辆和新能源汽车、电动汽车。

目前，保定·中国电谷在太阳能、风能及输变电、蓄能设备制造等方面取得长足进步，拥有骨干企业 170 多家。保定·中国电谷是国内最大的太阳能光伏设备生产基地，拥有我国首个光伏检测平台项目。保定正在构建完整的风电产业链条，保定·中国电谷拥有涵盖风电叶片、整机、控制等关键设备自主研发、制造、检测的企业近 50 家。在风电叶片制造方面，中航惠腾风电设备有限公司拥有自主知识产权。在输变电设备制造上，保定有天威集团等具有完整自主知识产权、完整产业链的输变电制造基地。在储能设备产业上，保定的风帆集团是中国铅酸蓄电池行业中规模最大、技术实力最强、市场占有率最高的企业。

保定在低碳城市建设中有两点值得借鉴：①明确区域特色，逐步打造城市低碳品牌。保定市在发展低碳经济进程中，利用自身能源产业的优势，着力发展电力能源与装备产业，将城市逐步打造成为"中国电谷"，对其他地区如何结合区域特色，打造属于自己城市的低碳品牌具有重要的借鉴价值。②明确发展重点，着力推广清洁能源。近年来，保定市通过积极推进太阳能光伏发电、风力发电、生物质发电、垃圾发电工程建设等来逐步提升光电、风电、生物能等清洁能源在能源消费中的比重。

2.3 深圳模式——规划先行的导向作用

深圳市位于广东省中南沿海地区，珠江入海口之东偏北，东临大鹏湾，西连珠江口，南邻香港特别行政区，与九龙岛接壤。属亚热带季风性气候，年均气温 22.5℃，风清宜人，降水丰富。全市陆地面积 1 953 km^2，2010 年末常住人口为 1 035.79 万人。2011 年深圳的 GDP 位列全国第四，人均 GDP 为 1.8 万美元。是中国第一经济特区，高新技术产业基地、全国性的金融中心、现代化的国际性城市，在我国经济中占有举足轻重的地位。

根据《深圳市低碳发展中长期规划（2011—2020 年）》，深圳市建设低碳城市的基本思路是以科学发展观为指导，统筹经济社会发展和生态环境建设，以全面协调可持续发展为目标，以优化结构、节约能源、提高能效、增加碳汇、控制温室气体排放为重点，倡导低碳绿色的生产、生活和消费模式，把深圳建设成为我国的低碳发展的先行区和绿色发展示范区。

（1）完善相关的法律法规，促进低碳城市建设。在已经颁布实施的促进循环经济和节能减排的政策法规基础上，制定出台了《深圳经济特区循环经济促进条例》《深圳经济特区建筑节能条例》；编制发布了《深圳市节能中长期规划》《深圳生态市建设规划》；印发实施了《深圳市节能减排综合性实施方案》《深圳市单位 GDP 能耗考核体系实施方案》等与国家《节约能源法》《可再生能源法》等相配套的地方性规章制度。在产业的宏观引导上鼓励有利于低碳发展的相关行业和限制高能耗产业；在财政上重点支持低碳技术、低碳产业的创新和发展；在财税方面也向低碳产业适当倾斜，对低碳发展进行财政补助、贷款贴息等政策支持；在融资渠道方面开发了多种形式的低碳金融产品，搭建起了融资平台，引导金融机构、民间资本和社会资金参与低碳城市的建设。

（2）创新体制机制，鼓励技术创新。在碳排放的体制机制上，充分利用深圳市场相对发达的优势，积极探索建立碳排放交易机制，将碳排放的环境成本内化为相关行业的经济成本，以此来促进相关行业领域的低碳化，调节产业结构、转变相应的经济增长方式。在国民经济统计指标中加强碳排放的统计工作，充分发挥价格的杠杆作用，建立科学合理的水价、电价机制。建立多层次多渠道的低碳合作机制，通过加强与国际、深港与珠三角区域的合作，充分发挥深圳的辐射带动作用，研发和引进先进低碳技术，促进低碳产业发展。

（3）促进低碳相关产业的发展，改变市民消费理念。大力发展新能源、互联网、生物、新材料、文化、节能服务等低碳型新兴产业，同时继续巩固高新技术产业的优势地位，提升传统的制造业的技术和数字化水平，推动现代金融、物流、网络信息等产业发展，构建以高新技术产业和现代服务业为主的低碳产业结构。对于传统的建筑、交通、装备制造等产业加大技术创新和投入，提高准入门槛，开展清洁生产和产品碳标志认证工作，促进传统产业的升级改造和低碳化。充分调动社会各领域的力量，加大低碳宣传力度，对居民普及低碳知识和理念，引导和鼓励居民绿色消费，形成可持续的绿色生活模式。

（4）优化城市空间布局，降低基础设施和公共设施能耗。将低碳发展理念融入土地利用规划、城市规划实施和管理的各个环节，促进土地利用、城市空间、产业布局向更加合理、集约的方向发展。在土地利用方面，严格按照"产业集群化，用地节约化"的要求控制新增建设用地规模，加大土地的整备力度，使土地利用的综合效益最大化。在城市规划方面，构建多中心，紧凑型空间结构，合理的规划各功能分区，推动产业园区的空间聚集。继续优化能源结构，积极引进天然气资源，推进太阳能应用，开发生物能源等，提高清洁能源利用比重。努力提高工业能效水平，提高电力、建材、设备制造、交通、建筑等领域的单位能效值，切实推进各行业各部门的绿色低碳化。

（5）优化能源利用结构，积极应用清洁能源。深圳市积极完善太阳能相关产业的研发、生产和销售各环节，目前已成为世界太阳能光电产品的主要聚集地。在太阳能利用方面，深圳也取得了阶段性成果，如在城市中运用了幕墙发电系统、太阳能光伏发电系统、规模化的太阳能水热系统等；在生物能利用方面，深圳利用城市垃圾发电，在解决部分生活垃圾的同时也带来了相对清洁的能源。此外，深圳市通过在 LNG、核能、水电、太阳能和生物质能方面发力，进一步优化了能源结构。2008 年，以核能、太阳能、生物质能为代表的新能源装机容量占全市总装机容量的 38%。

（6）深圳模式的低碳发展启示。①必须制定和完善相关的法律法规。低碳发展进程中，法律法规支撑是保障。必须通过颁布和实施促进低碳经济发展的各项法律法规和方针政策，把低碳纳入规范化、法制化的轨道，才能保障低碳经济的健康、快速发展。②必须充分发挥市场基础性调节作用。深圳的低碳发展实践表明，低碳社会的发展必须在相关法律法规健全的基础上依赖于市场机制的调节作用。通过碳配额、碳交易等市场机制，将以往的隐性环境成本显化为企业的生产成本，最终促进全社会低碳的发展。③优先发展高科技产业和高端服务业。深圳低碳发展实践也表明，充分发挥区域高新技术产业基地优势，促进高技术、低能耗产业的发展，努力发展与城市功能定位相配套的高端服务业，有利于区域低碳转型以及低碳生活的发展。④充分挖掘自身潜力，优化能源产业结构。深圳在低碳转型发展的过程中，依据自身的特点，因地制宜，充分发挥自身的地域优势、人才优势、科技优势，在推进城市清洁能源的开发和使用的过程中，促进了相关企业增收，解决了发展过程中遗留的环境问题。

2.4 南昌模式——产业转型升级的样本

南昌市位于中国中部地区，东临以上海为中心的长江三角洲，南接以广州为中心的珠江三角洲，东南毗邻闽中南三角，是全国唯一一个同时紧邻三大经济圈的省会城市。南昌市共辖 4 县 5 区，2 个国家级开发区（南昌高新技术产业开发区、南昌经济技术开发区），1 个新区（红谷滩新区）。南昌市是一座风光旖旎的滨江城市，生态基础良好，其水域面积约占全市总面积的 30%；林地面积 13.2 万 hm^2，森林覆盖率为 16.05%，活立木蓄积量 220 万 m^3，野生动植物品种繁多。南昌市是江西省第一大城市，也是江西省最大的工业化城市，是鄱阳湖生态经济区建设的中心城市。改革开放后工业飞速发展，GDP 占全省的 1/4。

为强化低碳经济发展效果，南昌市在注重规划对低碳经济发展引领作用的同时，专门设立了低碳经济发展的决策协调机构，并专门出台了低碳经济发展的考核评估体系。①成立低碳经济发展工作领导小组。2010 年 3 月，南昌市正式成立了高规格低碳城市试点工作领导小组，办公室设在发改委。市长为组长，分管副市长为副组长，发改、财政、规划、经贸、商贸、环保、林业、农业、园林、科技、建设等部门的负责人为成员。该小组负责统筹、协调和推进全市的低碳发展和示范试点工作，解决在工作中遇到的问题。②设立差异化的低碳经济考核评估体系。南昌市已经率先执行了绿色考核体系。获批 5 省 8 市低碳试点省区以来，南昌市根据所属县区的不同特点，又实施了差异化考核，主要内容包括：在发展过程中，时刻绷紧低碳这根弦，设置 3 条红线：不做大量消耗资源能源的项目、不做严重污染环境的项目、不做严重危害安全和群众健康的项目；市政府将生态环境建设的成效纳入有关对县区和开发区的综合评价体系，对生态环境的考核实行"一票否决"。

在南昌市经济结构中，第二产业仍占主导地位，形成了以汽车、制药、冶金、食品、机电、航空、家电、纺织服装、化工等以传统工业为主的比较完整的工业体系。近年来，以光伏、电子信息、生物工程、新材料等为代表的新兴高新技术产业迅速崛起，这些将在南昌市低碳转型中发挥重要的作用。

南昌将优先发展太阳能光伏、绿色照明、服务外包、文化旅游等四大低碳优势产业，重点发展新能源汽车、现代物流业、航空制造、新能源设备、生物与新医药、新材料等六大低碳新兴产业。同时，降低黑色金属冶炼及压延加工业、化学原料及化学制品制造业、非金属矿制品业和造纸及纸制品业四大高碳行业和十大重点耗能企业的二氧化碳排放，构建以低碳排放为特征的产业体系。

新能源汽车产业方面，以国家节能与新能源汽车示范推广试点城市为契机，以混合动力、纯电动汽车及其关键零部件为突破口，形成较为完善的节能与新能源汽车产业链。到 2015 年，实现节能与新能源汽车年产 3 万辆，销售收入达 100 亿元。

航空制造产业方面，通过引进国家大飞机项目以及航空相关产业，将南昌航空工业城打造成为大飞机研制生产基地和国际航空转包生产基地。重点发展大飞机大型零部件研制项目、转包生产项目、配套机载及地方军工项目、通用航空制造及经营项目和航空城服务体系。到 2015 年，航空产业力争实现年销售收入 250 亿元以上。

同时，重点推动现代金融服务业、现代旅游业、现代物流业、现代商贸业、现代商务服务业、现代信息服务业等服务业集群式裂变发展，促进服务业全面向低碳型方向转变。大力发展研发、设计、营销、服务等高附加值环节，促进产业链向"两端"延伸，实现生产性服务业与制造业的互动发展。优先发展旅游业，促进旅游与文化、商贸、休闲、度假、会展等领域融合发展，全面开展服务业节能减碳行动。

南昌市在低碳经济发展进程中专门设立了规格较高的领导机构，使其在低碳经济发展进程中具备了较为有力的执行力，同时通过设立差异化的考核评估体系，改变以往单纯以 GDP 看政绩的评价标准。其启示意义在于：低碳经济的发展必须设立专门的机构，同时必须出台可考核的评估标准。同时南昌市低碳经济发展更多的是体现在发展低碳产业，以降低碳排放强度为重点，在发展中实现低碳目标，打造一个"看得见的低碳城市"，让低碳城市建设与便民富民相结合。

2.5 黄石模式——产业带动低碳生活

黄石市位于湖北省东南部，是我国中部地区重要的原材料供应基地和国务院批准的沿江开放城市。全市下辖 4 个城区及 1 个国家级经济开发区——黄石经济技术开发区，总面积 4 583 km^2，总人口 260 万人。该市矿产资源丰富，已探明有金属、非金属、能源和水气矿产四大类共 64 种矿产，其中铜矿占湖北全省的 91.8%，金矿保有量为全省的 88%，硅灰石居世界第二。工业基础深厚，素有"青铜故里""铜铁摇篮"和"水泥之乡"之称。2009 年，黄石市被批准为全国第二批资源枯竭型城市转型试点市。

作为典型的资源型城市，黄石也在积极谋求新的发展之路。"十二五"期间，黄石市提出经济发展方式由粗放型向资源节约、环境友好的方式改变。先后出台了《黄金山低碳经济社会示范区"两型社会"建设先行区改革试验实施方案》和《黄石市黄金山低碳经济社会示范区控制性详细规划》等多项规划方案，将低碳转型同三大产业联系在一起。目前黄石市根据自身发展状况，积极构建低碳产业体系来助推低碳经济发展。

（1）培育发展新兴战略性低碳产业。集中力量培育和发展新材料、新能源和节能环保等战略性新兴产业。①新材料方面，加大研发投入，以发展功能材料为重点，促进传统材料向新型精细、高功能、复合化方向发展。依托湖北航天电缆，以提高产品的绝缘、抗电磁、耐候和环保性能为主攻方向，重点发展军事装备、航天装备、深海探测和核电站用特种电缆；依托振华化工、高纯化工等企业，开发生产铬盐纳米材料、高效紫外线吸收剂、电子级硫化锌、新型石化和生化用催化剂等新材料产品。②新能源方面，进一步调整优化能源结构，重点发展清洁能源、替代能源以及可再生能源，适度发展传统能源。依托东贝、华科等企业，重点发展太阳能光伏材料、光伏组件、风光互补供电系统、太阳能大型逆变器、太阳能热水器、太阳能灯具等产品，实施太阳能光电建筑一体化发电项目，打造太阳能光伏产业；依托兴华生化等企业，重点发展沼气、生活垃圾等生物质能发电；积极实施工业余热余压发电、风力发电以及地热开发利用等新能源工程，推进阳新富池核电站项目的规划和前期工作；统筹煤炭勘探开发和合理布局，关小并大，提高单井规模和煤炭资源的综合利用率，为劣质煤、煤矸石发电项目用煤提供保障。③节能环保方面，加快建立节能环保产业创新平台和推广体系，加大研发投入，重点发展高效节能节材型压缩机、高效节能炉窑、风机、换热设备和环保装备。以东贝为龙头，在做精做优高效节能节材型压缩机的基础上，推进上下游产业配套集聚，促进产业链向白色家电整机制造方向延伸；以登峰、斯瑞尔和中海等企业为依托，重点发展高档车（船）用、超临界火（水）力发电机组用换热器产品，建成国内一流的换热器研发生产基地；以节能设备总厂和天达公司等企业为依托，以高效、节能和低负荷环保技术为发展方向，重点发展高效节能退火炉、煤气发生炉和干燥炉三大主导产品。

（2）改造提升传统支柱产业。运用先进适用技术改造提升传统产业，降低生产能耗，提升产品质量，进一步增强原材料工业的整体竞争力。①钢铁方面，鼓励大型企业加大对铁矿石、废钢等资源的控制，提高资源的综合保障能力。合理引导企业兼并重组，坚决淘汰落后产能，推进节能降耗和环保达标。支持企业技术改造，调整优化产品结构，改善品种质量。大力发展特钢产业，支持以新冶钢为龙头的钢铁企业发展优质轴承钢、齿轮钢、弹簧钢、高合金钢、工模具钢等产品。以新冶钢、新兴铸管为龙头，大力发展特钢精深加工，重点发展大口径中厚壁无缝钢管、球墨铸铁管、焊接法兰管、特种喷涂管等管（件）材产品。②有色方面，支持有色集团强化对铜矿石、废杂铜资源的控制，建立废旧金属拆解和回收利用基地，增强铜资源的综合保障能力。支持铜冶炼企业强化自主创新能力，推进节能降耗和环保达标，提高资源利用效率。支持铝冶炼企业改进生产工艺，提高技术装备水平，降低单位产品电耗。大力发展铜、铝产品精深加工，提高产品附加值。支持有色集团、中铝华中铜业、鑫鹏铜材等铜加工企业，重点发展优质铜线杆（管）、高精度铜板带、铜箔、特种漆包线、铜合金棒材等产品；支持福星、晨茂等铝加工企业扩大铝材加工规模，重点发展各类高端铝合金型材、铝合金汽车轮毂、预拉伸板、精密锻件、铝板带以及食品医药包装用铝箔等产品。

（3）发展现代服务业。以市场化运作、产业化经营、社会化发展为方向，把发展服务业作为产业结构优化升级的战略重点。①现代物流业方面，提升物流业标准化、信息化水平，改造提升传统物流业，发展为用户提供多功能、一体化综合服务的现代物流业。鼓励制造业和商贸业的物流业务剥离外包，培育一批具有较强竞争力的现代物流企业。优化物流节点布局，引导物流企业向园区集中。②金融业方面，推进金融市场主体建设，吸引银行、保险、证券（期货）以及其他各类金融组织设立分支机构，优化金融网点布局。强化货币政策传导，优化信贷结构。加大对重点产业、新兴产业及中小企业的信贷支持力度。规范发展融资平台，支持担保公司增强实力和拓展业务领域。③信息服务方面，加大重要信息系统建设力度，以信息共享、互联互通为重点，实现信息资源的商品化、市场化和社会化。加快发展以软件开发、数字设计、多媒体制作、电子出版物等为重点的信息技术服务业。加强以无线电管理为重点的网络信息安全体系和安全保密设施建设。④商贸服务方面，推进专业市场建设，建设一批生产资料批发市场、家具市场、汽车交易市场等专门市场。加大市场整合改造力度，增强集散和辐射功能。合理布局商贸基础设施和网点，形成覆盖全市的商贸网点体系。发展电子商务，引导企业与电子商务连锁经营，结合配送，降低流通成本。

（4）低碳发展启示。①低碳生活发展依赖产业的全面支撑，是一个多维的系统性工程，不仅需要低碳产业体系的构筑，还需要法律法规的支撑、低碳生活理念的培育等，为此发展低碳生活和低碳经济必须分别从法律法规、低碳产业体系、产业园区布局、低碳生活环境和理念等多个方面对城市进行全方位、立体式的低碳设计。②低碳产业的发展必须依托区域优势，集中重点力量在重点领域率先取得进展，如重点培育发展战略性新兴产业，着力进行核心技术研发，突破重点领域，并使其成为引领城市低碳转型的先导性、主导性产业。③培育低碳的战略性新兴产业的同时，不能舍弃传统支柱产业的发展，而是必须想方设法改造提升传统支柱产业，充分发挥传统产业的优势，坚持运用先进适用技术改造提升传统支柱产业，使其朝着环保、节能、低耗、高品质的方向发展。④低碳生活的发展离不开现代服务业的发展，服务业在国民经济中起着连接和协调的作用，为社会其他各个环节的顺畅运行提供必要保障，必须大力发展现代服务业，把服务业嵌入低碳发展中，使其成为低碳产业发展的润滑剂和推进器。

2.6　天津模式——国际生态城的使命

中新天津生态城是世界上第一个国家间合作开发建设的生态城市。中新天津生态城是中新两国政府应对全球气候变化，加强环境保护、节约资源和能源，构建和谐社会的战略性合作项目。2007 年年初，新加坡提出与中国政府合作建设生态城的意愿。按照新方的设想，生态城应体现"三和""三能"，即"人与人和谐共存、人与环境和谐共存、人与经济活动和谐共存""能实行、能推广、能复制"。最终确定在天津滨海新区内选址建设中新生态城，规划范围为 34.2 km²。中新两国政府在选址上的一些硬性条件，如生态城选址范围内用地为盐田、盐碱荒地和湿地，属于水质性缺水地区，符合不占耕地、在缺水地区选址建设的原则等，正好符合中国目前土地、水资源和能源紧缺等的现实条件，中国政府希望通过借鉴新加坡和其他发达国家的生态规划建设经验，将生态环境恶劣的地区转变为生态环境良好的地区，使其成为今后中国城市可持续发展的示范。2007 年 11 月 18 日，温家宝总理与新加坡李显龙总理共同签署了在天津建设生态城的框架协定，《中新天津生态城总体规划（2008—2020 年）》自 2007 年 11 月开始启动，首期建设于 2008 年 9 月 28 日动工。自开工建设以来，中新天津生态城的"低碳"发展模式就引来了各方的关注。

（1）崛起的生态之城。中新天津生态城开工建设两年来，充分利用中新合作平台优势和滨海新区开发开放机遇，以起步区基础设施、环境治理、产业引进和生态住宅为重点，高标准、高质量、高速度推进各项工作。根据中新天津生态城可再生能源专项规划和实施计划，太阳能供热、地源热泵技术在生态住宅、大型公建中普遍应用，风力发电、光伏发电项目和动漫园综合冷热能源供应站已开工建设。为满足可再生能源接入电网的需要，生态城与国家电网公司合作，开工建设以信息化、自动化、互动化为主要特征的智能电网工程，构建安全、可靠、清洁、优质、高效、互动的可持续能源供应服务体系，生态城已成为国内首个进入实质性建设的智能电网综合示范区域。中新天津生态城低碳产业聚集效应初现。文化部将国家动漫园落户生态城后，2010年广电总局又将国家3D影视创意产业园选址生态城。目前，生态城已累计引进节能环保、文化创意、科技研发、金融投资类企业160家，协议投资总额200亿元，另有100多个项目正在洽谈，初步形成了以绿色、低碳、循环为主导的产业集群。

（2）生态城的"路线图"。中新天津生态城充分借鉴了当今世界上先进的生态城市建设理念，编制了具有广泛指导意义的生态城指标体系、城市总体规划、绿色建筑标准、低碳产业促进办法等规范生态城市开发建设的一系列规定。为保障生态城建设目标的实现，对生态城建设具有重要指导意义的26项指标实现了分解，形成了51项核心要素、129项关键环节、275项控制目标、723项具体控制措施以及100项统计方法的指标体系落实方案，逐一落实到节能减排、水资源利用、绿色建筑、绿色交通、可再生能源、垃圾处理等关键领域，使这些量化的指标成为城市规划和建设的重要依据，为生态城建设提供了一份可操作的"路线图"。此外，生态城制定并颁布了绿色建筑设计和施工标准，保障性住房政策以及社会管理新模式的研究也取得积极进展，形成了支持和保证生态城建设发展的法规、政策和标准体系。中新天津生态城位于滨海新区东北部，总面积为30 km^2，总投资500亿元。整个生态城将用10～15年基本建成，人口规模将达到35万人。

（3）复合生态系统。中新天津生态城将形成由湖水、河流、湿地、水系、绿地构成的复合生态系统。生态城的绿化覆盖率达到50%。建立城市直饮水系统，打开水龙头就能直接饮用。中水回用、雨水收集、海水淡化所占的比例超过总供水的50%。可再生能源利用率达到20%，目前世界上一些发达国家的城市，其能源再生利用率仅能达到1%～2%。同时积极使用地热、太阳能、风能等可再生能源，清洁能源使用比例为100%；实施废弃物分类收集、综合处理和回收利用，生活垃圾无害化处理率达到100%，垃圾回收利用率达到60%；区内发展轨道交通、清洁能源公交、慢行体系相结合的绿色交通系统，绿色出行比例达到90%等，入住的首批8万居民，将首先享受到"出门不堵车""净菜送到家"等生活便利。这些标准已接近或超过世界先进水平。

（4）天津模式的发展启示。中新生态城的典型之处在于坚持生态优先、保护利用的原则。以资源利用、生态环境和发展模式可持续的导向，主要涵盖生态经济、生态社会、生态环境、生态文化等方面内容，突出了生态优先、以人为本、新型产业、绿色交通等特点，构建"湖水—河流—湿地—绿地"复合生态系统，形成自然生态与人工生态有机结合的生态格局，致力于打造生态、环保、节能、自然、宜居、和谐的低碳示范区。

2.7 我国低碳生活建设的经验

近年来，我国经济发展越来越受到日益趋紧的资源环境瓶颈制约。高能耗、高污染、高排放的经济发展模式已经严重制约了经济社会的可持续发展。这种状况不改变，资源支撑不住，环境容纳不下，社会承受不起。因此，亟待学习借鉴发达国家低碳社会建设经验与政策措施，逐步建立起我国的低碳发展战略体系和政策框架。

（1）政府倡导，各界参与。2010 年的"两会"上，"低碳"二字成为提案关键词。备受关注的"一号提案"是九三学社提出的议案《关于推动我国经济社会低碳发展的建议》；在温家宝总理所作的政府工作报告中，两次重点提到了"低碳经济"；"两会"上人大代表、政协委员们提交的与"低碳"有关的议案提案占到总量的 10% 左右。对于我国来说，首先是从政府倡导，全社会参与。中央政府、地方政府、企业、国民都要积极参与创建低碳社会的全过程。从生产环节降低对碳能源的消耗，流通环节降低碳资源的污染，消费环节降低对碳的依赖。在政府层面，决策者要制定稳定有利的政策，确立能源中长期规划。对于企业来说，要善于把握经济增长点，实现企业利润与承担社会责任相统一，走出一条环境友好型发展之路。社会公众在低碳社会建设中要有社会责任意识，积极关注和广泛参与，并转变为自觉行动。

（2）政策促进，完善法律。加强低碳经济扶持政策，提供有利于低碳经济发展的税收优惠、财政补贴等政策。例如，对生产高效低碳低污染产品实施企业所得税优惠政策；实施绿色信贷和绿色保险政策；研究针对企业和公众的环境补贴政策等。加快建立以低碳农业、低碳工业、低碳服务业为核心的新型经济体系。政府应加强公共交通网络建设，企业应建立低碳社会生产方式，开发温室气体排放量少的商品。国外推进低碳经济，立法先行，已建有完备的低碳经济法律体系。目前，我国在能源方面的立法严重缺失，虽制度建设有《煤炭法》《电力法》《节约能源法》和《可再生能源法》等法律，但尚不完善，应加快制定与低碳经济配套的法律、法规，建立健全低碳经济的法律体系。因此，当前应该大力加强能源立法工作，建立健全能源法律体系，促进能源发展战略的实施，确立能源中长期规划的法律地位，为发展低碳经济提供法律保障。

（3）技术开发，结构调整。在低碳技术领域，发达国家的综合能效达 45%，我国仅为 35%。我国整体科技水平落后，低碳技术的开发与储备不足，与发达国家在低碳技术方面还存在较大差距，亟须加大低碳技术研发力度，这是我国由"高碳"经济向"低碳"经济转型的最大挑战。我国的能源消耗一直呈现高碳结构，化石能源占整体能源结构的 92.7%。由于正处于快速工业化和城市化的过程中，能源消耗大，所以应加快能源结构调整，推进能源发展方式转变，促进能源结构低碳化、清洁化，以核能、太阳能、风能、海洋能等清洁能源和可再生能源开发为重点，加速新能源和可再生能源技术和产业发展。在保持产业持续较快发展的同时，降低对能源消费的依赖。

（4）低碳生活，人人有责。低碳社会强调日常生活和消费的低碳化，在保证人民生活品质不断提高和社会发展不断完善的前提下，致力于建设在生产流通、社会发展和人民生活领域控制和减少碳排放的社会，通过理念和行为方式的转变，达到人类社会与自然系统的和谐发展。在政府层面，除制定政策给予引导和支持外，并加强公共交通网络建设，推行紧凑的城区布局，使居民徒步或依靠自行车就能方便出行。企业应积极参与以及消费者的责任意识也应提高。企业应开发温室气体排放量少的商品。民众也应改变生活方式，提倡低碳生活方式，从每个家庭、每个人自己做起，选择环保产品，借此摆脱以往大量生产、大量消费又大量废弃的社会经济运行模式。

参考文献

[1] 阿兰·加尔. 法律与生态文明[J]. 杨富斌等，译. 法学，2011（20）：139-142.

[2] 白志刚，邱莉莉. 外国城市环境保护与研究[M]. 北京：世界知识出版社，2000.

[3] 北京中工干教职业教育研究中心. 节能减排工作低碳环保生活[M]. 北京：中国言实出版社，2011.

[4] 陈德敏. 环境法原理专论[M]. 北京：法律出版社，2008.

[5] 陈飞，诸大建. 低碳城市研究的理论方法与上海实证分析[J]. 城市发展研究，2009（10）：71-79.

[6] 陈飞，诸大建. 低碳城市研究的内涵、模型与目标策略确定[J]. 城市规划学刊，2009（4）.

[7] 陈建国. 低碳城市建设：国际经验借鉴和中国的政策选择[J]. 能源应用，2010（10-2）：86-94.

[8] 陈凌霄. 培养低碳生活习惯 促进低碳社会建设[J]. 内蒙古煤炭经济，2009（5）：119.

[9] 陈柳钦. 低碳城市发展的国外实践[J]. 环境经济，2010（9）：31-37.

[10] 陈敏娟，邓国用. 论中国农村低碳生活方式的实现[J]. 消费经济，2010（1）：27-30.

[11] 陈武，常燕，李云峰. 中国低碳发展的国际比较研究——基于历史和经济发展阶段的审视[J]. 中国人口·资源与环境，2012，22（7）：1-7.

[12] 陈晓莉. 发展低碳经济，倡导低碳生活[J]. 经济师，2011（7）：94.

[13] 陈延斌，许敏. 青少年低碳生活伦理素质的家庭养成探究[J]. 成都理工大学学报（社会科学版），2012（2）.

[14] 程继革、郭冬梅. 重庆市发展低碳创新性研究之一 —— 缘起、理论基础和对策框架[J]. 中国发展，2012（1）：84-89。

[15] 仇保兴. 我国城市发展模式转型趋势——低碳生态城市[J]. 城市发展研究，2009，16（8）：1-6.

[16] 代剑萍. 低碳生活[M]. 北京：凤凰出版社，2010.

[17] 邓志高. 低碳经济时代大学生低碳生活适应性研究[J]. 中南林业科技大学学报（社会科学版），2011（6）：134-135.

[18] 低碳经济与两型社会建设[EB/OL]. http://www.ylxw.net/ Info.aspx？ModelId=1&Id=6259，2010-04-06.

[19] 低碳生活东方生命哲学回归. 2010-12-01. http://www.docin.com/p-102480185.html.

[20] 低碳生活是一种可持续发展的环保责任[N]. 中国环境报，2011-11-10.

[21] 樊靓. 低碳城市发展研究[D]. 浙江工业大学，2011.

[22] 樊小贤. 低碳生活的环境道德诉求[J]. 青海社会科学，2010（5）：158-161.

[23] 范松仁. 和谐 幸福 公正 疏解：低碳生活的伦理维度[J]. 前沿，2010（9）.

[24] 方舒婷. 气候经济学之父结缘中国[J]. 当代金融家，2011（1）.

[25] 冯蕊，朱坦，陈胜男，等. 天津市居民生活消费二氧化碳排放估算分析[J]. 中国环境科学，2011，31（1）：163-169.

[26] 付允，刘怡君. 低碳城市的评价方法与支撑体系研究[J]. 中国人口·资源与环境，2010（8）：44-47.

[27] 高腊梅. 广东高校图书馆的低碳生活[J]. 科技信息，2012（5）：310.

[28] 高银霞，王金亮，何茂恒. 低碳社区建设浅谈[J]. 环境与可持续发展，2010（3）：40-43.

[29] 谷钧仁. 当代青少年对低碳生活的认知构成及其改进[J]. 教育教学论坛，2012（14）：118-120.

[30] 顾朝林，谭纵波，等. 气候变化、碳排放与低碳城市规划研究进展[J]. 城市规划学刊，2009（3）：198-199.

[31] 郭橙. 对当代大学生低碳生活"知行合一"的调查与思考——以上海东华大学为视角[J]. 经济论坛，2012（1）：133-135.

[32] 郭代模，杨舜娥. 我国发展低碳经济的基本思路和财税政策研究[J]. 经济研究参考，2009（58）：2-8.

[33] 郭莉，崔强，陆敏. 低碳生活的新工具——碳标签[J]. 生态经济，2011（7）：84-86，94.

[34] 郭毅夫. 打造绿色校园 践行低碳生活[J]. 内蒙古科技与经济，2012（1）：28-31.

[35] 国务院发展研究中心应对气候变化课题组. 当前发展低碳经济的重点与政策建议[J]. 中国发展观察，2009（13）：89-92.

[36] 何建华. 消费正义：建设节约型社会的伦理基础[J]. 浙江社会科学，2005（5）：112.

[37] 贺文华. 大学生对低碳生活的共识与策略调查研究报告[J]. 陕西教育（高教版），2011（3）.

[38] 贺文华. 构建大学生低碳生活方式探赜[J]. 学校党建与思想教育，2011（17）：55-56.

[39] 胡纯华，张新标. 可持续发展视野下的高职院校环保和低碳生活的构建[J]. 内蒙古农业大学学报（社会科学版），2012（2）：390-391.

[40] 胡晓琳，高玉清. 发展循环经济是实现可持续发展的根本途径[J]. 产业与科技论坛，2011（7）：34-35.

[41] 胡晓颖. 中国的低碳经济、低碳生活之路[J]. 经济师，2010（7）：15-17.

[42] 胡玉东，瞿丹丹. 大学生低碳生活方式现状及对策调查报告[J]. 中国电力教育，2010（6）：196-197.

[43] 黄娟. 浅谈低碳经济背景下如何实践低碳生活[J]. 科技情报开发与经济，2011（12）：137-139，153.

[44] 黄雪丽，路正南，王健. 居民低碳生活行为研究综述[J]. 科技管理研究，2011（18）：231-235.

[45] 吉耀武. 城市居民践行低碳生活方式的环境满意度评价及环境优化探讨[J]. 环境污染与防治，2011（12）：107-111.

[46] 解利剑，周素红，闫小培. 国内外"低碳发展"研究进展及展望[J]. 人文地理，2011（1）：19-24.

[47] 解利剑，周素红，闫小培. 近年来中国城市化与全球环境变化研究述评[J]. 地理科学进展，2010，29（8）：959-67.

[48] 解难. 低碳生活实用指南[M]. 北京：中国轻工业出版社，2011.

[49] 金忠，谢卫. 从低碳经济角度论中国优秀传统文化的时代价值和世界价值[J]. 中国城市经济，2011（23）：290.

[50] 柯利. 马克思消费理论对低碳生活的启示[J]. 中共山西省委党校学报，2012（2）：47-49.

[51] 李昌麒. 寻求经济法的真谛之路[M]. 北京：法律出版社，2003：308.

[52] 李宏军，黄盛初. 中国CCS的发展前景及最新行动[J]. 中国煤炭2010（1）：13-17.

[53] 李建华，韦柳春. 论低碳生活的伦理意蕴[J]. 武陵学刊，2012（2）：1-7.

[54] 李荔歌. 浅析当代低碳生活方式中的环保道德因素[J]. 科教导刊（上旬刊），2010（8）：243-244.

[55] 李善峰. 社区发展与公民参与——中国社会发展综合实验区建设概述[J]. 当代世界社会主义问题，2002（4）：86-93.

[56] 李亚青，王栓军. 浅析低碳生活方式与农村生态文明建设[J]. 生态经济，2012（6）：188-190.

[57] 李艳梅，张雷. 中国居民间接生活能源消费的结构分解分析[J]. 资源科学，2008，30（6）：890-895.

[58] 李迎新，李久东，刘宏伟，等. 高等院校的低碳生活模式与引导策略[J]. 齐齐哈尔医学院学报，2011（24）：4064-4065.

[59] 李莹. 论养成低碳生活习惯迎接低碳时代到来[J]. 吉林广播电视大学学报，2012（4）：132.

[60] 廖重斌. 环境与经济协调发展的定量评判及其分类体系——以珠江三角洲城市群为例[J].

热带地理，1999，6：171-177.

[61] 林雄. 低碳生活三字经[M]. 广州：广东教育出版社，2011.

[62] 刘春娜. 国际低碳城市建设经验[J]. 北京观察，2011（1）：18-19.

[63] 刘乐. 湖南倡导"两型"新理念，低碳生活"炫"起来[N]. 湖南日报，2011-02-09.

[64] 刘瑞雪. 生态马克思主义对倡导大学生低碳生活的意义[J]. 法制与社会，2012（3）：177-178.

[65] 刘沙沙. 从自然辩证法角度看"地毯"[J]. 湖南工业职业技术学院学报，2010（8）：60-61.

[66] 刘晓静，郑建峰. 实现农村低碳生活的对策研究[J]. 边疆经济与文化，2012（3）：5-6.

[67] 刘阳. 浅谈低碳生活的实现路径——产品绿色设计[J]. 科技信息，2012（16）：195.

[68] 刘勇. 低碳经济的科技支撑体系初探[J]. 科学管理研究，2011（2）：75-79.

[69] 刘振义. 低碳生活与高校图书馆的作用[J]. 科技情报开发与经济，2010（3）：69-70.

[70] 陆学艺. 可持续发展实验区发展历程回顾与建议[J]. 中国人口·资源与环境，2007，17（(3)：1-2.

[71] 陆莹莹，赵旭. 家庭能源消费研究述评[J]. 水电能源科学，2008，20（2）：187-191.

[72] 罗乐娟，陈世伟. 低碳经济的经济学分析[J]. 科技广场，2009（12）：23-26.

[73] 罗肖泉，申锋. 论低碳生活的道德养成[J]. 理论月刊，2011（12）：183-185.

[74] 孟祺. 低碳生活方式转变研究[J]. 现代物业，2011（5）：94-95.

[75] 倪玲娣. 关于低碳经济与生态文明建设的思考[J]. 法制与经济，2010（7）：114-117.

[76] 倪亚静. 大学生低碳生活面临的主要问题及应对策略[J]. 职业时空，2011（11）：161-162.

[77] 潘家华，庄贵阳，朱守先，等. 构建低碳经济的衡量指标体系[N]. 浙江日报，2010-06-04（8）.

[78] 潘敏，卫俊. 环境社会学主要理论综论——兼谈中国环境社会学的发展[J]. 学习与实践，2007（9）：134-140.

[79] 潘岳. 低碳经济是建设生态文明最有力的突破口[DB/OL]. http：//www. nnhb. gov. cn/web/2008—11/20687. htm. 2008-11-26/2011-03-23.

[80] 彭立立，黄欢. 东西方管理体系的整合发展：创建与解读低碳哲学——专访著名哲学家、美国夏威夷大学教授成中英先生[J]. 中国外资，2010（11）：40-43.

[81] 乔安娜·亚罗. 享受低碳生活——365种实用方法[M]. 于静等，译. 北京：电子工业出版社，2011.

[82] 秦鹏. 生态消费的法律保障：应然抉择与实然存在的研究[J]. 河北法学，2007（11）：103.

[83] 全国妇联宣传部. 低碳生活知多少[M]. 南宁：广西师范大学出版社，2010.

[84] 让低碳成为一种生活习惯[EB/OL]. http：//www. yzwx. gov. cn/yz_content/2012-02/29/
content_2070371. htm，2012-02-29.

[85] 任金秋，刘欣. 生态价值观探析——兼谈科学的生态价值观的确立[J]. 内蒙古大学学报（人
文社会科学版），2004（6）：62-67.

[86] 任志芬. 论低碳生活的现实境遇及其本质要求[J]. 理论导刊，2011（4）：78-80.

[87] 日本碳捕获与封存技术的开发进展[EB/OL]. http：//www. china5e. com/ show. php？
contentid=264207，2013-01-21.

[88] 沈金菊. 低碳经济背景下低碳生活方式的引导[J]. 企业导报，2010（11）：285-286.

[89] 舒岳. 丽水市民低碳生活行为的调查与分析[J]. 高等函授学报（自然科学版），2012（2）：
57-60.

[90] 宋兴怡，苏天照，姜峰，等. 当代大学生低碳生活认知、态度与行为调查研究——以太原
市四所高校为例[J]. 中国电力教育，2012（1）：118-120.

[91] 宋兴怡，苏天照，姜峰，等. 在大学生中推行低碳生活方式的意义与策略[J]. 中国电力教
育，2012（16）：127-128.

[92] 孙宝樑. 绿色建筑与低碳生活[J]. 住宅科技，2012（2）：45-47.

[93] 孙智萍，牟志云. 低碳经济呼唤低碳生活方式[J]. 理论学习，2010（8）：28-30.

[94] 陶景霞，陈艳彩. 低碳经济发展初级阶段的激励政策和措施探讨[J]. 湖南工业大学学报（社
会科学版），2012，16（2）：14-18.

[95] 陶曼，王友良. 试论低碳生活方式的实现路径[J]. 南华大学学报（社会科学版），2011（2）：
22-25.

[96] 涂平荣，范松仁. 城市低碳生活方式转型的若干思考[J]. 宜春学院学报，2011（10）：13-17.

[97] 汪东，汲奕君，田丽丽，等. 中国居民生活能源消费二氧化碳排放的影响因素研究[J]. 环
境污染与防治，2012，34（4）：101-105.

[98] 王斌，康健，袁玲双. 试论实现低碳生活方式的重要途径[J]. 黑龙江科技信息，2010（9）：
6.

[99] 王博. 低碳经济与低碳生活的文化应对[J]. 北方论丛，2010（5）：122-124.

[100] 王娜. 高校低碳生活模式与大学生社会责任感的培育[J]. 现代企业，2012（5）：62-63.

[101] 王曦. 美国环境法概论[M]. 武汉：武汉大学出版社，1992：4-5.

[102] 王妍，石敏俊. 中国城镇居民生活消费诱发的完全能源消费[J]. 资源科学，2009，31（12）：
2093-2100.

[103] 王友良，陶曼. 基于低碳生活方式背景下对高碳生活方式的伦理反思[J]. 长沙理工大学学报（社会科学版），2011（4）：35-39.

[104] 韦宇航. 低碳生活居住环境设计[J]. 安徽农业科学，2012（3）：1532-1533.

[105] 魏一鸣，范英. 中国能源报告2006：战略与政策研究[M]. 北京：科学出版社，2006.

[106] 吴铀生. 低碳生活是人类应对气候变暖的行为选择[J]. 西南民族大学学报（人文社科版），2010（1）：98-102.

[107] 吴志鹏，徐新宿，展标，等. 大学生对低碳生活的认知与策略调研[J]. 赤峰学院学报（自然科学版），2011（11）：81-83.

[108] 夏堃堡. 发展低碳经济，实现城市可持续发展[J]. 环境保护，2008（3）：33-35.

[109] 向章婷. 浅议低碳生活的推广路径[J]. 重庆科技学院学报（社会科学版），2011（1）：73-74.

[110] 肖创伟，王丽珍，张文颖. 践行低碳生活与建设生态文明的思考[J]. 绿色科技，2012（2）.

[111] 谢军安，郝东恒，谢雯. 我国发展低碳经济的思路与对策[J]. 当代经济管理，2008（12）.

[112] 辛玲. 低碳城市评价指标体系的构建[J]. 决策参考，2011（7）：78-80.

[113] 新能源与低碳行动课题组. 低碳改变生活[M]. 北京：中国时代经济出版社，2011.

[114] 徐博. 基于外部性理论谈低碳经济发展的财政政策选择[J]. 商业时代，2011（6）：24-27.

[115] 徐承红，张童. 城市低碳生活路径探索[J]. 生态经济，2011（2）：68-71.

[116] 徐芹芳，陈萍，裴益芳，等. 杭州居民"低碳生活—绿色出行"方式的调查研究[J]. 现代物业（上旬刊），2011（3）：90-101.

[117] 薛菲，何力. 倡导低碳生活，解析"碳足迹"[J]. 中国高新技术企业，2011（36）：136-138.

[118] 薛红燕，王成，刘春艳. 试论我国居民低碳生活方式建立途径[J]. 全国商情，2010（8）：108-110.

[119] 薛妙勤. 低碳生活的伦理基础[J]. 河南师范大学学报（哲学社会科学版），2011（1）：34-36.

[120] 杨全社，付强. 全球化背景下我国低碳经济财税政策支撑体系：演变、协整与创新[J]. 国家行政学院学报，2010（1）：61-64.

[121] 杨婷. 低碳经济背景下实现我国居民低碳生活的思路[J]. 菏泽学院学报，2010（3）：31-34.

[122] 杨晓玲. 我国居民低碳生活方式建立途径探索[J]. 商业时代，2010（35）：14-15.

[123] 杨选梅. 基于个体消费行为的家庭碳排放研究[J]. 中国人口·资源与环境，2010，20（5）：35-40.

[124] 姚亮，刘晶茹，王如松. 中国城乡居民消费隐含的碳排放对比分析[J]. 中国人口·资源与环境，2011，21（4）：25-29.

[125] 姚晓娜. 低碳生活:日常生活的环境伦理建构——以日常生活批判为视角[J]. 学习与探索，2011（1）：14-17.

[126] 叶红，潘玲阳，陈峰，等. 城市家庭能耗直接碳排放影响因素——以厦门岛区为例[J]. 生态学报，2010，30（14）：3802-3811.

[127] 以低碳发展推动"两型社会"建设——在可持续发展上的认识与实践. http://www.hnczt.gov.cn/zt/kxfzzhn/11678.html，2010-09-28.

[128] 尤瑞章. 发展产业投资基金，助推低碳经济发展[J]. 金融发展，2010（5）：95-101.

[129] 余宏. 加快发展低碳经济 实现农村低碳生活[J]. 边疆经济与文化，2012（4）.

[130] 袁男优. 低碳经济的概念内涵[J]. 城市环境与城市生态，2010，33（1）：44.

[131] 袁瑛，郭海燕. 谁绑架了科学？——IPCC 遭遇史上最强信任危机[N]. 南方周末，2010-02-04.

[132] 岳冬冬. 基于碳排放强度的低碳经济发展阶段划分研究[J]. 中国渔业经济，2011，29（4）：18-23.

[133] 张敦福. 多形态的全球化与消费者自主性[J]. 社会学研究，2007（5）：39.

[134] 张桂琴. 低碳生活与生态文明[J]. 消费导刊，2010（1）：50.

[135] 张静. 关于城市居民实行低碳生活的思考[J]. 改革与开放，2010（9）：81-82.

[136] 张坤民. 低碳世界中的中国：地位、挑战与战略[J]. 中国人口·资源与环境，2008（3）：1-7.

[137] 张瑞. 浅谈低碳生活[J]. 黑龙江科技信息，2011（34）：14.

[138] 张小宝，国力心. 我国城市居民低碳生活现状及实践应对——以长春市为例[J]. 白城师范学院学报，2011（6）：60-64.

[139] 张馨，牛叔文，赵春升，等. 中国城市化进程中的居民家庭能源消费及碳排放研究[J]. 科技与经济，2011，9：65-75.

[140] 张一鹏. 低碳经济与低碳生活[J]. 中外能源，2009（4）：12-15.

[141] 张永忠. 消费者主体地位的理论反思与制度重塑[J]. 法商研究，2009（3）：98-99.

[142] 张玉珍，洪小红. 低碳生活与生态文明关系的探讨[J]. 科技创新导报，2010（17）：141-201.

[143] 赵红. 外部性、交易成本与环境管制——环境管制政策工具的演变与发展[J]. 商情：教育经济研究，2007（1）：20-25.

[144] 赵先超，郭任，孔祥斋. 基于熵值法的长株潭城市群环境与经济系统协调发展研究[J]. 三门峡职业技术学院学报，2009，8（4）：78-82.

[145] 赵志凌，黄贤金. 低碳经济发展战略研究进展[J]. 生态学报，2010，30（16）：4493-4502.

[146] 浙江省科普作家协会组. 低碳生活知识读本[M]. 杭州：浙江科学技术出版社，2012.

[147] 中国 21 世纪议程管理中心，等. 低碳生活实用指南[M]. 北京：社会科学文献出版社，2010.

[148] 周安勇，袁达，肖靓莎. 基于低碳生活视角下的高校校园节能减排制度探讨[J]. 中小企业管理与科技（上旬刊），2012（2）：125-126.

[149] 朱力，林逢春，陆慧萍. 上海市闵行区居民低碳生活现状调查及启示[J]. 环境科学与技术，2012（1）：195-200.

[150] 朱勤，彭希哲，陆志明，等. 中国能源消费碳排放变化的因素分解及实证分析[J]. 资源科学，2009，12：2072-2079.

[151] 祝万春，李小东. 低碳经济的伦理意蕴[J]. 中小企业管理与科技，2010（11）：239-240.

[152] 邹仲海. 刍议低碳的内涵及低碳经济实现路径[J]. 商业时代，2011（34）：18-19.

[153] ABRAHAMSE W，STEG L. How do socio－demographic and psychological factors relate to households' direct and indirect energy use and savings？[J]. Journal of Economic Psychology，2009，30（5）：711-720.

[154] BENDERS R M J，KOK R，MOLL H C，et al. New approaches for household energy conservation—In search of personal household energy budgets and energy reduction options [J]. Energy Policy，2006，34（18）：3612-3622.

[155] CAULA S，HVENEGAARD G T，MARTY P. The influence of bird information，attitudes，and demographics on public preferences toward urban green spaces：The case of Montpellier，France[J]. Urban Forestry ＆ Urban Greening，2009，8（2）：117-128.

[156] Christoph Weber，Adriaan Perrels. Modelling lifestyle effects on energy demand and related emissions [J]. Energy Policy，2000，28（5）：549-566.

[157] Climate change 2007. the Fourth Aseessment Report of the United Nations Consumption in China[J]. Chinese Journal of Population，Resources and Environment，2009，7（3）：11-19.

[158] DARBY S. Social learning and public policy：Lessons from an energy－conscious village[J]. Energy Policy，2006，34（17）：2929-2940.

[159] DRUCKMAN A，JACKSON T. The carbon footprint of UK households 1990-2004：A socio－economically disaggregated，quasi multi－regional input－output model[J]. Ecological Economics，2009，68（7）：2066-2077.

[160] EK K，SODERHOLM P. Households' switching behavior between electricity suppliers in

Sweden[J]. Utilities Policy，2008，16（4）：254-261.

[161] EK K，SODERHOLM P. Norms and economic motivation in the Swedish green electricity market[J]. Ecological Economics. 2008，68（2）：169-182.

[162] EK K，SODERHOLM P. The devil is in the details：Household electricity saving behavior and the role of information[J]. Energy Policy，2010，38（3）：1578-1587.

[163] EK K. Public and private attitudes towards "green" electricity：the case of Swedish wind power[J]. Energy Policy，2005，33（13）：1677-1689.

[164] EPA，张杰. 温室效应能使气候变暖的科学依据[J]. 世界环境，1987（1）.

[165] GYBERG P，PALM J. Influencing households' energy behavior how is this done and on what premises？[J]. Energy Policy，2009，37（7）：2807-2813.

[166] HONDO H，BABA K. Socio－psychological impacts of the introduction of energy technologies：Change in environmental behavior of households with photovoltaic systems[J]. Applied Energy，2010，87（1）：229-235.

[167] HUANG P，ZHANG X，DENG X. Survey and analysis of public environmental awareness and performance in Ningbo，China：a case study on household electrical and electronic equipment[J]. Journal of Cleaner Production，2006，14（18）：1635-1643.

[168] IPCC. Summary for Policymakers of the Synthesis Report of the IPCC Fourth Assessment Report[M]. Cambridge，UK：Cambridge University Press，2007.

[169] JABER J O，MAMLOOK R，AWAD W. Evaluation of energy conservation programs in residential sector using fuzzy logic methodology[J]. Energy Policy，2005，33（10）：1329-1338.

[170] Joachim H Spangenbery，Sylvia Lorek. Environmentally sustainable house-hold consumption：from aggregate environmental pressures to priority fields of action[J]. Ecological Economics，2002，43（3）：127-140.

[171] MACKERRON G J，EGERTON C，GASKELL C，et al. Willingness to pay for carbon offset certification and co-benefits among（high）flying young adults in the UK[J]. Energy Policy，2009，37（4）：1372-1381.

[172] MAHMOUD M A，ALAJMI A F. Quantitative assessment of energy conservation due to public awareness campaigns using neural networks[J]. Applied Energy，2010，87（1）：220-228.

[173] Manfred Lenzen. Primary energy and greenhouse gases embodied in Australian final consumption：an input-output analysis[J]. Energy Policy，1998，26（6）：595-606.

[174] Mike Hulme，Jerome Ravetz．"Show Your Working"：What "Climate Gate" means[O/L]. http：//news. bbc. co. uk/hi/8388485. Stm. 2011-03-10.

[175] MURATA A，KONDOU Y，HAILIN M，et al. Electricity demand in the Chinese urban household —sector[J]. Applied Energy. 2008，85（12）：1113-1125.

[176] OUYANG J，HOKAO K. Energy-saving potential by improving occupants' behavior in urban residential sector in Hangzhou City，China[J]. Energy and Buildings，2009，41（7）：711-720.

[177] PARAG Y，DARBY S. Consumer—supplier—government triangular relations：Rethinking the UK policy path for carbon emissions reduction from the UK residential sector [J]. Energy Policy，2009，37（10）：3984-3992.

[178] ROGERS J C，SIMMONS E A，CONVERY I，et al. Public perceptions of opportunities for community—based renewable energy projects[J]. Energy Policy，2008，36（11）：4217-4226.

[179] ROSENQUIST G，MCNEIL M，IYER M，et al. Energy efficiency standards for equipment：Additional opportunities in the residential and commercial sectors[J]. Energy Policy，2006，34（17）：3257-3267.

[180] SARDIANOU E. Estimating energy conservation patterns of Greek households[J]. Energy Policy，2007，35（7）：3778-3791.

[181] SCHUITEMA G，STEG L，FORWARD S. Explaining differences in acceptability before and acceptance after the implementation of a congestion charge in Stockholm[J]. Transportation Research Part A：Policy and Practice，2010，44（2）：99-109.

[182] SHAMMIN M R，BULLARD C W. Impact of cap—and—trade policies for reducing greenhouse gas emissions on U. S. households[J]. Ecological Economics，2009，68（8）：2432-2438.

[183] SHEN J，SAIJO T. Does an energy efficiency label alter consumers' purchasing decisions？ A latent class approach based on a stated choice experiment in Shanghai[J]. Journal of Environmental Management，2009，90（11）：3561-3573.

[184] Shorrock L D. Identifying the Individual Components of United Kingdom Domestic Sector Carbon Emission Changes between 1990 and 2000[J]. Energy Policy，2000，28（3）：193-200.

[185] Shui Bin，Hadi Dowlatabadi. Consumer lifestyle approach to US energy use and the related CO_2 emissions[J]. Energy Policy，2005，33（2）：197-208.

[186] SOLI N-O M，FARIZO B A，CAMPOS P. The influence of home site factors on residents'

willingness to pay: An application for power generation from scrubland in Galicia, Spain[J]. Energy Policy, 2009, 37 (10): 4055-4065.

[187] Spangenberg J H, Lorek S. Environmentally Sustainable Household Consumption: From Aggregate Environmental Pressures to Priority Fields of Action[J]. Ecological Economics, 2002, 11 (8): 923-926.

[188] STEG L. Promoting household energy conservation[J]. Energy Policy, 2008, 36 (12): 4449-4453.

[189] UK Climate Change Programme 2006[R]. London, UK: The Stationery Office, 2006.

[190] Wang Yan, Shi Minjun. CO$_2$ Emission Induced by Urban Household. Consumption in China[J]. Chinese Journal of Population Resourses & Environment, 2009, 7 (3): 11-19.

[191] Wei Yiming, Liu Lancui, Fan Ying, et, al. The impact of lifestyle on energy use and CO$_2$ emission: an empirical analysis of China's sresidents[J]. Energy Policy, 2007, 35 (1): 247-257.

[192] Wei Yiming, Liu Lancui, Ying Fan, et al. The Impact of Lifestyle on Energy Use and CO$_2$ Emission: An Empirical Analysis of China's Residents[J]. Energy Policy, 2007, 35 (1): 247-257.

[193] William M. Gray. Climate Change: Driven by the Ocean not Human Activity[C]. the 4th Annule Heartland Institute sponsored conference on Climate Change, Chicago.

[194] WOOD G, NEWBOROUGH M. Energy-use information transfer for intelligent homes: Enabling energy conservation with central and local displays[J]. Energy and Buildings, 2007, 39 (4): 495-503.

后 记

本书是国家"十二五"重点图书"绿色经济与绿色发展丛书"中的一册。本书以低碳生活为主题，阐述了低碳生活的基本理念、学科基础、时代背景、发展阶段和前沿进展，探讨了低碳生活与可持续发展、"两型社会"建设、循环经济的内在联系，对国内外低碳生活典型案例进行了借鉴分析。本书系统阐述了我国居民低碳生活的引导策略，涉及低碳餐饮、低碳服饰、低碳人居、低碳出行、低碳购物、低碳旅游、低碳家居、低碳办公、低碳休闲等方面。本书以湖南省为例，对城乡居民低碳生活现状进行了系统分析，包括生活能耗、生活碳排放、低碳水平评估、低碳影响因子、存在的问题与优化思路。在此基础上，提出了低碳生活的支撑体系，诸如政策、资金、技术、项目、传媒等方面的支撑建设。

随着世界人口和经济的持续增长，大量消耗能源引发了一系列环境问题，诸如大气污染、气候变暖、海平面上升、生物多样性受到严重破坏等，并且这些问题日益凸显。

低碳（Low Carbon）是指较低的温室气体排放，其核心内容是低碳经济和低碳生活。低碳生活（Low-carbon Life）是指在日常生活中，尽量减少碳的排放量。推广普及低碳生活方式，能够缓解气候变暖和环境恶化的速度，有利于保护我们赖以生存的家园。

低碳生活是可持续发展的深入与细化，它反映出人们的忧患意识，是协调经济社会发展与生态环境保护的重要途径。它既不同于因贫困和物质匮乏而引起的消费不足，也不同于因富裕和物质丰富而引起的消费过度，而是一种不追奢、不尚侈、不求量的健康、平实、理性和收敛的消费方式，既充分享受现代物质文明的成果，更为未来发展储备必要的空间和资源。

低碳生活着力于解决人类生存的环境问题，它通过个人适度减低碳排放量来达到集体总和碳排放量的减少，从而促进整个地球环境的可持续发展。低碳生活的实质，是以低碳为导向的一种共生型生活模式，促使人类社会在环境系统工程的单元中能够和谐共生、共同发展，实现代内公平与代际公平。

低碳生活基于科学、文明、健康的生态化消费，提倡低能量、低消耗、低开支的生活方式，要求我们实行低碳消费模式，包括低排消费、经济消费、安全消费和可持续消费，注重减少二氧化碳的排放，促使我们的消费行为理性化和科学化。践行低碳生活，打造低碳家园，发展低碳经济，推广绿色能源，不仅可以新增就业，还会培育新的经济增长点。低碳生活不会降低我们的生活质量，反而会把我们的生活提升到更高的水平。

低碳生活体现在宏观与微观两个层面。从大处说，主要是提高能源利用效率，建立清洁能源结构，核心是技术创新、制度创新和发展观的转变。从小处讲，主要是提高公众的生态环保意识，共同创造一个更美好的生存和发展空间。

"低碳"是一种生活习惯，需要我们主动约束自己，摒弃奢靡之风，反对铺张浪费，树立全新的生活观和消费观。低碳生活崇尚返璞归真，不但生活成本低，而且更健康、更天然。生活中的低碳引导可从以下方面着手：树立低碳意识，引导低碳消费，推广绿色产品，营造低碳氛围。践行推广低碳生活，当前应以低碳饮食、低碳建筑、低碳交通、低碳日用等为突破口，并以此带动其他低碳生活领域的推进，从而全方位实现低碳生活。

本书由朱翔、贺清云统筹撰写，参加撰写的作者还有赵先超（第 1 章），何甜（第 4 章），徐美、向超（第 5 章），朱政、陈建设（第 6 章），范星（绘图）。